BECK'SCHE SONDERAUSGABEN

SETON LLOYD

Die Archäologie Mesopotamiens

Von der Altsteinzeit bis zur persischen Eroberung

VERLAG C. H. BECK MÜNCHEN

Aus dem Englischen übertragen von Modeste zur Nedden Pferdekamp
Titel der Originalausgabe: The Archaeology
of Mesopotamia. From the Old Stone Age to the Persian
Conquest. (Thames and Hudson Ltd., London)

Mit 174 Abbildungen im Text

CIP-Kurztitelaufnahme der Deutschen Bibliothek

Lloyd, Seton:
Die Archäologie Mesopotamiens: von d. Altsteinzeit bis zur pers. Eroberung / Seton Lloyd. [Aus d. Engl. übertr. von Modeste zur Nedden Pferdekamp]. – München: Beck, 1981.
Einheitssacht.: The archaeology of Mesopotamia ⟨dt.⟩
Erscheint als: Beck'sche Sonderausgaben
ISBN 3406080405

ISBN 3 406 08040 5

Satz und Druck: Georg Appl, Wemding
Printed in Germany

Inhaltsverzeichnis

Henri Frankfort
zum Gedenken

Vorwort

Wer mit dem Gegenstand dieses Buches einigermaßen vertraut ist, mag überrascht sein über den Anspruch, den sein Titel zum Ausdruck bringt. Mit Recht wird er der Meinung sein, daß dieser unverzüglich einer Modifizierung bedarf. Seit mehr als hundert Jahren wird in Mesopotamien fast ununterbrochen gegraben, und mittlerweile reicht die angefallene Literatur aus, eine stattliche Bibliothek zu füllen. Von Grabungsberichten und typologischen Analysen bis zu epigraphischen Kommentaren und Studien der unterschiedlichen Kunststile sind darin sämtliche Aspekte des komplexen, ausgedehnten Forschungsgebietes vertreten. Tatsächlich war man kaum überrascht, daß eine vor kurzem veröffentlichte Bibliographie mehr als 5000 einschlägige Bücher und Artikel anführte. Da es natürlich unmöglich wäre, auch nur die Hauptthemen all dieser Schriften zusammenfassend darzustellen, beschränkt sich der hier gebotene Überblick auf einen speziellen Aspekt dieses Forschungsgebietes; auch in anderer Hinsicht mußte ich mir Grenzen setzen. Dieses selektive Vorgehen wurde in erster Linie durch die augenfällige Dualität der Kategorien des zutage geförderten Materials ermöglicht, die der Spaten in einem Land ans Licht brachte, in dem man schon zu außerordentlich früher Zeit eine Schrift erfand.

Irgendein Schriftsteller hat einmal die Funktion der Archäologie einigermaßen willkürlich folgendermaßen zu definieren versucht: Sie sei eine Methode, sich Wissen über die Vergangenheit mit Hilfe von Dingen anstelle von Worten zu erschließen, – im Fall Ägyptens und Mesopotamiens eine groteske Simplifizierung, da ein beträchtlicher Teil der hier von Ausgräbern gefundenen ‚Dinge' gerade in schriftlichen Zeugnissen bestand. Andererseits haben diese Stücke, die alles andere als lediglich erzählerische Dokumente sind, die Voraussetzungen für die Erfüllung einer weit umfassenderen Aufgabe geschaffen: die detaillierte Nachschöpfung der Anatomie der archaischen Zivilisation. Zu dieser beachtlichen Leistung haben die geschriebenen Texte weitgehend beigetragen, indem sie die sich abzeichnenden Muster der sozialen und ökonomischen Organisation sowie der geistigen Entfaltung in Zeiten, die bereits die Schrift kannten, ergänzten. Dennoch, was die Grabungen betrifft, so sind es die materiellen Überreste aus jener Welt, in der diese Aufzeichnungen entstanden, die letztlich über die Entfaltung der Menschheit und ihre Anpassung an die Umwelteinflüsse Aufschluß gaben. Kurzum, unser erstaunliches Wissen über die mesopotamische Kultur in ‚historischer' Zeit stammt mindestens zu gleichen Teilen aus zwei unterschiedlichen Quellen: zum einen aus der archaischen Literatur selbst, zum anderen aus der Untersuchung materieller Überreste. Auch sollte man nicht vergessen, daß diesen ‚historischen' Zeiten eine lange schriftlose Zeit vorausging, eine formgebende Periode der menschlichen Entwicklung, die wir ausschließlich mit Hilfe der Ergebnisse der ‚Spatenarchäologie' in steigendem Maße zu erfassen vermögen.

Wie man den vorangegangenen Bemerkungen bereits entnommen haben dürfte, befasse ich mich in diesem Buch mit den materiellen Überresten sowie mit der Abfolge jener Ausgrabungen, die sie ans Licht brachten, weniger jedoch mit den philologischen Beiträgen. Noch andere Beschränkungen mußte ich mir aus den verschiedensten Gründen auferlegen; weil ich über die Pionierleistungen der frühen Mesopotamienforschung bereits in einem anderen Buch (Foundations in the Dust, Oxford 1947) ausführlich berichtet habe, wollte ich mich hier nicht in anekdotischen Berichten über die primitiven Grabungen in viktorianischer Zeit ergehen. Vielmehr wählte ich mir jene Zeit als Ausgangspunkt, da erstmals eine neue Systematik und Methodik in die archäologische Forschungspraxis Eingang fanden. Bekanntlich geschah das um die Jahrhundertwende, und dazu ist noch manches zu sagen.

In Mesopotamien waren es zwei deutsche Gelehrte, Robert Koldewey und Walter Andrae, die 1899 in Babylon als erste systematisch zu arbeiten begannen. Ihre Methode, die sie rasch vervollkommneten, bestand darin, Lehmziegelmauern aufzuspüren und Bauten und Befestigungen auf eine Weise freizulegen, wie es vor ihnen kein anderer versucht hatte. 1903 verlegte Andrae seine Tätigkeit in die alte assyrische Hauptstadt bei Assur, deren Ruinen er nach der gleichen genialen Methode durchforschte. Beide Ausgräber wandten sie auch bei unmittelbar unter der Erdoberfläche liegenden Architekturüberresten an, doch ging Andrae noch einen Schritt weiter. Als er Anzeichen dafür entdeckte, daß ein bestimmter Tempel im Lauf verschiedener Epochen der Stadtgeschichte mehrfach wiederaufgebaut worden war, machte er sich daran, die Überreste jeder einzelnen Schicht der Reihe nach zu untersuchen bis hinunter zu einem frühesten Heiligtum, das er den Sumerern zuordnete: einem Volk, von dem man damals noch kaum etwas wußte. Bedeutsamer noch war dabei, daß ihm eine ‚stratigraphische' Freilegung gelang, – ein Verfahren, das den Schlüssel zur effektiven Erforschung aller mesopotamischen Schauplätze lieferte. Als in den 30er Jahren unseres Jahrhunderts Berufsarchäologen auch anderer Nationen im Irak zu graben begannen, kamen ihnen die deutschen Methoden sehr zustatten. Es erübrigt sich zu bemerken, daß sie im Lauf der Zeit weiter entwickelt und verbessert wurden; doch noch heute kann gelten, daß sie die Basis für eine Entwicklung der Ausgrabungstechnik lieferten, ohne die alle in diesem Buch erwähnten Entdeckungen nicht möglich gewesen wären.

Zweitens hat es sich als notwendig erwiesen, meine Abhandlung – wann immer möglich – geographisch innerhalb der Grenzen des Irak zu halten. Da sich diese aber nicht in allen Fällen mit den Grenzen des alten Mesopotamien decken, mußte ich ab und zu eine Ausnahme machen. 1933 zum Beispiel wurden im Irak die Gesetze dahingehend modifiziert, daß sie ausländischen Ausgräbern ihren Anteil an ‚beweglichem Fundmaterial' verweigerten, woraufhin französische und britische Archäologen ihre Tätigkeit in Gebiete jenseits der syrischen Grenze verlegten. Da diese Entwicklung unmittelbar zur Entdeckung von Mâri durch A. Parrot und zu M. E. L. Mallowans ergiebigen Expeditionen im Chābūr-Gebiet führten, konnten deren Ergebnisse in diesem Bericht nicht unberücksichtigt bleiben. Und schließlich wurde aus Raumgründen beschlossen, daß meine Studie mit der Zeit der Eroberung Mesopotamiens durch die Perser im 6. Jahrhundert v. Chr. abschließen sollte. Denn die durch neueste Ausgrabungen im Irak gut repräsentierte Archäologie der sassanidischen, parthischen und islamischen Periode könnte einen weiteren Band füllen.

Bleibt noch zu sagen, daß dieses Buch in erster Linie zu weiterer Lektüre anregen will. Aus diesem Grund wurde, zumal wo es um Spezialgebiete geht, Sorgfalt auf die Bibliographie verwandt, um auf leichter zugängliche Werke hinzuweisen, wobei ich verständlicherweise der englischsprachigen Literatur den Vorrang eingeräumt habe.

Schließlich möchte ich David und Joan Oates meinen Dank dafür aussprechen, daß sie die Zeit opferten, mein Typoskript zu lesen und dazu Anregungen zu geben. Natürlich trifft sie für etwaige Irrtümer oder Auslassungen keine Schuld.

1. Das Land und seine Flüsse

Der Name ‚Mesopotamien' ist ein antiker Begriff, der heute mehr zur Bezeichnung eines Schauplatzes der alten Geschichte als zur Bezeichnung eines geographisch genau umrissenen Gebietes dient. Den griechischen Übersetzern des Alten Testaments galt Mesopotamien – genauer die Gegend zwischen Euphrat und Tigris, in der die alte Stadt Harran liegt – als Heimat des Stammvaters Abraham. Auch der antike Schriftsteller Strabo benutzt diesen Namen, doch meinte er damit nur den nördlichen Teil der Tiefebene zwischen den Flüssen; den südlichen nannte er ‚Babylonia'. Es war Plinius, der die Grenzen Mesopotamiens bis an den Persischen Golf ausweitete und es annähernd mit dem heutigen Irak deckungsgleich machte. Die Verwendung dieses Namens, der auf arabisch ‚Insel' bedeutet, bleibt ebenfalls fragwürdig; denn die arabischen Eroberer verstanden darunter nur Babylonien. Dies bedarf einer Erklärung: Nähert man sich dem Flußtal, wie sie es im 7. Jahrhundert n. Chr. taten, von Westen, von Hamad bzw. der arabischen Wüstensteppe her, gelangt man unvermutet an den Rand eines 30 m tiefen Steilabfalls, der einen Ausblick über die Baumwipfel der Euphratkulturen hinweg bis zum Tigris und darüber hinaus auf das sich in feiner Linie abzeichnende Zagrosgebirge gewährt, das Mesopotamien im Osten begrenzt. Am Rand dieser *‚Insel'*, in Kufa, befindet sich eine heilige Stätte, *As-Safinah,* ‚das Schiff' genannt, und nach Meinung der Muslime ist sie genau an der Stelle errichtet, an der einst die Arche aufsetzte.

Zwei Regionen

Schon diese wenigen Zeilen haben uns auf die zwischen Nord- und Südmesopotamien bestehenden Unterschiede aufmerksam gemacht, die uns noch deutlicher vor Augen treten, wenn wir uns der geophysischen Beschaffenheit dieses Landes, seiner geologischen Gestalt, seinen klimatischen Besonderheiten und allen anderen Umweltfaktoren zuwenden, die, alle zusammengenommen, dem Leben seiner frühesten Einwohner einen deutlichen Stempel aufprägten.[1] Als geographische Einheit, noch nicht einwandfrei definiert, hat das Land die Form einer breiten flachen Mulde, die sich vom oberen Ende des Persischen Golfes – dessen geologische Verlängerung sie darstellt – nach Nordwesten anhebt. Ihre Grenzen zu beiden Seiten lassen sich unschwer bestimmen: Die nordöstliche wird durch die Ausläufer der iranischen Bergketten gebildet, die südwestliche durch den Rand der ungeheuren Wüste, die von den Geologen die arabische Wüstensteppe genannt wird.

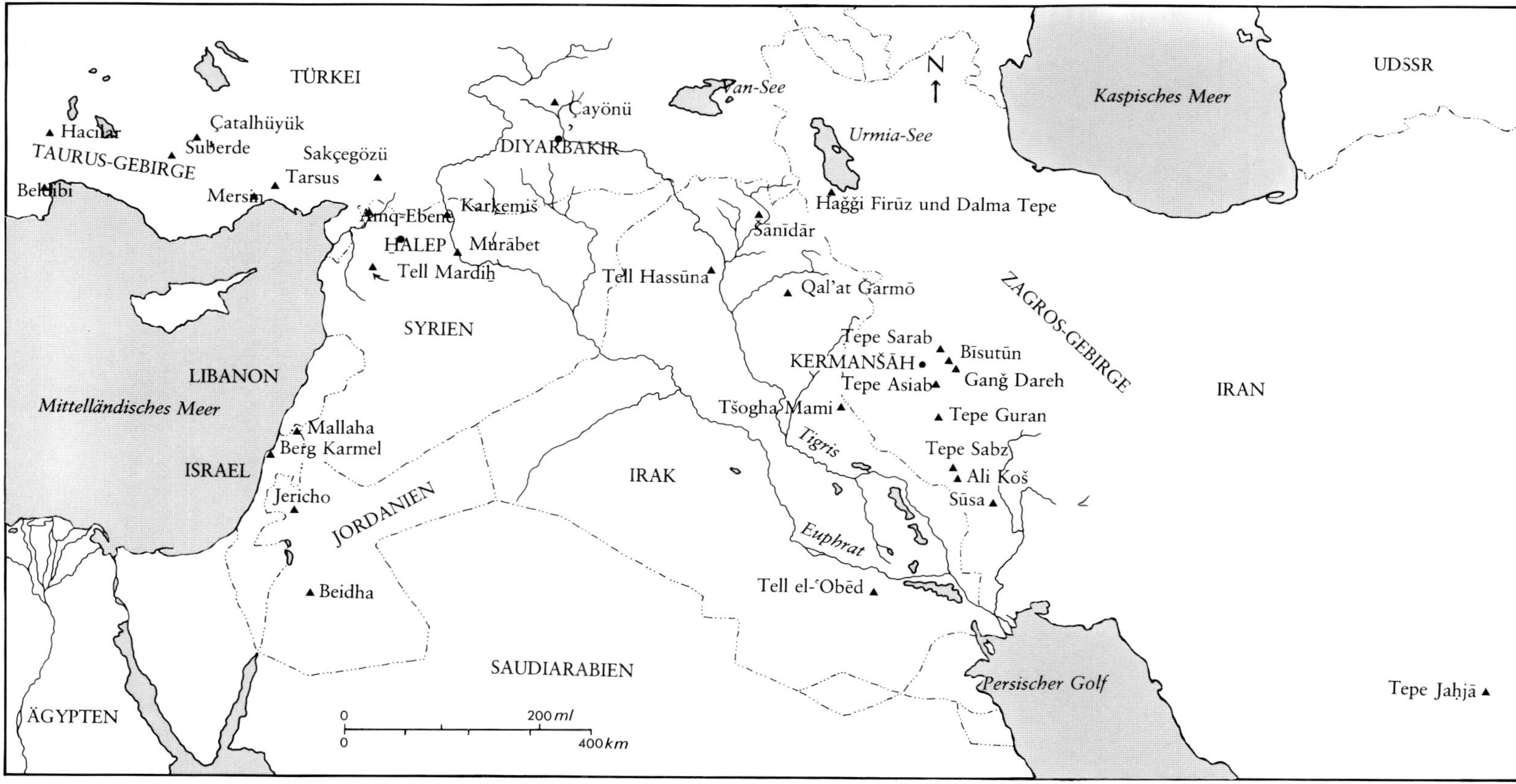

1. Karte der im Text erwähnten Stätten

Die horizontale Scheidelinie indes, die etwa durch Hit am Euphrat nach Samarra am Tigris verläuft und die obere Grenze der Alluvialebene bildet, zeichnet sich auf den üblichen Landkarten weniger deutlich ab. Nördlich dieser Hit-Samarra-Linie erstreckt sich zwischen den beiden Flüssen ein unfruchtbares Kalksteinplateau, Ğezīrah, ‚Die Insel' genannt, das den Euphrat in ein enges Tal zwängt. Der Tigris hingegen, von seinen östlichen Nebenflüssen profitierend, fließt durch ein weites Hochland mit hügligen Acker- und Weideflächen, durch das fruchtbare Kulturland des einstigen Assyrien. Südlich der Hit-Samarra-Linie, wo die beiden Flüsse ihr gemeinsames Delta erreichen, sieht die Landschaft ganz anders aus: Sie wurde durch zwei Flüsse geschaffen. Hier haben Euphrat und Tigris seit undenklichen Zeiten ihre Schwemmstoffe auf einem Bett aus Sedimentgestein abgelagert. Dadurch entstand eine ungeheure, vollkommen flache Ebene, die an Fruchtbarkeit im ganzen Nahen Osten nicht ihresgleichen hat.

Der Küstenverlauf

An diesem Punkt der Beschreibung Mesopotamiens sehen wir uns mit einem der wichtigsten, noch ungeklärten Probleme konfrontiert: mit der Frage der geologischen Entstehung des südlichen Deltas. Früher sah man sich zu der Annahme veranlaßt, ein großer Teil der heutigen Alluvialebene sei dem Meer im Lauf der Zeit abgewonnen worden. In der ersten Hälfte unseres Jahrhunderts stimmten Historiker wie Geologen in diesem Punkt überein: Das Zurückweichen der Küste mußte schon in einer sehr frühen Periode begonnen haben, weil die oberen zwei Drittel der Tiefebene übersät sind mit Ruinenhügeln, den letzten Spuren der großen Städte Sumer und Akkad, deren Geschichte in die Zeit der frühesten Niederlassungen im 6. Jahrtausend v. Chr. zurückreicht. Doch auch hier zieht sich eine Linie quer über das Land, etwa entlang des den Ort Nasirīye durchlaufenden Breitengrades, südlich davon gibt es keine solchen Hügel mehr.[2] Zwischen dieser Linie und der heutigen Küste erstreckt sich ein weites, dünn besiedeltes Gebiet voller Marschen und Seen. Man nahm daher an, daß sich der Golf einst über die gesamte Deltaregion erstreckt haben mochte und in frühhistorischer Zeit bereits bis zur Nasirīye-Linie zurückgewichen war; die von Chuzistan aus in ost-westlicher Richtung fließenden Flüsse Kerka und Karūn hätten sich ein eigenes Delta nach vorn geschoben und so das obere Ende des Golfes abgeriegelt und es in einen riesigen See verwandelt, den seitdem Euphrat und Tigris mit der Last ihrer eigenen Schwemmstoffe aufzufüllen bestrebt sind.

Im Jahr 1952 indes wurde diese bislang akzeptierte Hypothese durch zwei Geologen zu Fall gebracht.[3] Nach ausgedehnten Untersuchungen mit Hilfe verfeinerter Techniken konnten sie nachweisen, daß sich die Küstenlinie in Wirklichkeit seit frühester geschichtlicher Zeit nicht wesentlich verändert hat. Schon ihre ersten Befunde ergaben, daß nur sehr geringe Mengen der Sand- und Schlammassen, die jene beiden Flüsse mitführten, jemals das Meer erreichten, so

2. Mesopotamien mit den im Text erwähnten Stätten

daß infolgedessen das Niveau der südlichen Ebene durch die Anschwemmungen um fast 60 cm pro Jahrhundert angehoben wurde. Im Süden hätten keine Marschen und Seen bestehen bleiben können, wenn damit nicht ein Absinken des Felsgrundes unter dem Delta einhergegangen wäre, das in etwa dieser Anfüllung entsprach. Diesen Vorgang und die ungefähre Senkungsrate konnten sie dann durch Beweise erhärten.

Den Archäologen fiel es zunächst nicht ganz leicht, dies mit bestimmten, einwandfrei gesicherten historischen Tatsachen in Einklang zu bringen. Die sumerische Stadt Eridu (Tell Abū Šahrēn) zum Beispiel, nach mesopotamischer Überlieferung die ‚älteste Stadt der Welt', lag Schriftstellern der Antike zufolge ‚an den Ufern eines Sees'. Und das nur wenige Kilometer entfernte Ur verfügte über Hafenanlagen, an denen seetüchtige Schiffe anlegten und ihre Frachten löschten.[4] Heute liegen beide etwa 160 Kilometer von der Meeresküste entfernt. Also mußte man sich auf einen annehmbaren Kompromiß einigen. Ein einziges bescheidenes Detail archäologischen Beweismaterials ermöglichte dies: Im Tempel von Eridu, wo einst dem Gott Enki Fischopfer dargebracht wurden, fand man die Gräten einer Barschart, die nur im brackigen Wasser von Flußmündungen, die dem Gezeitenwechsel unterworfen sind, gedeihen. Möglicherweise war die flache Niederung, in der Eridu heute liegt, damals ein Teil des heutigen Seensystems, das seinerseits durch tiefe Kanäle mit der Euphratmündung verbunden war. Ähnlich könnte auch Ur an einem früheren Lauf des Euphrat gelegen haben.

Die Flüsse

Vielleicht sollten wir nun die charakteristischen Eigenarten der beiden Flüsse betrachten, von denen die gesamte Wirtschaft des Landes abhängt.

Der Tigris entspringt einem etwa 160 km westlich des Van-Sees gelegenen kleinen See (Hazar Gölü) und fließt in östlicher, dann in südöstlicher Richtung nach Ninive und durch das assyrische Hochland. Der viel längere Euphrat (2800 km im Gegensatz zum Tigris mit 1800 km Länge) entsteht aus zwei Quellen, die zwischen Van und Erzerum liegen. Beide Quellarme fließen zunächst nach Westen, um sich unweit von Elâziğ, wo heute der Keban Damm einen See anstaut, zu vereinen. Der Hauptstrom nimmt dann in südlicher Richtung einen gewundenen Verlauf, überquert die Grenze der Türkei nach Syrien nahe der alten Stadt Karkemiš und durchfließt schließlich den Irak. Hier trennen ihn vom Tigris etwa 400 km Steppenland, und beide nähern sich einander erst wieder, wenn sie bis in die Nähe von Baghdad beziehungsweise Ramadi gelangen. Hier verläuft der Euphrat auf einem 9 m höheren Niveau als der Tigris; im Altertum machte ein System von Bewässerungskanälen, die das Wasser von dem einen Fluß in den anderen leiteten, das dazwischen gelegene Land außerordentlich fruchtbar. Dann entfernen sich die Flüsse wieder voneinander, wobei die Tiefebene zwischen ihnen von einem noch komplizierteren System von Kanälen und Leitungen bewässert wird.

Während sie den Irak durchqueren und ehe sie die Hit-Samarra-Linie erreichen, strömen die zwei Flüsse in Betten dahin, die sie sich selbst in den harten Kalkstein und Schiefer graben mußten. Daher hat sich ihr Lauf hier seit prähistorischer Zeit kaum verändert. So sieht man die Städte Karkemiš, Nimrūd, Ninive und Assur heute noch wie seit eh und je unmittelbar am Flußufer liegen. Südlich dieser Linie ändert sich das Bild: Hier schlängeln sich die Flüsse durch die Alluvial-Ebene, wechseln oft ihre Richtung und gabeln sich häufig. Wie alle Sediment führenden Flüsse mit sehr geringem Gefälle erhöhen sie selbst allmählich den Boden ihres Bettes, so daß sie den größten Teil der Strecke auf einem Niveau dahinfließen, das höher liegt als das umgebende Land. So kommt es unvermeidlich ab und zu bei Hochwasser vor, daß sie über die Ufer treten. Dabei können Seen oder Marschen entstehen, oder der Fluß ändert seinen Lauf. Letzteres ist der Grund dafür, daß manche der großen Städte, die sich einst unmittelbar am Ufer von Euphrat und Tigris erhoben, heute – als riesige ausgetrocknete Ruinenfelder – weit draußen in der unbewässerten Wüste liegen.

Diese Darstellung der beiden zwischen halbkünstlichen Uferböschungen auf erhöhtem Niveau durch die Ebene strömenden Flüsse soll zu unserem nächsten Thema, der Bewässerung Mesopotamiens und deren primäre Bedeutung für die Wirtschaft des Landes überleiten. Zum Zweck der Bewässerung mußte das Wasser so abgeleitet werden, daß die Uferböschungen keinen Schaden erlitten oder gar Überschwemmungen ausgelöst wurden. Das System, das diesen Anforderungen entsprach, war natürlich durch das jahreszeitliche Steigen und Fallen des Wasserstandes bedingt, das seinerseits von den klimatischen Bedingungen abhing.

Klima und Bewässerung

Was das Klima Mesopotamiens betrifft, tut man gut daran, sich vor Augen zu halten, daß es sich, den Feststellungen der Geologen zufolge, seit der Frühzeit nicht merklich geändert hat. Im Sommer bewegen sich die Temperaturen zwischen 30 und 40 Grad Celsius im Schatten, während acht Monate des Jahres kein Tropfen Regen fällt. Gegen Ende der Trockenzeit haben sich die Flüsse in braune Gewässer verwandelt, die sich träge in Mäandern durch das schlammige Brachland winden. Dann kommt der Winter mit seinem blassen Sonnenschein – zur Mittagszeit – und seinen kalten Nächten und bringt schwere Regenfälle. Aber erst im Frühjahr, wenn auf den Bergen des Taurus und Zagros die Schneeschmelze beginnt und ihre Nebenflüsse mit Wasser speist, erreichen die Flüsse wieder ihren normalen Wasserstand. Dann setzen die Frühjahrsüberschwemmungen ein, die noch die vorige Generation für praktisch unkontrollierbar hielt, und die zu allen geschichtlichen Zeiten die Bewohner der Ebene mit Unheil bedrohten. Paradoxerweise treten sie zwischen April und Juni auf, wenn es für die Bewässerung der Früchte der Haupterntezeit, die gewöhnlich im April eingeholt werden, bereits zu spät ist.

Dies waren die klimatischen Bedingungen und jahreszeitlichen Schwankungen, denen sich im Altertum die Bebauer des südlichen Mesopotamien ausgesetzt sahen: Regen zur Unzeit und im Übermaß und Überschwemmungen ebenso zur Unzeit, deren kaum zu bewältigende Fluten sich auf dem Umland ansammelten. So mußte der Mensch schließlich selber mit Hilfe sinnreicher Einrichtungen – eines komplexen Systems von Kanälen, Reservoiren, Deichen und Abflußrinnen – die Wasserversorgung regulieren. Das erforderte eine umfangreiche Organisation und ebenso große Geduld. Allzu bald füllten sich die Kanalbetten mit Schlick auf, so daß sie immer wieder ausgeräumt werden mußten. Durch ständige Wiederholung dieses Prozesses wurden die Ufer allmählich zu hoch, um die Rückstände auswerfen zu können. Die Folge war, daß man parallel zum ersten einen neuen Kanal anlegte. Heute noch kann man aus der Luft dieses erstaunliche Netz von Kanälen erkennen, von denen manche bis zu drei Parallelkanäle hatten. Das Ganze sieht aus wie ein einziges kompliziertes Muster – ein Anblick, der leicht zu der Illusion verführen könnte, daß all diese Kanäle gleichzeitig benutzt wurden. In der Tat glaubte noch die vorige Generation, der Irak sei – bis zu seiner Zerstörung durch die Mongolen im 13. Jahrhundert n. Chr. – eine einzige riesige Kornkammer gewesen, ein Land von legendärer Fruchtbarkeit, was eine reine Fehlvorstellung war. Landwirtschaftliche Untersuchungen haben in den vergangenen Jahren ein völlig gegenteiliges Bild ergeben. Spezialisierte Forschungen erbrachten immer neue Beweise für das Schwinden der landwirtschaftlichen Produktivität, das nicht auf ein einzelnes katastrophales Ereignis in relativ später Zeit zurückzuführen war, vielmehr auf grundlegende Mängel der Anbaumethode, die in eine überraschend frühe Epoche zurückreichen.[5]

Versalzung

Von den Wirkungen der Überschwemmungen abgesehen, drohte dem Ackerbau Mesopotamiens die größte Gefahr durch die Versalzung der Böden und die daraus folgende Praxis der sogenannten ‚extensiven Landwirtschaft'. Noch heute kann man, wenn man den Irak bereist, die Folgen der falschen Behandlung des Bodens nicht übersehen. Weite, nunmehr unbebaute Gebiete sind mit einer weißen Kruste bedeckt, die durch ununterbrochenen Anbau verursacht wurde. Das Wasser, das aus den Flüssen auf die Felder geleitet wurde, führte viel Salz mit, und während es unter der heißen Sonne verdampfte, lagerte sich Salz ab und ruinierte den Boden. Wenn dies in einem Land mit extensiver Landwirtschaft geschieht, bebaut der Landwirt einfach ein neues Stück Boden, das er auf gleiche

Weise zu bewässern beginnt. Eine bedrohlichere Ursache der Versalzung bestand jedoch im Ansteigen des Grundwassers infolge fortgesetzter Bewässerung, wobei das Salz an die Oberfläche gedrängt wird. Nur eine wirksame Drainage kann diesem Übel abhelfen, doch der Anreiz, sich solche Umstände zu machen, ist nicht so groß, wenn man es sich leisten kann, eine extensive Landwirtschaft zu betreiben.

Ende der 50er Jahre brachte eine Studie von Thorkild Jacobsen, einem der großen Assyriologen unserer Zeit,[6] mehr Licht in diese Sache. In einer Reihe von Keilschrifttexten fand er deutliche Hinweise auf Bodenversalzung und konnte so deren Auswirkung über einen langen historischen Zeitraum hinweg verfolgen. Jacobsen ermittelte zum Beispiel, daß die Versalzungsschäden im Stadtstaat Lagaš besonders schlimm gewesen waren; dort setzte die Versalzung bereits etwa 2400 v. Chr. ein und dehnte sich allmählich in westlicher Richtung zum Euphrat hin aus. Tausend Jahre später reichte sie schon bis Babylon. Seinen Berechnungen zufolge betrug der Ertrag an Weizen zuerst 16 Prozent der Gesamternte. Drei Jahrhunderte später war diese Rate auf 2 Prozent abgesunken, und für die Zeit zwischen 2000 und 1700 v. Chr. wird in seinen Berichten Weizen überhaupt nicht mehr erwähnt. Selbst die Gerste, deren größere Unempfindlichkeit gegen Versalzung sie längst zum meistangebauten Getreide hatte werden lassen, brachte nun ebenfalls in vielen südlichen Distrikten weit geringere Erträge pro Morgen. Informationen dieser Art stützen die Hypothese vom Schwinden der landwirtschaftlichen Prosperität. Infolge der Verarmung der Böden beschränkte sich letztere bald nur noch auf den Norden. Dies, meinte er, mochte auch ein Grund für die großen politischen Veränderungen in der Geschichte Mesopotamiens gewesen sein: daß die Vormachtstellung zunächst von Sumer auf Babylon und später auf das assyrische Königreich im Norden überging; dort gab es keine Versalzungsprobleme. Nichtsdestoweniger lassen viele Anzeichen darauf schließen, daß die in diesen Jahrhunderten verminderte landwirtschaftliche Produktivität nur eine vorübergehende war. Denn Jacobsen und seine Kollegen stellten bei Untersuchungen im Dijāla-Gebiet östlich von Baghdad fest, daß bereits im 3. Jahrtausend v. Chr. verbesserte Techniken zur Bekämpfung der Versalzung oder zumindest zu ihrer Verzögerung angewandt wurden. Lange Erfahrung hatte zur Erfindung besserer Methoden geführt, mit deren Hilfe man optimale Erträge aus dem Boden zu erwirtschaften vermochte. Ein landwirtschaftliches Handbuch der Sumerer von etwa 2500 v. Chr. läßt sogar auf die Praktizierung einer primitiven Brachfolge sowie elementarer Drainageformen schließen.

Selbst wenn wir Herodots übertriebene Darstellungen der Fruchtbarkeit Babyloniens von der Hand weisen dürfen, können wir doch mit einigem Recht schließen, daß sich die Landwirtschaft in Südmesopotamien im Laufe des 2. und zu Beginn des 1. Jahrtausends v. Chr. erholte. Fraglos müssen periodische Katastrophen durch Überschwemmungen oder durch unvorhergesehene Verlagerungen der Flußläufe eingetreten sein. Und darunter müssen auch die nördlichen Provinzen gelegentlich zu leiden gehabt haben, wie es noch heute aufgrund extremen

Regenwassermangels der Fall ist. Doch insgesamt betrachtet kann man sagen, daß Mesopotamien reich an landwirtschaflichen Produkten und zu frühgeschichtlicher Zeit größtenteils in der Lage war, seine eigene Bevölkerung zu ernähren. Darüber hinaus gelang es ihm in der Regel, Getreideüberschüsse gegen Bausteine, Metalle und andere Materialien einzutauschen, in deren Besitz es nur durch Handel mit den Nachbarländern gelangen konnte. Auch beschränkten sich seine Agrarprodukte nicht allein auf Getreide. Alten Texten ist zu entnehmen, daß es im Südirak bereits im 3. Jahrtausend v. Chr. ausgedehnte Palmenhaine sowie Dattelzucht durch künstliche Befruchtung gab. Mehl und Datteln waren im alten Mesopotamien die Grundnahrungsmittel, obwohl auch Rinder und Schafe gezüchtet wurden, die auf dem unbearbeiteten Land grasten, während Flüsse, Seen, Kanäle und Meer Fisch in Überfülle lieferten. Obst und Gemüse wurden in Gärten gezogen, gegen die Sonne durch Anpflanzung von Palmen geschützt und mittels sehr simpler Brunnen und Einrichtungen bewässert, wie sie noch heute im Irak benutzt werden.

Der nördliche Irak

Wir wollen nun das geophysikalische Bild Mesopotamiens durch eine kurze Beschreibung des Hochlands nördlich der Hit-Samarra-Linie abrunden. Westlich des öden Ğezīrah-Plateaus bewässert der Euphrat, wie erwähnt, einen schmalen Streifen Kulturlandes, der mit kleinen Marktflecken – wie Hit, Rava und Ani – übersät ist. Nördlich der heutigen syrischen Grenze erweitert sich diese Anbaufläche zu einer ausgedehnten landwirtschaftlichen Provinz, die in früheren Zeiten der rein mesopotamischen Stadt Mâri unterstellt war. Jenseits des Ğezīrah-Plateaus, nach Osten hin, versorgen der Tigris und seine Nebenflüsse, der obere und untere Zab und der Adhaim, Lebensadern gleich, das assyrische Hochland mit Wasser. Dieses besteht aus einer hügeligen, geröllreichen Steppe, fruchtbarem Kulturland in den Tälern und einem reichen Vorrat an Steinen für Bauzwecke. Im Jahresdurchschnitt reicht der Regen hier für eine Weizenernte ohne zusätzliche Bewässerung aus. Lediglich Gärten und Pflanzungen müssen aus Flüssen und Brunnen bewässert werden. Den größten Teil des Jahres ist das Land kahl; doch im Frühling trägt es Gras und Blumen.[7]

Im Osten und Norden Assyriens erhebt sich das bergige Land des heutigen irakischen Kurdistans: ein halbmondförmiger Gebirgsbogen, der sich vom heutigen Chanaqīn am einen Ende bis nach Faiš Chābūr am Übergang über den Tigris am anderen Ende erstreckt, wo heute die syrische, türkische und irakische Grenze zusammentreffen. Das Land unterscheidet sich hier nur wenig von den östlichen *vilayets* der Türkei. An den Berghängen sieht man terrassenförmig angelegte Dörfer mit Häusern aus Feldsteinen, umgeben von hohen Pyramidenpappeln und terrassierten Gärten, in denen neben anderem auch Wein und Tabak angebaut werden. Weite Gebiete der Berghänge sind mit Zwergeiche, seltener mit Koniferen bedeckt und unterhalb der Schneegrenze gibt es im Winter viel Wild. Später werden wir diesem Gebiet – das manchmal als bergige Flanken des ‚Fruchtbaren Halbmonds' bezeichnet wird – auf der Suche nach der frühesten menschlichen Siedlung einen Besuch abstatten.

Diese allgemeine Beschreibung des Hintergrunds, vor dem sich die archäologische Erforschung Mesopotamiens abspielte, sollte noch durch ein Wort über die historischen Beziehungen seiner Bewohner zu ihren Nachbarvölkern auf beiden Seiten – den Nomaden der syrischen Wüste und den Stämmen des Zagrosgebirges – ergänzt werden. Die Bevölkerung Sumers und Babyloniens setzte sich überwiegend aus Stadtbewohnern und Bauern zusammen. Anders als die Wüstennomaden und die wandernden Hirtenvölker des iranischen Hochlandes zogen sie es vor, den weiten Raum hinter sich zu lassen und ein seßhaftes Leben zu führen mit allen Annehmlichkeiten, die die Flußtäler boten. Damit aber zogen sie – von seltenen Unterbrechungen abgesehen – die Aufmerksamkeit ihrer weniger begünstigten Nachbarn auf sich, die es sich zur Gewohnheit machten, die Handelswege der Seßhaften zu verunsichern und abseits gelegene Dörfer zu überfallen. Wie wir sehen werden, waren lange Kapitel der sumerischen und babylonischen Geschichte mit dem Kampf um die seßhafte Lebensweise sowie von der Anstrengung ausgefüllt, sich gegen raubgierige Nomaden zu schützen. Doch gab es Zeiten in der Geschichte Mesopotamiens, da die Eindringlinge ihr Ziel auf dem Weg der friedlichen Durchdringung der Flußtalgesellschaft besser verwirklichen konnten, als durch feindliche Handlungen und es schließlich fertig brachten, sich in beträchtlicher Überzahl in ihr zu etablieren. Hierbei kam es einst zur Verdrängung der einheimischen Herrscherschicht durch eine feindliche Akkaderdynastie sowie durch eine Reihe babylonischer Könige überwiegend semitischer Abstammung, die ihrerseits später durch Invasionen östlicher Völkerstämme oder durch eine kassitische Aristokratie verdrängt wurden – Vorgänge, die den eigentlichen Kern der mesopotamischen Geschichte ausmachen.

2. Der Mensch im Frühlicht des Neolithikums

Was uns in diesem Kapitel in erster Linie beschäftigen soll, wird das Ergebnis der Erforschung der Ursprünge und der soziologischen Entwicklung von Völkern sein, zu deren Nachfahren in geschichtlicher Zeit die Bewohner Mesopotamiens zählten. Der Faden, der sie mit der Menschheit des Paläolithikums (der Altsteinzeit) verbindet, ist dünn und diese Verbindung noch heute umstritten. Doch daß es sie gibt, ist nicht zu übersehen. Und da wir die Grenzen des geographischen Bereiches nun schon nach eigenem Gutdünken abgesteckt haben, wäre es falsch, die Beweise menschlicher Tätigkeit aus der auslaufenden Altsteinzeit, die hier zu finden sind, außer acht zu lassen. Natürlich hängt dieses Problem aufs engste mit der geologischen Geschichte Südwest-Asiens zusammen. Doch brauchen wir uns hier nur mit ihren jüngsten Phasen zu beschäftigen. Es geht um die Abfolge der Entwicklungsphasen beziehungsweise das Muster, nach dem sie vermutlich verliefen, und dieses sollten wir vielleicht als erstes wieder zusammenzusetzen versuchen.

Die Altsteinzeit

Das Paläolithikum *(Tabelle 1),* der Zeitabschnitt, in dem die Entwicklung des Menschen aus affenähnlichen Vorfahren zu seinem Erscheinungsbild als *Homo sapiens* vor sich ging, entspricht etwa dem Pleistozän (Diluvium), der ‚jüngsten' Phase der geologischen Geschichte. Diese Periode begann vor mehr als 2 Millionen Jahren und endete etwa 20000 bis 12000 Jahre vor unserer Zeit. Im Verlauf dieser Periode schoben sich mindestens viermal hintereinander gewaltige Gletscher von der polaren Eiskappe aus nach Süden vor, um große Teile Eurasiens und Nordamerikas zu bedecken.[1] Die früheste Phase der Altsteinzeit, das Altpaläolithikum, setzte vor mehr als 2 Millionen Jahren ein und ging etwa vor 80000 Jahren zu Ende. In Europa finden sich für dieses ausgedehnte Zeitalter erste Spuren primitiver Kulturen (Abbévillien, Clactonien und Acheuléen) in Gestalt materieller Hinterlassenschaften von Geschöpfen, die bereits mit den Vorfahren des heutigen Menschen verwandt waren. Mit dem Mittelpaläolithikum (vor 80000–30000 Jahren) werden wir uns in diesem Zusammenhang eingehender befassen, da es in Nordirak durch Tätigkeitsspuren von Höhlenbewohnern aus dem Moustérien vertreten ist, wie auch durch menschliche Relikte selbst, unter denen sich auch Knochen des Neandertalers, jenes seltsamen, erloschenen Zweiges des menschlichen Stammbaums, befinden.

Vor unserer Zeit	Phase	Westeuropa	Irak		Kulturstufe
			Höhlen v. Šānīdār	andere Fundplätze	
			Schicht B1 10600 BP	Zāui-Čemi	Nahrungserzeugung Ackerbau und Viehzucht
12000	Jungpaläolithikum		Schicht B2 12000 BP	Karim Šaher Mlaffa'at	Wildbeuter, Jäger und Sammler
		Magdalénien		Hazar Merd Palegaura	
15000			Hiatus		
		Solutréen			
20000		Gravettien		Zarzi	
		Périgordien Aurignacien	Oberste Schicht C 28000 BP		
30000	Mittelpaläolithikum				
			Unterste Schicht C 35000 BP		
40000			Hiatus		
		Moustérien	Oberste Schicht D 46000 BP		
50000			Obere Schicht D 50000 BP		
80000			Boden der Höhlen	Andere Höhlen u. Fundstätten	

Tabelle 1. Vereinfachte Übersicht: Das Paläolithikum, vertreten durch Fundplätze in Europa und Nahost (Nach Solecki, 1971)

Das Jungpaläolithikum (vor 30000–12000 Jahren) wird ebenfalls für uns hier von besonderem Interesse sein. Im irakischen Kurdistan wie in anderen Teilen des Nahen Ostens wurden die Spuren aus dieser Zeit bei jeder erdenklichen Gelegenheit eingehend untersucht, weil sie den Auftakt einer tiefgreifenden Veränderung dokumentieren, die am Ende des Pleistozän vor sich ging. Die dem Aurignacien und Gravettien Europas entsprechenden Abschnitte sind hier durch Funde im Carmel-Gebirge in Palästina und im Iran sowie an Fundplätzen vom Zagros-Gebirge bis hin zum Urmia-See vertreten und sind insofern von Interesse, als sie über die geographische Streuung dieser Kulturen Aufschluß geben. Doch das End- oder Übergangsstadium ist von weit größerer Bedeutung, da es der Forschung das fehlende Glied in der Kette lieferte, das zwischen den weniger entwickelten Vorfahren des Menschen und seiner entwickelteren Form als *Homo sapiens,* wie wir ihn heute vor uns sehen, noch fehlte. Dabei kann uns die Fülle der Beweise seiner frühen Leistungen und Bestrebungen von Nutzen sein. Die Chronologie dieser Endphase des Paläolithikums ist noch immer nicht restlos gesichert. Doch muß das Entstehen der ältesten Ackerbausiedlungen zu Beginn des Neolithikums bald nach 10000 v. Chr. noch dieser Endphase zugeschrieben werden.

Es ist nicht ganz leicht, sich vorzustellen, welche gewaltigen geologischen und klimatischen Veränderungen im Diluvium, als der Frühmensch erstmals auf den Plan trat, in Westasien vor sich gingen. Im hohen Bergland Anatoliens und in geringerem Ausmaß im westlichen Iran wurden Spuren periodischer Vereisung festgestellt; dennoch ist sicher, daß die sich vorschiebende Eisdecke nicht bis zum Nahen Osten vordrang. Im Gegenteil, hier floß während der Eiszeit überwiegend feuchte Luft aus dem Mittelmeer ein und ließ zu Füßen der Berge Grassteppen und fruchtbare Hochebenen entstehen, die von dem relativ gemäßigten und gleichbleibenden Klima profitierten. Insofern boten die unteren südlichen Hänge des Taurus und Zagrosgebirges den paläolithischen Höhlenbewohnern reiche Jagdmöglichkeiten sowie günstige klimatische Bedingungen. So mögen die Prähistoriker der Alten Welt nicht gar so überrascht gewesen sein, auf Spuren ihrer Flint-Industrien in Höhlen im irakischen Kurdistan oder in Palästina, in Südwestanatolien oder im nordwestlichen Iran zu treffen. Es dürfte sie auch nicht befremdet haben, daß die Kulturen dieser Jägervölker große Ähnlichkeit mit den bereits in Europa entdeckten aufwiesen. Denn alle genannten Gebiete korrespondierten mit einer Wanderbewegung, deren geographische Richtung im Diluvium deutlicher zutage getreten sein mag als heute. Und was Veränderungen der Binnenmeere Westasiens in dieser Zeit betrifft, sind Fachleute zum Beispiel der Ansicht, daß während der letzten Eiszeit der Spiegel des Kaspischen Meeres infolge der Ansammlungen von Niederschlagsmengen um etwa 76 m höher gelegen habe als heute. Das Schwarze Meer dagegen sei nichts anderes als ein brackiger See gewesen, der durch den damals trockenen Bosporus vom Meer abgeschnitten war, so daß der Frühmensch trockenen Fußes über den Bosporus zwischen Asien und Europa hin- und herwechseln konnte. Weiter östlich indes schoben das Kaspische

Meer und die ausgedehnten Sumpfgebiete um den Aral-See den Wanderbewegungen einen Riegel vor.[2]

Garrod und Solecki

Die ersten paläolithischen Entdeckungen im Nord-Irak machte bereits im Jahre 1928 Dorothy A. E. Garrod, die später durch ihre langjährigen Ausgrabungen im Carmel-Gebirge bekannt wurde. Erste Sondierungen nahm sie im Irak in der Höhle von Zarzi vor *(Abb. 3)*, etwa 32 km nordwestlich von Sulēmanīje unweit des Quellgebiets des unteren Zab. Hier traf sie auf unberührte Ablagerungen, die denen des europäischen Gravettien entsprachen. So wurde Zarzi zur östlichen Fundstätte par excellence für Material dieses Typs.

Ihr zweites Experiment unternahm Garrod in einer der Sulēmanīje noch näher gelegenen Höhle namens Hazar Merd, wo bereits bei einer Stichprobe eine frühe Flint-Industrie zutage trat, die zum Teil durch das Vorkommen der typischen, einseitig bearbeiteten Spitzen und Schaber als Moustérien identifiziert werden konnte. Auch konnte Garrod eine Aufstellung von Tierknochen aus der gleichen Zeit veröffentlichen, die ihre Kollegin Dorothy Blake für sie identifizierte.[3] Nachdem sie nach Palästina gegangen war, kam es im Irak zu einem Stillstand der paläolithischen Forschung. Erst 1949 nahm eine Reihe von amerikanischen Gelehrten den Faden ihrer Untersuchungen wieder auf, wobei Ralph S. Solecki am erfolgreichsten war. In der Höhle von Šānīdār, die er aus einer ganzen Anzahl von Höhlen im Baradūz-Gebirge oberhalb Rōwāndūz ausgewählt hatte, unternahm er Sondierungen bis in 13,7 m Tiefe. Die frühesten Okkupationsfolgen (Schicht D) konnte er einem Abschnitt des Moustérien zuweisen, deren Artefakte im Gegensatz zu der für jungpaläolithische Besiedlungshorizonte typischen Klingenkultur (Schicht C) „die charakteristischen Merkmale einer überwiegenden Abschlagskultur zeigten“. Doch an der gleichen Stelle hatte er zwischen 1953 und 1957 das Glück, auf vier menschliche Skelette zu treffen, die unverkennbar alle Merkmale des Neandertalers aufwiesen.[4]

1949 hatte der amerikanische Anthropologe Carleton S. Coon im westlichen Iran Material entdeckt, das mit Soleckis Funden in Šānīdār vergleichbar war. Der bereits erwähnten hypothetischen Wanderungslinie folgend, war Coon bei Bisutūn unweit von Kermānšāh auf eine Wohnhöhle gestoßen, die Spuren der gleichen Moustérien-Industrie aufwies, wie sie in Hazar Merd anzutreffen war. Auch konnte er für sich in Anspruch nehmen, menschliche Knochenreste entdeckt zu haben, die er als „typisch neandertaloid“ bezeichnete. Parallele Funde machten später türkische Archäologen bei Beldībī und an anderen Plätzen dicht an der anatolischen Mittelmeerküste. So begann das Streuungsmuster deutlicher hervorzutreten.

Anscheinend haben sich die beiden letzten Entwicklungsphasen des europäischen Jungpaläolithikums – Solutréen und Magdalénien –, denen man unter

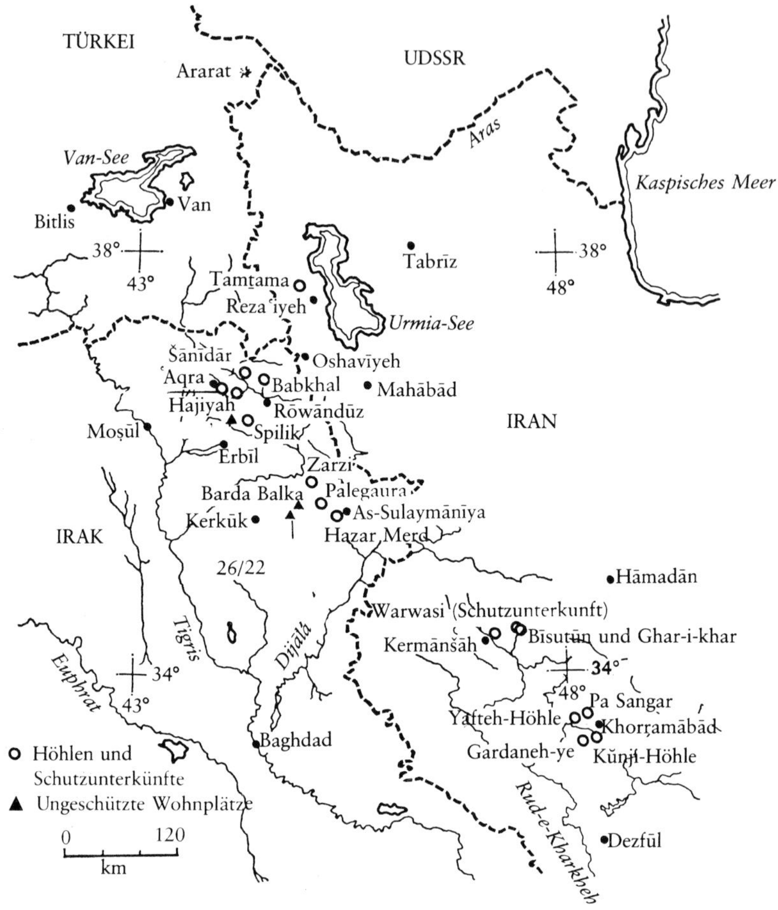

3. Die wichtigsten paläolithischen Fundplätze im Nordirak

anderem die meisten der berühmten Felsbilder in Westfrankreich zurechnet, nicht auf den Nahen Osten ausgedehnt. Dementsprechend galten Garrods Funde aus dem späten Aurignacien oder ‚verlängerten Gravettien' als Repräsentanten der ausgehenden Altsteinzeit im Irak. Da sie bereits einige Züge der folgenden Übergangsphase aufweisen, lohnt es sich, sie ein wenig genauer zu betrachten.

Amerikanische Ausgräber in Kurdistan

Die von Dorothy Garrod zusammengetragenen, zeitlich relativ begrenzten Funde von Zarzi wurden 1950 durch Spuren trefflich ergänzt, die H. E. Wright und Bruce Howe in einer Höhle in Palegaura freilegten. Zusammen betrachtet ergeben die Resultate ein vollständigeres Bild. Auf eine wichtige Neuerung ließen die Flint-Mikrolithen (kleine Feuersteingeräte) einer jüngeren, verfeinerten Klingen-Industrie schließen, zu denen sich erste, durch Abschläge bearbeitete Stein-Pfeilspitzen sowie eine Vielzahl von Schneide-, Schaber- und Stichelmikrolithen gesellten. Unter anderen Steingeräten befanden sich auch ein polierter Faustkeil, Bruchstücke von Handmühlen und Obsidian (vulkanischer Glasstein), dessen nächstgelegener Herkunftsort das Gebiet um den Van-See in Ostanatolien gewesen sein muß. Auch Perlen und Anhänger aus Muscheln fanden sich in Palegaura, während Tierknochen bezeugten, daß der Halbesel (Onager) damals das meistgejagte Tier war. Doch auch Knochenreste von Wildziege, Schaf, Rind und Gazelle geben Aufschluß über die Art des Terrains, auf dem der ‚Baradūz-Mensch' lebte. Holzrückstände stammten von Eiche, Tamariske, Pappel und Konifere, die man alle noch heute in Kurdistan antrifft. Sie ermöglichten auch die Radiokarbon-Datierung des gesamten Materials auf 13060 bis 14210 Jahre zurück. Die sich hieraus mutmaßlich ergebende kulturelle Situation konnte als Ausgangspunkt für eine nun einsetzende verstärkte Erforschung des Übergangs von der paläolithischen Lebensweise zu der enorm veränderten Wirtschaftsform der Jungsteinzeit dienen.

Wichtig ist, daß wir uns nun den Stand dieser Forschung in den 50er Jahren unseres Jahrhunderts in Erinnerung rufen, jene Zeit, als R. J. Braidwood aus Chikago das Irak-Ǧarmō-Projekt unter Hinzuziehung eines interdisziplinären Spezialistenteams ins Leben rief, dessen Zusammensetzung an sich schon etwas Neues war.[5] Bis dahin hatten sich im Irak Archäologen verschiedenster Nationen jahrelang mit der Untersuchung der prä-sumerischen Kulturen und der Ursprünge der mesopotamischen Zivilisation befaßt. Nachdem Leonard Wooley auf der Station El-'Obēd den urzeitlichen Marschenbewohner entdeckt und in Ur in Chaldaea bei Sondierungen tief in prähistorische Schichten hinab vorgestoßen war, gelang es seinem jüngeren Kollegen M. E. L. Mallowan im Ruinenhügel Kujunǧik bei Ninive noch tiefer vorzudringen: in Schichten, die auf eine Folge von Okkupationen schließen ließen, in deren Verlauf man anscheinend das Kupfer entdeckt und mit ihm umzugehen verstanden hatte. Doch erst 1943 legte man bei einer Grabung der irakischen Regierung in Hassuna am äußersten Westrand des assyrischen Hochlands in der untersten Schicht eine nomadische Lagerstelle frei, die stratigraphisch dem späten Neolithikum zuzurechnen war. Der Zeitraum von etwa fünftausend Jahren, der diese Relikte von denen des jungpaläolithischen Horizonts von Zarzi und Palegaura trennte, war noch immer in der prähistorischen Schichtung eine Lücke, die auszufüllen Braidwoods Expedition sich in den 50er Jahren zum Ziel gesetzt hatte.

Braidwoods Unternehmung in Kurdistan erbrachte eine Anzahl wertvoller Beiträge zur Lösung dieses Problems. Heute jedoch müssen sie im Licht der mittlerweile durch ähnliche Untersuchungen in allen Teilen des Nahen Ostens zusammengetragenen Informationsmenge betrachtet werden. Hier darf sich der Überblick nicht allein auf den Irak beschränken. Vielmehr sollten wir das Muster in Augenschein nehmen, das sich aus der Fülle der mittlerweile aus ähnlichen Untersuchungen prähistorischer Stationen in der Levante, in Westanatolien und im Iran gewonnenen Informationen ergibt. Zunächst indes bedarf es noch eines Wortes in bezug auf die sogenannte ‚neolithische Revolution', ein Terminus, den der Nestor der britischen Vorgeschichtsforschung, Gordon W. Childe, geprägt hat.

Childe war in erster Linie an der Erforschung des Übergangs von der Wirtschaftsstufe des Nahrungssammelns zu der Stufe der Nahrungserzeugung interessiert. Zu seiner Zeit (ab ca. 1927) hatte man längst den Namen ‚Neolithikum' zur Bezeichnung jener menschlichen Entwicklungsphase allgemein akzeptiert, in der sich diese Veränderung vollzog. Er selbst hat erklärt, daß er das Wort ‚Revolution' natürlich nicht im Sinn einer plötzlichen Umwälzung verstanden wissen will, vielmehr als „Kulmination eines fortschreitenden Wandels in der Wirtschaftsstruktur und der sozialen Organisation der Gemeinwesen".[6] Childe akzeptierte die zwei vorhandenen Kriterien neolithischer Entwicklung: das Betreiben von Ackerbau und die Domestizierung von Tieren. Ebenso sah er in der Herstellung von Keramik ein Merkmal dieser Periode; doch hat die spätere Entdeckung von präkeramischen, aber bereits Nahrung erzeugenden Kulturen bewiesen, daß in diesem Punkt zu stark verallgemeinert worden war. Zumindest in Nordsyrien deutet alles darauf hin, daß hier Keramikherstellung und Sammeln von Wildgetreide zusammentrafen. Jüngste Bewertungen der großen ‚Revolution' lassen eher auf einen evolutionären als einen revolutionären Wandlungsprozeß schließen, der weder sehr schnell noch räumlich oder zeitlich einheitlich verlief. So wurde zum Beispiel darauf verwiesen, daß „die frühesten Arten domestizierter Tiere und gezüchteter Pflanzen nicht nur in einem Gebiet oder zu einer bestimmten Zeit erscheinen, vielmehr an verschiedenen Fundorten und zu unterschiedlichen Zeiten". Nachdrückliche Schlußfolgerungen dieser Art zielten darauf ab, Theorien zu widerlegen, die zumindest ein Nachfolger Childes in der neolithischen Forschung vertrat. Lange Zeit hat Braidwood sich um die geographische Definierung einer ‚Natural Habitat'-Zone bemüht, in der die Domestizierung und Pflanzenkultivierung vorkam und die sich um die ‚bergigen Flanken' des Zagros- und Taurus-Gebirges in Form eines Halbmonds erstreckte, dessen westliche Spitze im Mittelmeerraum lag. Da indes viele in neuester Zeit entdeckte, eindeutig auf Ackerbau und Viehhaltung verweisende neolithische Fundstätten außerhalb dieser ‚Zone' liegen, mußte auch dieses Konzept revidiert werden.

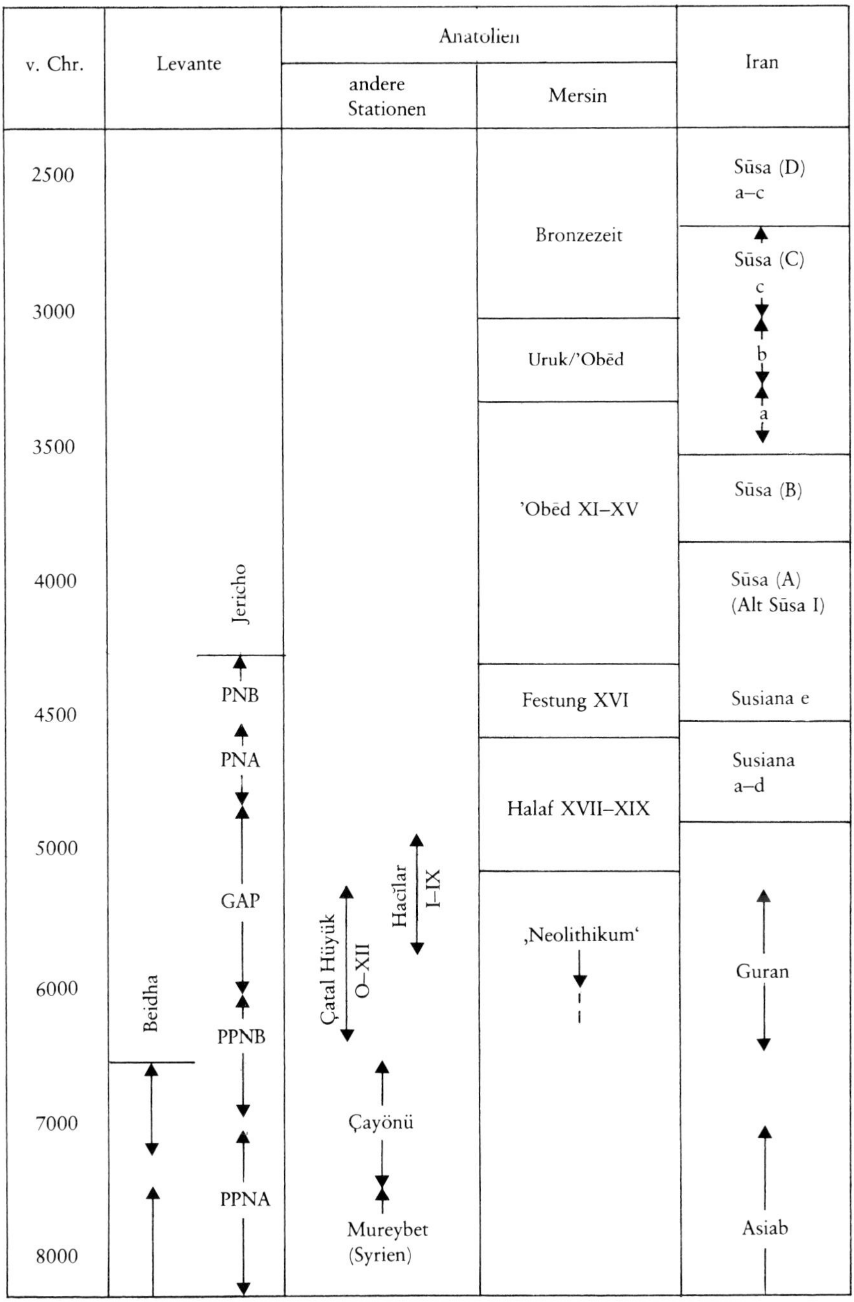

Tabelle 2. Vereinfachte Chronologie der Fundstätten in der Levante, in Anatolien und im Iran

Der Stand der neolithischen Forschung

Wir sollten uns nun einen kurzen Überblick über jene Ausgrabungen in anderen Ländern des Nahen Ostens verschaffen, die in den vergangenen Jahren wesentlich zur Erweiterung unseres Wissens von den neolithischen Kulturen und deren unmittelbaren Vorgängern beigetragen haben. Dabei sollten wir mit der Levante beginnen: Hier wurden schon 1928 die frühesten Spuren von Siedlungen mit nahrungserzeugenden Kulturen entdeckt. Und hier treffen wir noch einmal auf die Arbeit von Dorothy Garrod, die damals in Wadi-al-Natuf im Carmel-Gebirge Forschungen durchführte. In Höhlen und unter Felsdächern entdeckte sie Relikte der nun so genannten ‚Natufien-Kultur', die seither der Wissenschaft bei der Identifizierung von Entwicklungsphasen und -subphasen des Neolithikums als Ausgangspunkt dient. Doch auch für sich genommen ist diese Kultur von Bedeutung, da sie eine neue Lebensform dokumentiert, die in wichtiger Hinsicht von der des vorangegangenen Jungpaläolithikums abweicht. Denn die Flint-Mikrolithen-Kultur ist einer Subphase des Jungpaläolithikums zuzurechnen, die man damals vorläufig als ‚Mesolithikum' bezeichnete. Zwar bildeten Jagd und Fischerei die Hauptnahrungsquelle, doch lassen Benutzungsspuren aufweisende Sichelklingen aus Flint den Schluß zu, daß sie zum Schneiden von wildem Weizen und Gerste dienten. Auch die Kunstfertigkeit war bereits entwickelt, was die geschnitzten Tierfiguren bezeugen, mit denen man aus Knochen gefertigte Griffe versah, in die man Feuersteinklingen einsetzte. Persönlicher Schmuck wurde ebenfalls gefunden, darunter auch Kopfputz aus Dentaliumschalen und Halsketten. Durch andere Entdeckungen neueren Datums in der Levante – zumal in Eynan (Ain Mallaha) und Jericho, die weiter unten beschrieben werden – wurden weitere Besonderheiten dieser relativ reich entwickelten Kultur aufgezeigt, unter anderem primitive Architekturen und Anzeichen organisierter Religion. Mit den Worten einer Kapazität auf diesem Gebiet ausgedrückt: „Die Leute des Natufien gründeten die ersten ständigen Niederlassungen der Welt."

Das Jordantal und die Levante

In Jerchio im Jordantal, wo die Freilegung der tiefsten Schichten eines ausgedehnten ‚Oasen'-Stadtruinenhügels durch Kathleen M. Kenyon (zwischen 1952 und 1958) so sensationelle Resultate erbrachte, handelt es sich um zwei früheste Okkupationen, die – dem Natufien an anderen Orten entsprechend – dem ‚Mesolithikum' beziehungsweise ‚Protoneolithikum' zugeordnet werden. Kenyon bezeichnet die ersten Bewohner (um etwa 9000 v. Chr.) als Jäger und Sammler, doch besteht eines der auffallendsten Merkmale dieser Niederlassung in einer aus Steinen errichteten Kultstätte. Auf das Protoneolithikum folgten zwei weitere produktivere Phasen, die als präkeramisches Neolithikum (PPN) A und B bezeichnet werden. Erstere läßt rasche Fortschritte in der kommunalen Organisa-

4. Drei der in Jericho in den PPN-B-Schichten aufgefundenen Menschenschädel, die auf eine Art Ahnenkult schließen lassen. Die Gesichtszüge des Lebenden sind sorgfältig in Gips nachmodelliert, die Augen mit Muschelschalen ausgelegt (7. Jahrtausend v. Chr.)

tion einer Gesellschaft erkennen. Es gibt runde und rechteckige Häuser, errichtet aus luftgetrockneten Lehmziegeln, die eine gekrümmte, rückenartige Oberfläche und eine flache Basis aufweisen. Die Siedlung, die eine Fläche von etwa 10 Morgen bedeckte, wurde durch einen in den Fels eingehauenen Graben und eine massive Verteidigungsmauer geschützt, die mit einem runden Turm von etwa 12 m Durchmesser ausgestattet war. Eine solche Verteidigungsanlage, folgerte Kenyon, ließ auf ein erstaunlich ausgeprägtes Maß an sozialer Solidarität und Führung schließen, – eine Annahme, die sich auf Beweismaterial für organisierten Bodenbau und ausgedehnten Handel mit Obsidian und anderen Waren stützen kann. Die Radiokarbondatierung für diese Periode fällt in den Zeitraum zwischen 8350 und 6770 v. Chr.

Die PPN-Stufe B in Jericho muß wie ihre Vorgänger ziemlich lange gedauert haben, da sich für sie nicht weniger als 26 Schichten unterscheiden lassen. Im Verlauf dieser Phase wurde der Hausbau enorm verbessert: jedes Haus bestand aus großen, miteinander verbundenen Räumen. Die Wände waren noch aus seltsam geformten Lehmziegeln errichtet, die Lehmfußböden sorgfältig mit gebranntem Kalkmörtel bestrichen und in manchen Fällen mit Schilfmatten bedeckt. Ein symmetrisch angelegtes Gebäude hielt Kenyon wiederum für einen Tempel. Eines der auffallendsten künstlerischen Merkmale dieser Periode bestand in der Behandlung von Totenschädeln: die Züge des lebenden Menschen wurden geschickt in Gips nachmodelliert und die Augenhöhlen mit Muschelschalen ausgelegt *(Abb. 4)*. Nicht weniger als zehn solcher Schädel konnten geborgen werden, was auf das Vorhandensein einer Art von Totenritus schließen läßt. Darüber hinaus kamen auch Knochenreste wilder Tiere, vor allem von Gazellen, vor, wie auch von offensichtlich domestizierten Ziegen, ebenso verkohlte Getreidekörner, wobei sich zeigte, daß der Emmer der vorangegangenen Periode weitgehend durch Einkorn ersetzt worden war. Das keramische Neolithikum, das einer Zeit voraufging, in der die Siedlung Jericho vorübergehend verlassen worden war, unterscheidet sich, wie schon der Name sagt, durch das Auftreten einer derben, bemalten Töpferware, die hier in Jericho besser vertreten ist als an anderen Fundplätzen.

Kenyon war bei ihren Grabungen in Jericho bis zu einem gewissen Grad durch den begrenzten Raum für Tiefensondierungen behindert gewesen. Nicht lange danach hatte Diana Kirkbride (Mrs. Hans Helbäck) das Glück, nördlich von Petra auf eine Stelle an den Ufern eines ausgetrockneten Wadis zu stoßen, wo die Bauten einer neolithischen Siedlung unmittelbar unter der Oberfläche lagen. In Beidha (Seyl Ahlat) *(Abb. 5)* legte sie in den Jahren 1958–1967 ein weites Areal frei, das ein anschauliches, relativ detailliertes Bild primitiven dörflichen Lebens gab. Nach einer kurzen Okkupation im frühen Natufien wurde der Lagerplatz vorübergehend verlassen und etwa 7000 v. Chr. aufs neue von Leuten besetzt, die kulturell den späteren keramiklosen Einwohnern von Jericho entsprachen. Ihre Häuser, deren Grundriß sich von der Rundform zum Rechteck entwickelte, errichteten sie ohne Mörtel aus übereinander geschichteten dicken Steinen, während sie die Räume immer wieder verputzten. Die Aufgliederung in viele kleine Räume ersetzten sie später durch größere, einzelne Kammern mit verputzten Wänden. Die Fußböden ließen sie ein wenig vertieft ein und schmückten sie mit gemalten Farbstreifen. Noch erkennbar waren eine Bäcker- und eine Fleischerwerkstatt und viele andere Anzeichen für eine frühzeitige Entwicklung spezialisierter Gewerbe. Mannigfaltige Steingeräte dienten jedem denkbaren Zweck, während Spielzeug und Kultgegenstände aus Ton modelliert wurden.

Mittlerweile sind die Fundstücke dieser Art aus Jordanien und von der Levanteküste durch neue höchst eindrucksvolle Funde bei Freilegungen im Innern von Syrien ergänzt worden, doch sind die Publikationen darüber noch spärlich. Die Folgerungen, die mindestens einer der Fundplätze nahelegt, sind verwirrend. In Mureybet, 80 km südöstlich von Aleppo, gruben M. van Loon und J. Cauvin eine Siedlung aus dem 9. Jahrtausend v. Chr. aus, die aus gut gebauten Lehmhäusern bestand und deren Bevölkerung bereits Einkorn anbaute und Keramik herstellte (siehe D. u. J. Oates, 1976, S. 74ff.).

Anatolien

Wenn wir uns hier zwischen einem Dutzend wichtiger Grabungen in der heutigen Türkei entscheiden müssen, bietet sich vor allem eine an, die wahrscheinlich das anatolische Äquivalent zum präkeramischen Neolithikum in Jericho liefert: Çayönü bei Diyarbakir, wo Braidwood und die türkische Gelehrtin Halet Çam-

5. Ausgrabungen in Beidha bei Petra. Die Steinmauern der Häuser sind deutlich zu erkennen. Siedlung aus dem Natufien, etwa ab 7000 v. Chr. abermals bewohnt von typisch neolithischen Leuten

bel gemeinsam forschten. Hier dürfen die materiellen Hinterlassenschaften als typisch für eine entstehende ‚akeramische' Gesellschaft mit vollentwickeltem Akkerbau und Viehzucht sowie deren Nutzung gelten. Doch gibt es hier zwei Besonderheiten, deren eine architektonischer Natur ist: Aus der zweiten von vier neolithischen Phasen verblieben die Reste von durchbrochenen, ‚gitter'artigen Steinfundamenten oder ‚sleeper walls', bei denen die Zwischenräume zu klein sind, um einem anderen Zweck als dem der Lagerung von Vorräten zu dienen.[7] In der dritten Phase wiederum trat ein ganz ungewöhnlicher Fußboden aus Mörtel zutage, der nach Art unserer heutigen Terrazzoböden mit Steinabschlägen gemustert und dann glatt geschliffen worden war. Eine zweite, gleichermaßen überraschende Neuerung bewies die Herstellung einfacher Geräte aus kalt gehämmertem einheimischen Kupfer – die früheste Anwendung von Metall, die wir bisher kennen.

In der Niederlassung von Çayönü sind 1000 Jahre einer Besiedlung (ca. 7500–6500 v. Chr.) vertreten, die zeitlich unmittelbar den frühesten Schichten der berühmten Siedlung von Çatal Hüyük auf der Hochebene von Konya vorausgingen und die James Mellaart ausgrub. Hier setzen sich die Zeugnisse spektakulären Fortschritts- und Erfindungsgeistes über weitere 800 bis 900 Jahre fort.[8]

Es wäre hier nicht am Platz, im einzelnen auf die vielen Aspekte von Çatal Hüyük einzugehen, über das in jüngerer Zeit ohnehin viel geschrieben und publiziert worden ist. Doch soviel sollte erwähnt werden: Es handelt sich hier um eine ‚städtische' Siedlung, die an die 6000 qm bedeckt und aus Lehmziegelhäusern errichtet wurde, die nach dem Bienenkorbsystem aneinandergrenzend angelegt und von einem gemeinsamen Dachraum aus über Leitern zugänglich waren. Von besonderem Interesse sind einige Bauten, die vermutlich kultischen Zwecken

6. Restaurierter Innenraum einer Kultstätte der neolithischen Stadtsiedlung Çatal Hüyük bei Konya, Anatolien, geschmückt mit Wandmalereien: Stiere und eine Hirschjagd (Nach Mellaart, 1967)

dienten; ihre Wände sind mit farbigen Wandmalereien geschmückt, die an frühere Höhlenmalereien erinnern, sowie mit Tierköpfen und Hörnern. Nicht nur Tongefäße gehörten zum täglichen Gebrauch, auch ihre Prototypen aus Holz oder Korbgeflecht haben überlebt; sie sind nicht weniger gut erhalten als die Gewebereste, die sie enthielten. Es finden sich aus Stein gemeißelte oder aus Ton modellierte Menschen- und Tierfiguren sowie Waffen und Geräte aus fein bearbeiteten Flintkernen oder Obsidian. Die Jagd nimmt damals noch immer einen bedeutenden Raum ein, doch beruht die Wirtschaft jetzt vorwiegend auf Bodenbau, wobei eine überraschende Vielfalt von Nutzpflanzen gezogen wird und Anzeichen sogar auf eine beginnende Bewässerung deuten.

Es fällt uns schwer zu glauben, daß es sich bei diesem Crescendo des kulturellen Aufschwungs um ein isoliertes Phänomen handelt, für das es zeitlich keine Parallelen in anderen Gegenden des Nahen Ostens gibt. Und dennoch scheint dies – bis heute – der Fall zu sein, denn es gibt kaum Anzeichen dafür, daß er sich anderswo auf das Tempo der Entwicklung gleichermaßen beschleunigend ausgewirkt hätte. Im Gegenteil scheinen viele Errungenschaften jener Zeit in der ihr folgenden Phase des späten Neolithikums wieder vergessen worden zu sein, während bestimmte Anzeichen offensichtlich auf erneuten geistigen Stillstand deuten. In der Türkei ist diese Periode unverkennbar in den unteren Schichten von Orten wie Hacilar, Sakçegözu, Mersin und Tarsus vertreten, wo Steinhäuser zusammen mit einer charakteristischen, schwarz oder braun verfärbten Töpferware und geschickt angefertigten Obsidianartefakten auftauchen. Doch scheint diese Kultur nur ein Vorspiel für die ihr folgende fortgeschrittenere Periode der chalkolithischen Kultur gewesen zu sein, über die noch viel zu sagen sein wird, wenn wir nach Mesopotamien zurückkehren.

Iran

Zunächst jedoch sollen noch ein paar Worte über die zur gleichen Zeit im Iran stattfindenden Entwicklungen gesagt werden. Deshalb wollen wir zunächst diejenigen Gebiete nennen, in denen man Funde entdeckte, und deren interessanterweise breiten Streuung nachgehen. Die Suche nach vorgeschichtlichen Ursprüngen der iranischen Kultur hat kaum vor 1950 begonnen, und so sind viele ergänzende Entdeckungen erst vor kurzem erfolgt, so daß sie noch nicht definitiv publiziert werden konnten. Eine bewundernswerte Zusammenfassung wurde von P. Singh veröffentlicht, die sich freilich in erster Linie mit den Vorformen der Kommunikation befaßt. Doch in dem hier gegebenen Zusammenhang kann sie sehr empfohlen werden. Singh unterscheidet drei geographische ‚Ballungsgebiete' neuentdeckter Fundplätze, deren Schichten für die neolithische Forschung relevante Kulturrelikte führten.[9] Das erste dieser Ballungszentren sind die Flußtäler südlich und östlich von Kermānšāh, das zweite liegt in der Ebene von Chuzestan innerhalb eines 80 km-Umkreises von Sūsa entfernt, das dritte südlich und südwestlich des Urmia-Sees (Reza'iyeh) in Azarbēğān (Aserbeidschan). In allen diesen Gebieten wurden größere und kleinere Grabungen vorgenommen, deren Resultate die in Anatolien und an der Levante gemachten Funde eher anreichern als ergänzen.

Es folgen hier einige Einzelheiten über die wichtigsten Stationen in den erwähnten Ballungsgebieten und über den Beitrag, den sie zur Ermittlung der neolithischen Entwicklung lieferten.

Als erstes sei hier Tepe Asiab aus dem Kermānšāh-Gebiet genannt, das „die Spuren einer von Nahrungssammlern (mit Unterbrechungen) bewohnten Dauersiedlung ... im Übergang zum Stadium der Nahrungserzeugung" enthält (nach Schätzungen etwa 10000–7000 v. Chr.). Eine weitere Phase der frühen Sammlerkultur dokumentiert sich in Tepe Sarab, wo es trotz des Auftretens einer groben bemalten Keramik noch keine Lehmbauten gibt. Doch wurde hier der gebrannte Ton für die Herstellung verschiedenster Arten von Statuetten benutzt, von denen eine, die berühmte ‚Venus von Sarab', bereits künstlerische Gestaltung zeigt. Zwar ist die Ziege damals schon domestiziert, doch gibt es keine Beweise für den Anbau von Getreide (früheste Radiokarbondatierung auf 6000 v. Chr.). Die ersten Anzeichen für eine festere Bauweise finden sich in Ganğ Dareh Tepe: rechteckige, aneinandergruppierte Häuser aus Lehmziegeln, deren Wände aus langen, an der Unterseite flachen, oben konvexen Ziegeln mit Mörtel gemauert sind. Die Flintkultur zeigt die traditionelle Klingen-Abschlag-Industrie, während Obsidian bis heute nicht gefunden wurde. Polierspuren auf manchen Klingen lassen darauf schließen, daß sie zum Schneiden von Getreide dienten. Unter den Tonfiguren taucht schon der ‚stielköpfige Typ' auf, dem wir später in einem anderen Rahmen wiederbegegnen werden. (Geschätzte Datierung für Ganğ Dareh Tepe 7300–6900 v. Chr.) ‚Am behutsamsten' wurde in diesem Ballungsgebiet die Station Tepe Guran freigelegt, die den ‚Übergang von der Hütte zum Haus und vom akeramischen zum keramischen Stadium' sichtbar werden läßt. In der vierten Besiedlungsschicht taucht eine schlichte Keramik auf, die in den oberen Schichten von einer bemalten und polierten Ware abgelöst wird. Die Steinindustrie umfaßt auch Obsidian-Geräte, und erstmals wird Marmor, der geschliffen wird, für die Herstellung von Gefäßen verwendet. Bemerkenswert sind Pflasterungen aus Feldspat, den man in rötlich-ockerfarbenen Ton einlegte (neolithische Kultur, datiert auf 6500–5500 v. Chr.).

Aus der zweiten, in der Deh Lurān-Ebene westlich von Sūsiana gelegenen Gruppe von Orten läßt sich ebenfalls eine Kulturabfolge ablesen, deren Phasen heute nach ihren Fundstellen benannt werden. Die ersten beiden Phasen (Bus Mordeh und Ali Koš) führen keine Keramik, doch in der dritten (Djaffar) ist sie vorhanden. Alle zusammen lassen erkennen, daß „die um 7000 v. Chr. beginnende Ära frühen Regenfeldbaus und der Domestizierung der Ziege nach und nach von der Ära der Bewässerung und der Domestizierung des Rindes (etwa um 5000 v. Chr.) abgelöst wurde".

Die frühen dörflichen Kulturen des dritten Gebietes werden durch Fundplätze wie Hağği Fīrūz, Dalma Tepe und Pisdeli Tepe in Südwest-Azarbēğān belegt und sind fast schon dem chalkolithischen Typ zuzuordnen, haben jedoch in unserem Zusammenhang geringere Bedeutung. Das gleiche läßt sich auch für das auf halbem Weg zwischen Kirmān und Bandar Abbās gelegene Tepe Jahjā sagen, dessen abgelegene Lage allein schon die weite geographische Streuung solcher Fundplätze verdeutlicht, was auch künftiger Forschung als Fingerzeig dienen könnte.[10]

Das Irak-Ǧarmō-Projekt

Nachdem wir eine Zusammenschau der wichtigsten neolithischen Forschungsergebnisse etwa eines Vierteljahrhunderts in drei wichtigen Gebieten Westasiens versucht haben, dürften wir nunmehr das gleiche an Hand der Resultate ähnlicher Unternehmungen in Nordmesopotamien anstreben. Zu diesem Zweck müssen wir zu dem erwähnten Irak-Ǧarmō-Projekt zurückkehren, das Braidwood in den 50er Jahren ins Leben rief. Dabei stellen wir fest, daß einige seiner Folgerungen inzwischen überholt sind, doch sollten wir uns gerechterweise daran erinnern, daß seine Arbeit zu jener Zeit eine Pionierleistung war.

Die Ergebnisse aus zwei Grabungsstätten Braidwoods seien hier ausgewählt, weil sie im Rahmen der mittlerweile anderswo so reich dokumentierten Funde immerhin auch heute zumindest einen bescheidenen Platz einnehmen. Bei der einen handelt es sich um die Freilandstation Karim Šaher nördlich des Čemčemal im Regierungsbezirk von Kirkūk. Sie scheint eine von mehreren benachbarten Niederlassungen gewesen zu sein, die nur zu bestimmten Jahreszeiten bewohnt wurden und aus einer nur ungenau bestimmten Zeit (vielleicht aus der gleichen wie Kenyons ‚Mesolithikum' von Jericho) stammten, als allgemein eine Bewegung einsetzte, Höhlen und Felsdächer zu verlassen und ins offene Land überzusiedeln. Jagd und Fischfang waren die Hauptnahrungsquellen; Dauersiedlungen kannte man noch nicht. Es gab noch keine domestizierten Tiere, während die Sichelklingen vermutlich nur zum Schneiden von Schilf zu Bauzwecken dienten. Zu den wenigen positiven Merkmalen der Befreiung von der paläolithischen Lebensform gehörten polierte Faustkeile und einfache Tonfiguren. Zwischen Karim Šaher und der Station Ǧarmō, wo Braidwood zwischen 1948 und 1955 weit größere Ausgrabungen vornahm, klafft eine große Zeitlücke. Die Radiokarbondatierungen sind unbefriedigend, doch auf modernen Zeittafeln nimmt Ǧarmō einen kurzen Zeitabschnitt vor und nach dem Beginn des PPN B in Jericho ein und wird auf eine Durchschnittzeit von etwa 6750 v. Chr. datiert. Wie Braidwood es ausdrückt, gehört es noch zur Kategorie der ‚Primär wirksamen Siedlungsgemeinschaften'.[11]

Die dörfliche Ansiedlung bedeckt ein Gebiet von mehr als 12000 qm eines erodierten Bergrückens aus Konglomerat *(Abb. 7),* von dem man einen tiefen, ausgetrockneten Wadi überblickt. In einer Gesamtschicht von 7,6 m finden sich zwölf Schichten mit Mauerwerk aus Pisé (Stampflehm, übereinandergelegte Ton-

7. Qalaát Ǧarmō, am Rand eines Steilhangs im kurdischen Bergland. Bei der Ausgrabung wurde nach einem bestimmten stratigraphischen Sondierungssystem vorgegangen, um die neolithische Siedlung lokalisieren zu können. Keramik tauchte erst in den oberen Schichten auf (ca. ab 5800 v. Chr.)

scheiben) auf Steinfundament. Keramik wurde erst im oberen Drittel der Schichten gefunden, doch durchweg gab es hier ‚an Ort und Stelle gebrannte' Bodenbecken. Daß die Flint- oder Steingeräte zum Mähen und Mahlen benutzt wurden, erklärt sich aus den Getreidekörnern, die man fand, und die von Emmer und zweizeiliger Gerste stammten. Zur Flintindustrie gehörten Klingen wie auch Mikrolithen, unter ihnen viele aus Obsidian, das aus dem Van-See-Gebiet kam.

Was die Keramikfunde in Ǧarmō betraf, stand man bis zu einem gewissen Grade vor einem Rätsel. Geschickt gefertigte Steinkrüge der unteren Straten machten in den mittleren Schichten verschiedenartigen Tongefäßen Platz, die mit einem geglätteten Übergang oder mit einfachen Mustern bemalt worden waren. Doch je näher man der Erdoberfläche kam, desto minderwertiger wurde ihre Qualität. Braidwood hatte gehofft, mit diesem Glied eine Verbindung zur frühesten Töpferei von Hassuna herstellen zu können. Doch diese Hoffnung erfüllte sich nicht. Nach heutigem Wissen findet seine bemalte Töpferware[12] ihre Parallele in Tepe Guran (einer der am eingehendsten beschriebenen, meist publizierten Fundplätze der Kermānšāh-Gruppe im Iran), was eher eine Zuordnung zur Kultur des Zagros-Gebirges als zu der des mesopotamischen Flachlandes nahelegt. Braidwoods Datierung für Ǧarmō mag in der Tat auf einen Zeitpunkt verweisen, da diese Siedlung, wie auch andere gegen Ende des Neolithikums, verlassen war. Wenn das stimmt, wären die frühesten Entwicklungsstufen der Hassunakultur in der Tiefebene selbst zu suchen, wo Örtlichkeiten wie Umm Dabaghiya und Tell es-Sauwan Zeichen der Aufklärung zeigen. Hier indes geht die neolithische Periode so nahtlos in die sogenannte chalkolithische über, daß sie besser in einem anderen Kapitel behandelt wird.

Ehe wir Braidwoods Fundstelle verlassen, sollte zu seinen Funden noch etwas gesagt werden.

Wie bereits erwähnt, brachte er in den 50er Jahren ein interdisziplinäres Forscherteam in den Irak mit. Erstmals im Nahen Osten fanden sich Geologen und Klimatologen, Spezialisten für Flora und Fauna mit Archäologen zusammen, um den umweltlichen Hintergrund des Frühzeitmenschen zu erhellen. Aus ihren Berichten ergab sich das Bild einer ökologischen Situation, die sich weitgehend von der gegenwärtigen unterschied. Eines der herausragenden Resultate ihrer Arbeit besteht in der Aufdeckung des Gegensatzes zwischen ‚damals' und ‚heute', was den physischen Aspekt des nördlichen Irak betrifft.

Braidwood sagt dazu folgendes: „In der verflossenen Periode – seit der Zeit, als Ǧarmō noch ein lebendiges Dorf war – ist es der *Mensch,* der seine Umwelt am stärksten beeinflußt. Die Folgen seines Wirkens werden im Nahen Osten überall sichtbar. Durchweg hat sich der Mensch, sein Ackerbau, sein Vieh verheerend auf die Landschaft ausgewirkt, und ohne daß er diese Zerstörung gewollt hätte." Danach fährt er fort: „Viele Anzeichen sprechen dafür, daß gegen Ende der Vorgeschichte bis in geschichtliche Zeiten hinein die von Zentralpalästina durch Syrien bis in den östlichen Irak sich aneinanderreihenden Gebirgszüge und Vorberge mit dichtem Wald bedeckt waren, der stellenweise auch

v. Chr.	Periode	Ur	Uruk	Eridu	'Obēd
	Akkad.	Gräber			
2500	IIIb	Erste Dynast. Königs-gräber	Bauten ↓		Gräber NinChursag Tempel ↓
	Frühdynastisch IIIa			Temenos Überreste Paläste	ovale Terrasse
	Frühdynastisch II	Enmerkar			↑
2750	Frühdynastisch I	Siegelab-drucke	↓		Frühere Tempel
3000	Ğemdet Nasr	↑ Sondierungen	Weißer Tempel ↓; III		
	spätes Uruk		Anu Areal; Sondierungen (Eanna) Bauten; IV + V	Tempel I–II Temenos erhöht	↓ ?
3250	frühes Uruk		VI–XIV	III–V Temenos Ummauerung	
3500	'Obēd④		↓ ?; ↓ XV–XVIII	VI–VII Friedhof	Siedlung ↓
4000	'Obēd③	Ur/'Obēd 1, 2 + 3		Tempel VIII–XI ↓	↓ ?
4500	'Obēd② (Haǧǧi Muhammed)			Schicht XII–XIV Haǧǧi Muhammed keine Bauten	
5000	'Obēd① (Eridu)	↓		Tempel XV–XVIII Eridu Ware	

Tabelle 3. Chronologie der Fundorte in Südmesopotamien

v. Chr.	Nippur	Kiš	'Uqēr	Diğiāla Stationcn		
				Asmar	Chafāǧī	Ağrab
	Bauten	Denkmal Z		Akkad. Pa̤last ↑	Bauten	Häuser
2500	Inanna-Tempel V–VI	Friedhof A ↓	Gräber	Einzelnes Heiligtum	Ovale Tempel III	
	VII	Palast A Zikkurrat	↓	↓	Ovale Tempel II; Sin. Tempel X	↑
	VIII	Häuser ↑ Sondierungen		‚Square' Tempel	Ovale Tempel I; Sin. Tempel VIII–IX	Šara Tempel
2750	IX–XI	Häuser		Archaischer Tempel	Sin. Tempel VI–VII	↓
3000	XII–XIV	↓	Kapelle ↓	Kapelle ↓	Sin. Tempel I–V	↓
	XV–XVI		Bemalter Tempel			
3250	XVII–XX		Frühere Tempel ↓			
3500			Siedlung ↓			
4000			↓ ?			
4500						
5000						

Tabelle 3. Chronologie der Fundorte in Südmesopotamien

parkähnlichen Charakter annahm. In den höheren Lagen kam es im Winter zu schweren Niederschlägen; die Bäume waren dick und hoch und hatten ausladende Kronen, während das Unterholz ein wirres Dickicht bildete – Urwald also, der sich heute nur noch auf ein paar steile, weit von jeder menschlichen Siedlung entfernte Hänge beschränkt. In tieferen Lagen wird er vermutlich aus einem lichteren Laubwald, vorwiegend aus Eichen bestanden haben ..."

Was die Fauna jener Zeit betrifft, lassen die Funde von Ǧarmō darauf schließen, daß der Mensch von seinem Wohnplatz aus im Grasland, in den umliegenden Wäldern wie auch im dichteren Wald der höheren Lagen auf Jagd ging. Von den Tieren, deren Knochen bei den Ausgrabungen gefunden wurden, sind manche, zum Beispiel das Wildrind, vollkommen ausgestorben. Andere, vom Waldland abhängige Tiere, wie Hirsch und Reh, Leopard und Bär, sind ausgestorben, als der Wald abgeholzt wurde. Wildschwein, Wolf und Fuchs haben trotz fortgesetzter Jagd überlebt, ebenso Wildziege und Gazelle. „Heute", fährt Braidwood fort, „findet man in weiten Teilen der einst bewaldeten Täler und Höhen kaum noch einen Strauch. Und die Zwergeiche wird von den Köhlern abgehackt, noch ehe sie zwei Meter Höhe erreicht hat. Nachdem Baum und Strauch verschwunden sind und das Gras jedes Frühjahr bis auf die Wurzel abgeweidet wird, ist auch der Boden weitgehend verschwunden; stattdessen verschlammt er die Flüsse ... Kaum hat sich neuer Boden gebildet, wird er im Winter von den schweren Regenfällen in schokoladebraunen Strömen wieder heruntergespült."[13]

Dies alles trug zur Entstehung des Alluviums bei, aus dem die mesopotamische Tiefebene besteht.

3. An der Schwelle zur geschriebenen Geschichte

Wollen wir den Entwicklungsstufen der sumerischen Kultur nachgehen, müssen wir in die Alluvialebene des südlichen Mesopotamien und jenes Marschlandes zurückkehren, das diese Ebene vom oberen Ende des Persischen Golfes noch trennt. Hier werden wir es mit einer Zeitspanne zu tun haben, deren Anfang zumindest unschwer zu bestimmen ist: er fällt in etwa mit der bisher frühesten präsumerischen Ansiedlung zusammen, die auf rund 5000 v. Chr. datiert und mit der Gründung der sumerischen Dynastien – um 2900 v. Chr. – und der ersten schriftlichen Erwähnung von Königsnamen zu Ende geht, deren Träger, wie wir heute wissen, historische Personen sind. Genau genommen wäre sie also der Vorgeschichte zuzurechnen; da sich aber ihre Endphasen noch bis in die Zeit des ersten Gebrauchs von Schrift und anderer wichtiger Erfindungen der Sumerer ausdehnen, schien diese Bezeichnung nicht ganz angemessen, und so mußte man andere Benennungen für die verschiedenen Stadien der chronologischen Entwicklung finden.

Die Reihenfolge der Entdeckungen

Schon 1929 gingen die Ausgräber in Mesopotamien dazu über, die verschiedenen Abschnitte einer Periode nach den Fundorten zu benennen, wo man sie erstmals als solche festgestellt hatte. Später versuchte man, diesen Abschnitten kulturell sinnvollere Namen zu geben und sie neu zu gruppieren. Da die Chronologie indes mittlerweile zum Gegenstand der Debatte zwischen den Archäologen aus den verschiedenen Nationen geworden war, von denen jeder eine eigene Konzeption der stratigraphischen Implikationen entwickelte, wurde schließlich keines der terminologischen Systeme universell akzeptiert. Angesichts dieser Schwierigkeit dürfte es von Nutzen sein, die verschiedenen Entdeckungen zunächst in ihrer ursprünglichen zeitlichen Reihenfolge aufzuführen.

El-'Obēd

Als die Grabungen im Irak nach dem Ersten Weltkrieg wieder aufgenommen wurden, wußte man noch sehr wenig über die Sumerer und noch weniger über ihre Vorgänger. Die ersten Zeugnisse vorgeschichtlicher Besiedlung in Südmesopotamien wurden in den 20er Jahren von Leonard Woolley in einem kleinen, 6 km nordwestlich von Ur gelegenen Ort namens el-'Obēd entdeckt, wo

H. R. Hall zuvor bereits die Ziegelterrasse eines sumerischen Tempels lokalisiert hatte. Woolley bemerkte, wie vor ihm auch Hall, daß ein anderer Teil des Hügels förmlich übersät war mit Scherben einer bemalten Keramik. Nach kurzer Grabung konnte er sie den Überresten eines Schilfhauses zuordnen, woraus er schloß, es habe auf einer von primitiven Siedlern bewohnten ‚Insel im Marschland' gestanden. Später, bei einem Tiefschnitt, den er in dem großen Stadthügel von Ur selbst vornahm, fand er in Besiedlungsschichten, die noch unter den sumerischen Schichten lagen, die gleiche bemalte Keramik wie in 'Obēd, was darauf hinwies, daß sie schon über eine lange Periode hinweg in Gebrauch gewesen war. Dem Stil nach konnte er sie in drei Entwicklungsphasen gliedern, doch sind die Bezeichnungen, die er zu ihrer Beschreibung verwandte, inzwischen aufgrund neuerer Entdeckungen überholt.

Uruk/Warka

Während Woolley in den 20er Jahren diese Entdeckungen machte, führten Ausgräber anderer Nationalität ähnliche Sondierungen unter sumerischen Stadtsiedlungen durch, als deren bedeutsamste sich die Grabungen der Deutschen Orient-Gesellschaft, Berlin, unter A. Nöldecke und J. Jordan im großen Tempelbezirk von Eanna in Uruk, dem heutigen Warka, erwies.[1] Hier wurden achtzehn archaische Besiedlungsschichten identifiziert, von denen die fünf frühesten (XVIII–XIII) eine Keramik führten, die der von Woolley in Ur und el-'Obēd zusammengetragenen entsprach. Nach einer kurzen Übergangsperiode (XIV–XII) verschwand diese bemalte Ware; sie wurde durch eine unbemalte, gelegentlich mit rotem oder grauem Überzug (Slip, Engobe) versehenen Tonware verdrängt. Neben einer ganz neuen Formgebung der Gefäße und Schalen fiel noch etwas anderes auf: klein Objekte (Terrakottafigürchen, Sicheln aus gebranntem Ton und nagelförmige Wand-Stifte), die in Eanna und Ur die bemalte Keramik begleitet hatten, fehlten in diesen Schichten ganz. Dieses Phänomen dürfte auf eine Veränderung der ethnischen Zusammensetzung der Stadtbevölkerung schließen lassen.

Von Schicht V in Eanna/Warka aufwärts brauchten sich die Deutschen bald nicht mehr allein auf die Befunde eigener Grabungen zu verlassen. Ganz in ihrer Nähe hatte man mit neuen Ausgrabungen begonnen, die in den folgenden Jahren auf weite Teile des Bezirks ausgedehnt wurden.[2] Hier legte man in den Schichten V–III durch verblüffende Funde nach und nach architektonische Überreste, Skulpturen, Rollsiegel und Inschriften frei, die einen ersten Einblick in die erstaunlichen Leistungen dieses prädynastischen Volkes vermittelten. Unterdessen wurde an einem anderen Fundort, in Ǧemdet Nasr, einige Kilometer von Kiš entfernt, ebenfalls Neues zutage gefördert. Dort hatte eine andere anglo-amerikanische Expedition unter S. Langdon nach den gleichen Richtlinien mit Ausgrabungen begonnen.[3] Hier konnten die architektonischen Funde weder ausreichend geklärt, noch zufriedenstellend veröffentlicht werden, doch erregten sie durch den sie begleitenden, völlig anders gearteten Typ von Keramik besonderes

Interesse. Es handelte sich hier um eine polychrome Ware mit geometrischen Mustern und glänzender Oberfläche. Sie schien die Endphase der prädynastischen Periode zu vertreten, mit der wir uns hier befassen wollen.

In diesem Stadium kamen 1929 auf einer Tagung in Leyden die in Mesopotamien forschenden Archäologen überein, die drei bislang in der prädynastischen Zeit chronologisch zu unterscheidenden Hauptphasen nach Fundorten zu benennen. Die Buntkeramik führenden untersten Schichten von Ur und Warka sollten der el-'Obēd-Phase zugeordnet werden, während die post-'obēd-zeitlichen ‚archaischen' Schichten des Warka-Tiefschnitts vorläufig unter der Bezeichnung ‚Uruk' zusammengefaßt und eine Endphase, die vermutlich sowohl in Warka als auch in Ǧemdet-Nasr vertreten war, einfach ‚Ǧemdet-Nasr' genannt werden sollten. Am dringendsten hoffte man, sich durch weitere Freilegungen und Analysen mehr Aufschluß über die lange 'Obēd-Periode verschaffen zu können. Wie sich zeigte, mußten noch fast zwanzig Jahre vergehen, ehe sich diese Hoffnung erfüllte.

Eridu

Im Auftrag des Iraq Antiquities Directorate eröffneten F. Safar und S. Lloyd im Jahr 1948 die erste Ausgrabungssaison in Eridu (heute Tell Abū Šahrēn), das die Sumerer einst für die älteste Stadt der Welt gehalten hatten.[4] Hier lagen die Überreste einer spätsumerischen Zikkurrat und unter einer Ecke der Ruinen noch die Mauern eines kleinen Tempels, dessen Keramik ihn auf die ausgehende 'Obēd-Zeit datierte. Wie sich zeigte, war er der letzte einer ganzen Reihe von stets an der gleichen Stelle wiederaufgebauten Tempeln, deren Grundrisse durch achtzehn untereinander liegende Besiedlungsschichten ermittelt werden konnten, bis hinab zu einer primitiven Kapelle, deren Fundamente auf einer Düne reinen Sandes ruhten. Die Funde, die in diesen Bauten zutage traten, waren natürlich für die Datierung von unschätzbarem Wert. Vor allem konnte die Abfolge der Entwicklungsstufen der 'Obēd-Töpferei festgestellt werden, deren früheste dem Standardprodukt späterer Zeiten in Form und Bemalungstechnik so wenig ähnelte, daß man sie vorläufig einfach ‚Eridu-Ware' nannte. Wir werden an späterer Stelle sehen, wie diese und andere Unterteilungen der Eridu-Reihe eingeordnet und numeriert wurden.

Die Reihe von übereinander liegenden Eridu-Tempeln war mit der 'Obēd-Zeit noch nicht zu Ende. Weitere fünf an der gleichen Stelle errichtete Heiligtümer waren der Uruk-Zeit zuzuordnen; doch von ihnen ist wenig erhalten geblieben, sieht man von den Ziegelmauerresten der wiederholt erweiterten Tempelbezirke und von den Fragmenten herabgefallener Schmuckglieder ihrer Fassaden ab. Doch gab es hier noch ergänzendes Datierungsmaterial. Im Laufe der frühen Uruk-Zeit war rund um den Tempel eine ganze Schar von sakralen Nebengebäuden entstanden. Irgendwann wurde dieser ganze Komplex verlassen, und seine Räume füllten sich fast bis zur Dachhöhe mit Treibsand. Später (vermutlich

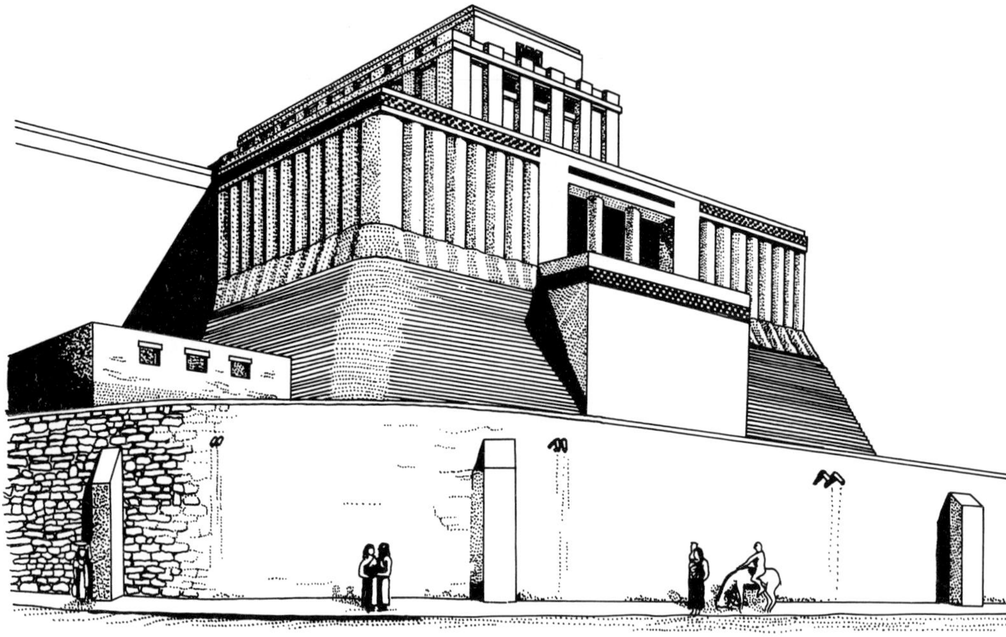

8. Der prähistorische Tempel von Eridu. Eine gedachte ‚Rekonstruktion' nach seinem letzten Wiederaufbau in frühgeschichtlicher Zeit (‚Tempel I'). Oberhalb der steinernen Temenos-Mauer war die Terrasse bis zur Basis der Säulenhalle erhalten. Der obere Teil wurde nach abgefallenen Fassaden-Schmuckgliedern und dem Vorbild anderer Tempel rekonstruiert (M. E. Weaver nach Lloyd)

während Uruks eigener bedeutender Architektur-Periode, Schicht V und IV) wurde der ganze Ruinenhaufen von Eridu mit einer steinernen Stützmauer umfaßt und zugepflastert, so daß ein erhöhter Temenos entstand, auf dem schließlich der Tempel in großer Pracht wiederaufgebaut werden konnte *(Abb. 8)*. Anhand des in den älteren Bauwerken unter dem Temenos enthaltenen Materials vermochte man nun durch Vergleich mit späteren Überlagerungen die Uruk-Zeit in ein ‚frühes' und ‚spätes' Uruk einzuteilen.

Chafāǧī

Schon lange vorher, in den 30er Jahren, hatten Ausgrabungen des ‚Oriental Institute' der Universität Chicago in Städten des alten Ešnunna im Dijāla-Gebiet östlich des heutigen Baghdad neues Licht in die Frage der prädynastischen Kulturabfolge gebracht. Forschungsziel dieser Grabungen waren in erster Linie die dynastischen und späteren sumerischen Perioden gewesen, doch stieß man in

Chafāǧī auch auf die Vorläufer eines sumerischen Tempels, der in große Tiefen hinab bis zum Ursprungsfundament aus der späten Uruk-Zeit verfolgt werden konnte.[5] Als der Ausgräber die Befunde zum Zweck der Veröffentlichung durchging, wurde ihm selbst als erstem klar, daß diese spätere Uruk-Phase (Schicht V[6] und IV in Uruk selbst) mit ihren großartigen kulturellen Leistungen von der vorausgehenden relativ durchschnittlichen Phase (Schicht XIV–VI[7] in Uruk) getrennt werden mußte, wie es nachher auch bei Eridu geschah. So schlug er vor, erstere mit der gleichermaßen produktiven Ğemdet Nasr-Phase unter der Benennung ‚protoliterate', ‚frühgeschichtlich', zusammenzufassen. Da sich dies indes niemals recht eingeführt hat, sind mittlerweile eine Reihe von Alternativvorschlägen für ein Chronologisierungssystem gemacht worden *(Tabelle 4)*. Doch für den Augenblick mag seine Aufgliederung für unsere Zwecke am dienlichsten sein.[8]

In diesen wenigen Absätzen wurde es unternommen, eine vorläufige Darstellung der ersten Versuche zur Chronologisierung der prädynastischen Perioden unter Einordnung des stratigraphischen Fundmaterials verschiedenster Herkunft zu geben. Dabei wurde den Befunden im südlichen Mesopotamien Priorität eingeräumt, in erster Linie deshalb, weil die dort ermittelte Kulturabfolge lange Zeit ein Vergleichssystem für parallele Funde im nördlichen Irak und den angrenzenden Ländern lieferte. Doch wäre es gut, zuerst die bereits angeführten südmesopotamischen Kulturen genauer zu betrachten, ehe wir unseren Blick auch auf jene Regionen richten, die in weniger unmittelbarer Beziehung zu den sumerischen Ursprüngen stehen.

<table>
<tr><td>XIV–IX</td><td>VIII</td><td>VII</td><td>VI</td><td>V</td><td>IVc</td><td>IVb</td><td>IVa</td><td>IIIc</td><td>IIIb</td><td>IIIa</td><td></td><td>URUK
Archaische
Schichten</td></tr>
<tr><td colspan="2">Frühe Uruk-Zt.</td><td colspan="10">frühgeschichtlich</td><td>Delougaz</td></tr>
<tr><td>Warka-Zt.</td><td colspan="11">frühgeschichtlich</td><td>Perkins</td></tr>
<tr><td>Frühe Uruk-Zt.</td><td colspan="4">mittl. Uruk
frühgeschichtlich A</td><td colspan="3">spätes Uruk
frühgeschichtlich B</td><td colspan="4">frühgeschichtlich C, D
Ğemdet-Nasr</td><td>Ehrich</td></tr>
<tr><td colspan="8">XII ◄——— Uruk</td><td colspan="4">Uruk
Ğemdet-Nasr</td><td>Mallowan</td></tr>
<tr><td colspan="12">frühgeschichtlich</td><td>Moortgat</td></tr>
<tr><td>◄— Frühe Uruk-Zt.</td><td colspan="7">späte Uruk-Zt.</td><td colspan="4">Ğemdet-Nasr</td><td>Lloyd</td></tr>
</table>

Tabelle 4. Prä-dynastische Terminologien der verschiedenen Fachgelehrten

Die 'Obēd-Zeit

Architektur

Dem Text einer sumerischen Inschrift ist zu entnehmen, daß Šulgi, ein König der 3. Dynastie von Ur, „die Stadt Eridu, die am Rand eines Sees lag, sehr liebte". Diese Beschreibung darf man nicht allzu wörtlich nehmen. Man kann, wie erwähnt, davon ausgehen, daß die Stadt lediglich durch ein System von den Gezeiten unterworfenen Lagunen mit dem Meer verbunden war, die ihrerseits einen Teil des Sumpfgebiets bildeten, ähnlich dem, das noch heute die Alluvialebene vom Persischen Golf trennt. Auf jeden Fall scheint es gewiß, daß die ersten Bewohner Eridus und anderer sumerischer Fundorte Marschenbewohner waren und in einer Umwelt lebten, die mit der heutiger arabischer Marschenbewohner im Irak durchaus vergleichbar wäre. Es überrascht deshalb nicht, daß die frühesten (symbolischen) Architekturdarstellungen auf sumerischen Rollsiegeln und Reliefs Schilfarchitektur zeigen, die in ihren Einzelheiten an die kunstvoll gebauten Gästehäuser (mudhifs) erinnert, wie man sie noch heute in den Eingeborenendörfern des Marschlandes antrifft[9] *(Abb. 9)*. So dürfte es kaum überraschen, daß die frühesten, als solche zu identifizierenden Kultbauten in Schicht XVI des Tempeltiefschnitts in Eridu und an anderen Orten zu finden sind, als man bereits

9. Ein von heutigen Marschland-Arabern errichtetes Gästehaus *(mudhif)*. Es weist die gleiche traditionelle Schilfarchitektur auf, wie sie uns bereits auf Arbeiten aus der frühgeschichtlichen Zeit begegnet sind (Aus Leacroft, 1974)

an der Sonne getrocknete rechteckige Ziegel herzustellen verstand. Zwar stieß man bei einer anderen Sondierung in Eridu auf Überreste eines bescheidenen Schilfbaus, doch erwies sich später zweifelsfrei, daß es sich lediglich um ein Nebengebäude eines üblichen Lehmziegelhauses handelte.[10]

Der Tempel-Prototyp in Schicht XVI von Eridu *(Abb. 10)* bestand nur aus einem einzigen, nicht mehr als drei Quadratmeter großen Raum; dennoch weist sein Grundriß bereits eine Kultnische und einen Opfertisch in der Mitte auf, die von dieser Zeit an die charakteristischen Merkmale des Tempels bilden. In den darüber liegenden Schichten (XV–XII) schien sich die Lage des Bauwerks der Sondierung zu entziehen; doch in Schicht XI trat es wieder zutage und in Schicht XI–IX war es auf jeweils komplizierterem Grundriß wieder aufgebaut worden und hatte ein zentrales Heiligtum und ausladende Seitenflügel erhalten. In diesem Fall wurden seine extrem dünnen Ziegelmauern in Abständen durch dickere Pfeiler und Strebepfeiler verstärkt, was möglicherweise auf Reminiszenzen an die Schilfbauweise früherer Epochen zurückzuführen ist. Als nächstes folgte eine Reihe stabilerer und verfeinerter Tempel (VIII–VI), die für Überreste aus der 'Obēd-Zeit gehalten wurden. Der in der Mitte gelegene langgestreckte Hauptraum war noch immer durch einen Nebenraum zugänglich, doch zeichnete er sich an seinem einen Ende bereits durch feierlicher ausgestaltete Zugänge, am

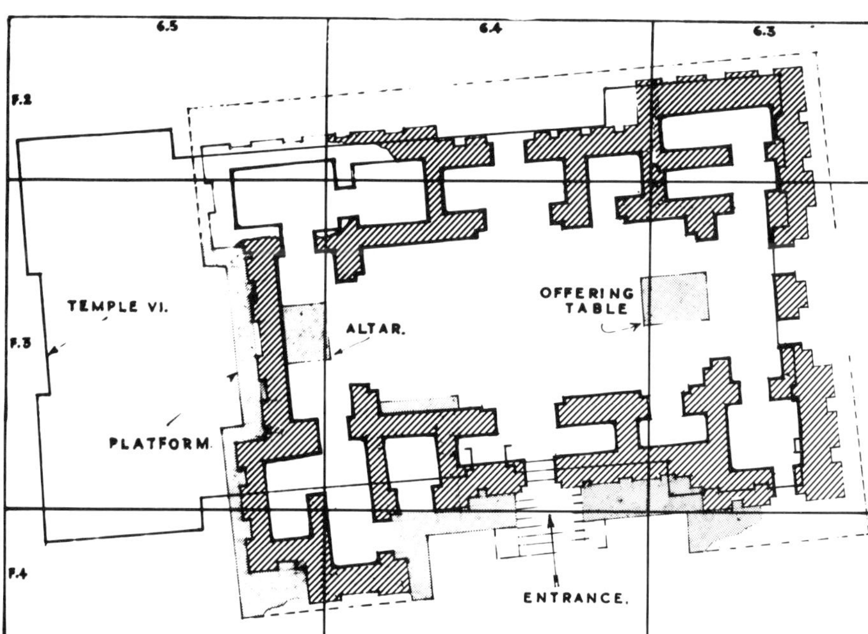

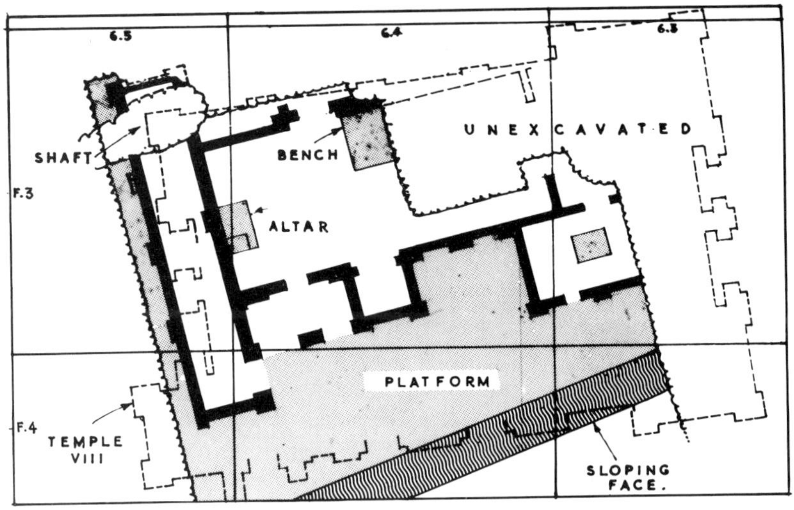

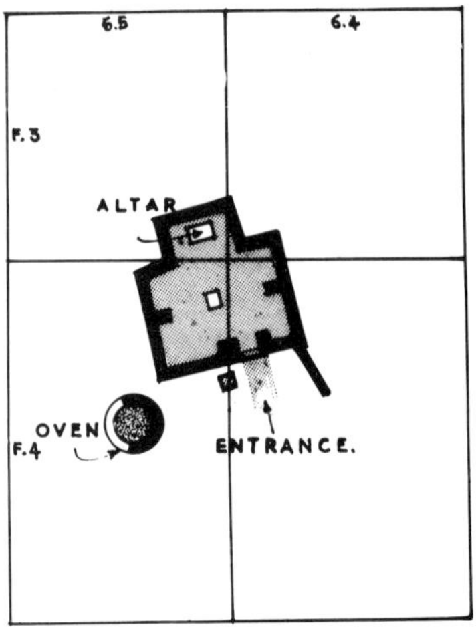

10. Grundrisse von Tempelanlagen, wie sie für die drei in Eridu ermittelten Hauptphasen typisch sind:
'Obēd 4 (Tempel VII) *auf S. 49*
'Obēd 3 (Tempel IX)
'Obēd 1 (Tempel XVI)
auf ca. 3800, 4100 resp. 4900 v. Chr. datiert. Tempel XVI, nur eine Kapelle, weist bereits eine Altarnische und einen Opfertisch auf

anderen durch einen Stufenaltar aus. Noch einmal begegnen wir hier dem freistehenden Opferpodest für Weihgaben, zu denen offenkundig auch Fische gehörten; Gräten und Knochen der Opfertiere fanden sich in einem der angrenzenden Räume deponiert.[11] Nun werden auch die Fassaden wechselweise in Vor- und Rücksprünge gegliedert – ein typisches Kennzeichen, das fortan bei Sakralbauten nur selten fehlt.

Religion

Nachdem wir uns mit dem Prototyp der mesopotamischen Sakralbauten bekannt gemacht haben, über die noch viel zu sagen sein wird, sollte sogleich etwas über ihren Zweck vermerkt werden: über die Formen der Gottesverehrung und der Riten, für die sie den Rahmen abgaben, sowie über ihre Bedeutung als primärer Ausdruck abstrakten Denkens und spiritueller Bewußtheit. In den frühen Entwicklungsstadien, mit denen wir es bisher zu tun hatten, läßt sich begreiflicherweise aus ihren materiellen und architektonischen Überresten wenig darüber erfahren. Einige elementare Aufschlüsse kann uns bereits ein Vergleich mit den jüngsten Entwicklungen geben – es war von ‚Altar', ‚Kultnische' und ‚Opfertisch' die Rede. Doch ein vollständigeres Bild der Kulte selbst, denen die Gebäude geweiht waren, und der kultischen Handlungen kann erst im Licht von Informationen vermittelt werden, die wir aus Schrifttexten späterer Zeiten gewinnen. Hier soll lediglich auf einige Grundelemente der sumerischen Götterverehrung und Rituale eingegangen werden.

Die religiösen Pflichten und Observanzen, denen der Tempel diente, lassen sich in zwei Hauptkategorien zusammenfassen: Weihgaben und Schlachtopfer. Einen hohen Stellenwert unter den Diensten, die die Götter von ihren Anbetern verlangten, nahm die Versorgung mit Essen, Getränken und Salböl ein. H. W. F. Saggs (1962) zufolge „erfreuten sich die Götter an regelmäßigen Mahlzeiten ..., die den Götterbildern auf Tischen hingestellt wurden". Ihre Nahrung bestand aus riesigen Mengen von Brot, aus Schaf- oder Rindfleisch und Bier, das die Sumerer außerordentlich schätzten. In späterer Zeit werden unter den Nahrungsmitteln auch Honig, Ghee (Schmelzbutter), gereinigtes Öl, Milch, Datteln, Feigen, Salz, Kuchen, Geflügel, Fisch und Gemüse aufgeführt.

„Das Mahl der Götter war formell betrachtet ein Bankett, zu dem andere Gottheiten geladen wurden und bei denen auch ihre menschlichen Anbeter und sogar Tote zugegen sein durften. Die Götter selbst erhielten bestimmte Teile des Fleisches, was übrig blieb, kam dem König, den Priestern und Tempeldienern zugute."

Schlachtopfer gehörten in eine andere Kategorie. Sie wurden auf besonderen Altären oder auf dem Tempeldach von einem eigens dazu bestimmten Priester vollzogen. Er schnitt dem Tier die Kehle durch und rezitierte dabei Beschwörungsformeln, wobei das ausströmende Blut als Trankopfer diente. Andere Formen des Trankopfers findet man häufig in der sumerischen Kunst dargestellt:

11. Tempel VII in Eridu nach seiner Freilegung. Dahinter der große Hügel, unter dem die von Šulgi (2095–2048 v. Chr.) erbaute Zikkurrat der 3. Dynastie begraben liegt; im Vordergrund die ausgedehnten Tempelterrassen von I–V aus frühgeschichtlicher Zeit. Die Mauern bestehen aus rechteckigen Lehmziegeln

Wein oder andere Flüssigkeiten werden auf einen Altar, auf den Boden, über ein Tier oder eine Pflanze gegossen. Bei Saggs heißt es weiter: „Das Räuchergefäß gehörte durchweg zum Tempelritual, denn dem Verbrennen aromatischer Hölzer wurde reinigende Kraft zugesprochen, oder es sollte die Gottheit erfreuen, denn die Götter wußten liebliche Düfte zu schätzen.“

Aufschlußreich sind auch die Bezeichnungen für diejenigen Priester, die jeweils bestimmte Teile des Zeremoniells zu erfüllen hatten. Einige waren auf Beschwörung, andere auf Exorzismus spezialisiert, wobei sie sich auch als Musikanten betätigten, wieder andere auf Waschungen oder Salbung. Eine wichtigere Funktion hatten die *Baru*-Priester zu erfüllen; sie deuteten die Vorzeichen und übten damit beträchtlichen Einfluß auf die politischen Entscheidungen aus. Es versteht sich von selbst, daß die Vielfalt der religiösen Erfordernisse sich in der Planung und Einrichtung der Baulichkeiten widerspiegelt, in denen sie vollzogen wurden.

Keramik und Kleinfunde

In Eridu führte jede der bislang angeführten Schichten (XVI–VI) eine Menge Keramik. Der allmähliche Übergang von der Bemalung im frühen ‚Eridu'-Stil zu der andernorts der el-'Obēd-Stufe zugeschriebenen kann in vier Phasen gegliedert werden, die mit den hauptsächlichen architektonischen Veränderungen der Tempelgrundrisse parallel gehen. Vom ‚jungfräulichen Boden' bis zu Schicht XV herrscht die frühe ‚Eridu'-Keramik vor – „eine feine monochrome Ware, die durchweg in schokoladenbraun auf hellem Grund mit kleinformatigen geometrischen Mustern bemalt ist" *(Abb. 12).* Zeitlich ist sie den bescheidenen Bauten

12. Ornamentik der bemalten ‚Eridu Ware', der frühesten bislang in Südmesopotamien gefundenen Keramik. Hier handelt es sich um flache Schalen, doch wurden Becher und Schüsseln gleicherweise ornamentiert (heute 'Obēd 1, nach Lloyd und Safar)

zuzuordnen, wie sie in der Kapelle von Schicht XVI ihre höchstentwickelte Form finden; sie wurde als ‚Phase 1' bezeichnet. ‚Phase 2' entspricht den darüberliegenden Schichten XIV–XII, in denen keine Architekturüberreste gefunden wurden, die aber durch das Eindringen einer andersartigen Tonware gekennzeichnet sind, deren ‚Flechtmuster' bereits in dem an einem Fluß gelegenen Haǧǧi-Muhammed unweit von Warka aufgetaucht war.[12] ‚Phase 3 und 4' *(Abb. 13)* decken sich mit früheren und späteren Stufen der konventionellen 'Obēd-Kultur, die zur Zeit von Tempel VII und VI ihren Höhepunkt erreicht. Und mit dieser Stufe in Eridu steht eine neue und reiche Fundquelle zur Verfügung.

Der Friedhof

Fünfzig Meter außerhalb der steinernen Stützmauer, an der Südwestseite des erhöhten Tempelbezirks, entdeckten Ausgräber ein Gelände mit etwa tausend

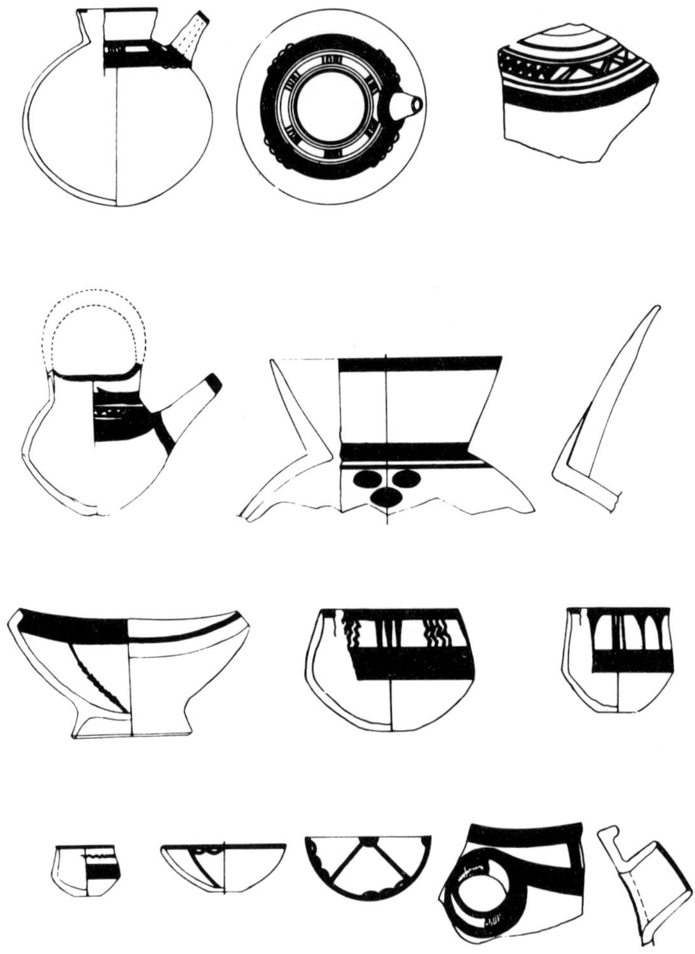

13. Typische Formen und Muster der bemalten Keramik der letzten Phase ('Obēd 4). Um diese Zeit scheint sich die 'Obēd-Kultur in nordwestlicher Richtung bis nach Syrien und Kilikien verbreitet zu haben (Nach Lloyd und Safar, JNES 1943)

Grabstätten der späten 'Obēd-Zeit, von denen sie etwa zweihundert freilegten. Die Toten waren in rechteckigen, mit Lehmziegeln ausgelegten Schachtgräbern beigesetzt worden, deren genaue Lage wohl mit einer Steinsetzung markiert wurde; denn im selben Schacht war oft noch eine zweite Bestattung vorgenommen worden. Hie und da hatte man einem toten Herrn seinen Hund mit ins Grab gelegt.

14. Charakteristische kleine Funde sowie mit gegenständlichen Mustern bemalte Scherben aus einer 'Obēd 4-Siedlung (Tell 'Uqēr), unter anderem Sichelklingen, Wandnägel, Gewichte und Beile in Steckhülse (durchweg aus gebranntem Ton), sowie polierte Faustkeile, ein Hammer und Grabwerkzeuge aus Stein

Der auf die erste Hälfte des 4. Jahrtausends v. Chr. zu datierende Friedhof von Eridu verrät einen schon forgeschritteneren Stand der Bestattung. Wie wir gleich sehen werden, konzentrierten sich an früheren Fundplätzen die Gräber auf bestimmte Areale, oft auf den Umkreis heiliger Stätten. Doch hier lassen Anzahl und Gleichförmigkeit der Gräber erstmals an einen regelrechten Friedhof denken. Seiner Lage nach scheint man den Friedhof von Eridu unmittelbar außerhalb der 'obēdzeitlichen Siedlung und ihres Tempelbezirks angelegt zu haben. Bislang wurde an dieser Stelle noch kein weiterer Friedhof einer späteren Periode gefunden, von schon früher durch Ausgräber an diesem Ort entdeckten kleineren Lagern von Votivkeramik abgesehen, die aber innerhalb des erhöhten Tempelbezirks der Uruk-Periode gefunden und irrtümlich für Gräber gehalten worden waren (nur die Gebeine fehlten).

In Ur fand Woolley etwa ein Dutzend 'obēdzeitliche Grabstätten in dem Areal, das er später als ‚Königsfriedhof' bezeichnen konnte, und das auch in diesem Fall an den damaligen Tempelbezirk angrenzte. Er berichtet: „Die Toten lagen, wie in Eridu, alle lang ausgestreckt auf dem Rücken, die Hände waren über dem Leib zusammengelegt. Diese Lage findet man in späteren mesopotamischen Gräbern niemals wieder. Ein solcher Unterschied im Bestattungsritual ist höchst bedeutsam, denn er läßt auf eine Veränderung in den religiösen Vorstellungen des Volkes schließen" (Woolley, L., ‚*Ur in Chaldäa*', Wiesbaden 1956, Übers. G. Steigerwald). Weiter berichtet er, daß in zweien der Gräber der Oberkörper mit einem feinen roten Pulver bedeckt war und in einem Fall neben dem Kopf ein Klumpen Hämatitfarbe lag. Ob die Toten bemalt worden waren, ließ sich nicht feststellen, doch gesichert ist, daß der Puder und der Farbklumpen aus gleichem Material bestanden.

Interessanterweise ist etwas ähnliches auch in unserem Friedhof in Eridu zu beobachten. Fast alle Gebeine sind dunkelorange getönt. Da dies aber auch bei den Hundegebeinen so war – einmal sogar bei einem Fleischknochen, den man neben das Maul des Hundes gelegt hatte –, möchten wir eine möglicherweise absichtliche rituelle Tönung mit Ocker ausschließen und die Verfärbung auf irgendwelche chemischen Wirkungen des Bodens zurückführen.

Zum Inhalt der Grabstätten gehörte unter anderem eine seltene Sammlung von ganz mit Ornamentmalerei bedeckten Gefäßen, die ziemlich genau zu den Scherben aus gleicher Zeit paßten, die wir aus den Schichten (VI und VII) der Tempeltiefgrabung zusammentrugen. Formen, Muster und technische Besonderheiten der 'Obēd-Keramik dieser Zeit sind insofern von beträchtlicher Bedeutung, als sich die 'Obēd-Kultur jetzt oder einige Zeit später weit über die Grenzen Mesopotamiens nach Osten und Nordwesten verbreitete. Die Töpferware ist mit der Hand geformt, ihr kurviges und anderes Dekor ebenso freihändig mit einem weichen Pinsel, meist in schwarzer oder dunkelbrauner Farbe aufgetragen. Blattmuster kommen sehr häufig vor, gelegentlich aber auch stilisierte Darstellungen von Tieren und Vögeln. In Eridu trug man das Dekor allgemein auf einen leder- oder cremefarbenen Überzug auf. Anderswo verzichtete man auf den Überzug; stattdessen brannte man bei so hohen Temperaturen, daß der Ton eine dunkelgrüne Farbe bekam, wobei die schwarze Farbe der Bemalung sich tief in ihn einfraß. Die Tatsache, daß diese Ware meist zu stark gebrannt war, dabei fast versinterte und ihre Form sich bei diesem Prozeß verzog, läßt darauf schließen, daß die 'Obēd-Töpfer die Temperaturen ihrer Brennöfen noch nicht richtig zu steuern wußten.

Gefäßbruchstücke, die man in Woolleys ‚Schilfhütten' in el-'Obēd selbst fand, waren auf andere Weise dürftig gefertigt und scheinen nach heutiger Erkenntnis eine dem Ende der 'Obēd-Periode unmittelbar vorausgehende dekadente Phase zu repräsentieren. Es ist ihnen wie auch anderen Exemplaren aus Schicht VI in Eridu anzusehen, daß sie auf einer langsam gedrehten Scheibe oder einer mit der Hand zu drehenden Formplatte hergestellt wurden; sie bildeten so eine Vorform der auf der Töpferscheibe hergestellten Keramik der Uruk-Periode.[13] Oberflä-

15., 16. Gebrannte Tonfigürchen aus 'obēdzeitlichen Gräbern in Ur (weiblich) und Eridu (männlich). Die ‚Kaffeebohnen-Augen', der konische Kopfputz und die Schulterornamente (Tätowierungen?) sind in dieser wie in früheren Perioden weit verbreitet (s. auch Abb. 45)

chenfunde lassen vermuten, daß man bei tieferem Eindringen hier wohl auf frühere 'Obēd-Okkupationen gestoßen wäre.

Andere, nichtkeramische Gegenstände, die man als für die 'Obēd-Zeit charakteristisch hielt, sind für uns ebenfalls von Interesse, an allererster Stelle die bemalten Terrakottafiguren, die man lange für ‚Muttergöttinnen' hielt, bis in Eridu im Grab einer Frau ein männliches Gegenstück gefunden wurde. Die ‚echsenähnlichen' Köpfe mit dem hohen Asphaltkopfputz, die so großes Interesse erregten, als Woolley die ersten Exemplare fand, dürfen heute als eine weithin im prähistorischen Nahen Osten übernommene traditionelle Darstellungsweise von Götterbildern gedeutet werden. Auf frühere Entwicklungsstufen dieser Form soll erst später im Zusammenhang mit Funden im nördlichen Irak eingegangen werden. Einer anderen Kategorie gehören die Werkzeuge aus gebranntem Ton an, wie Sicheln und (für den Schaft) durchlöcherte Äxte, deren Herstellung durch die hohen Temperaturen ermöglicht worden sein muß, die man zu jener Zeit in Brennöfen zu erreichen verstand. (Die Sichelklingen wurden dabei offensichtlich zu Bündeln zusammengebunden, denn häufig sind sie versintert und aneinandergebacken.) In diese Kategorie gehören auch die großen Tonnägel mit den umgebogenen Spitzen, die vermutlich zur Befestigung von Schilfmatten an der Lehmziegelwand dienten. Darüber hinaus gibt es noch einfache Artefakte wie Flintklingen und Hackgeräte oder Werkzeuge aus Knochen, die mit Griffen aus Asphalt versehen sind, und die aus irgendeiner anderen prädynastischen Phase stammen mögen.

Die Uruk-Zeit

Uruk/Warka

Die ausgiebigsten Informationen über diese Periode haben wir der Arbeit deutscher Archäologen zu verdanken, die fast ein halbes Jahrhundert (mit Unterbrechungen) Ausgrabungen in Uruk/Warka durchführten, in jüngerer Zeit unter Leitung von H. J. Lenzen. Uruk, das heutige Warka, ist das ‚Erech' des Alten Testaments. In der sumerischen Literatur ist es verknüpft mit dem Namen Gilgameš, einem der frühesten dynastischen Herrscher, dem heute historischer Charakter zuerkannt wird. Man schätzt, daß die Stadt schon in vordynastischer Zeit ein Areal von mehr als 80 ha bedeckt hat, wovon ein Drittel die Tempel und andere öffentliche Gebäude bedeckten. Sondierungen in weit auseinanderliegenden Teilen der Städte lassen vermuten, daß die Niederlassung schon in der 'Obēd-Zeit eine eindrucksvolle Größe erreicht hatte *(Abb. 17)*. Im berühmten ‚Gilgameš-Epos' heißt es:

> „Die Mauer um Uruk-Gart ließ er bauen
> Um das heilige Eanna, den strahlenden Hort.
> Sieh an seine Mauer, deren Friese wie von Erz sind!
> Ihren Sockel beschau.
> Nahe dich Eanna, dem Wohnsitz Ischtars – ... "
> (Das Gilgamesch-Epos, Übers. A. Schott, Stuttg. 1958, S. 19)

Dieser Text dürfte auf Wahrheit beruhen, denn als die Deutschen das Tempelgebiet in der Stadtmitte freilegten, stellten sie fest, daß sich ihre Arbeit auf zwei primäre Gebäudekomplexe konzentriert hatte; den einen nannten sie die ‚Anu-Zikkurrat', den anderen ‚Eanna-Bezirk'. Zu ihrem Vorteil sollte sich zeigen, daß die Reste aus prädynastischer Zeit in beiden Fällen ziemlich dicht unter der Oberfläche des Ruinenhügels zugänglich waren.

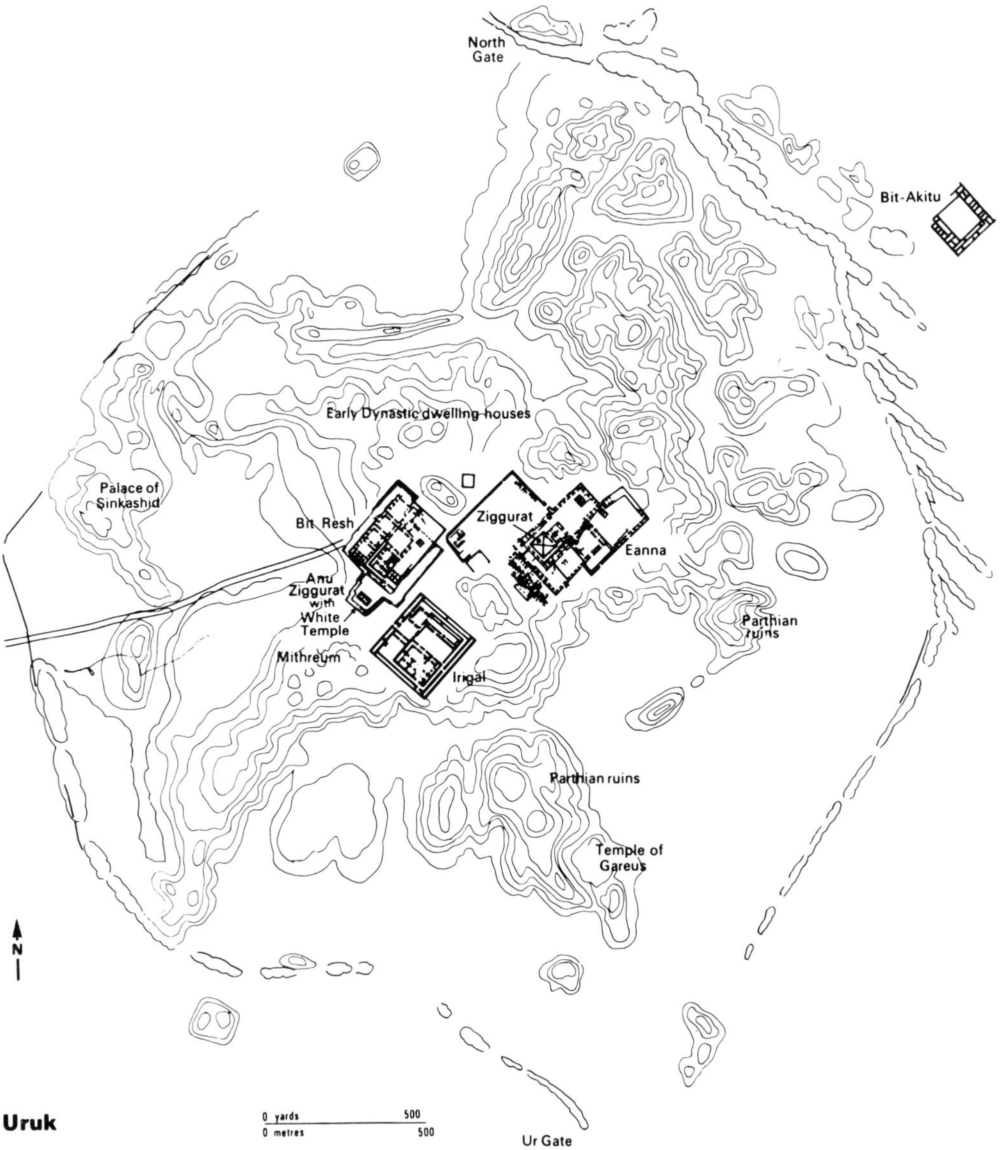

17. Lageplan der Stadt Uruk/Warka mit den Tempelbezirken Anu und Eanna, wo man auf Tempelreste aus frühgeschichtlicher Zeit stieß. Die gewaltigen Bauten des Bīt Reš und Irigal stammen aus der Zeit der Wiederbesetzung während der Seleukidenherrschaft (331–329 v. Chr.). Der Umriß der Stadt mag weitgehend der gleiche gewesen sein wie zu Gilgameš's Zeiten (Aus Hawkes, 1974)

Der Anu-Bezirk

Die im Anu-Bezirk als erstes gemachten Entdeckungen sind heute leichter zu enträtseln als zur damaligen Zeit. Das von seinen Ausgräbern wegen seiner weiß getünchten Mauern der ‚Weiße Tempel' benannte Gebäude, das auf einem unregelmäßig geformten Ziegelunterbau steht, war, wie wir heute wissen, die späte Rekonstruktion eines dem Eridu-Tempel sehr ähnlichen Heiligtums; seine Vorläufer lassen sich bis in die 'Obēd-Zeit zurückverfolgen.[14] Nichtsdestoweniger sind Grundrißbildung und Anlage dieses letzten Wiederaufbaus, der in die Uruk-Zeit um 3200 v. Chr. datiert, insofern von besonderem Interesse, als an ihm noch alle Hauptmerkmale der 'Obēd-Tempel zu finden sind. Nur der Unterbau ist sehr vergrößert. Seine kannelierten Fassaden sind leicht nach innen geneigt, und zur Terrasse gelangte man über eine mächtige dreifache Treppe. Da aus einer späteren Periode kein Hochtempel auf uns überkommen zu sein scheint, gewinnt dieser Unterbau – der Prototyp der sumerischen Zikkurrat – für uns an Bedeutung.

Etwa fünfzig Meter östlich des Weißen Tempels lagen die Außenmauern des Eanna-Bezirks, eines weiten Areals von Höfen und Terrassen, die sich um eine regelrechte Zikkurrat gruppieren. Er ist der Göttin Inanna geweiht und wurde noch in historischer Zeit mehrmals wiederaufgebaut. Schon bald entdeckte man, daß diese monumentale Anlage einen älteren Komplex von Sakralbauten überlagerte, der in die Endphasen der prädynastischen Zeit datierte. Wir erwähnten bereits, daß die Deutschen mit Hilfe einer Versuchsgrabung im Zentrum des Areals die chronologische Abfolge dieser ‚archaischen' Bauten zu ermitteln und sie stratigraphisch zu den darunterliegenden Besiedlungsschichten einer früheren Periode in Beziehung zu setzen suchten. In den folgenden Jahren wurden die Eanna-Grabungen noch außerordentlich intensiviert, und so mußten die Ausgräber ihre ganze Aufmerksamkeit auf die Entwirrung der sich überlagernden Grundrisse richten.

Vor welchem Problem die Ausgräber hier standen, kann man sich vorstellen, wenn man in Rechnung zieht, daß diese Bauten fast durchweg aus wenig dauerhaften Lehmziegeln errichtet worden waren. Zu guter Letzt sahen sich die Forscher mit einem halben Dutzend Tempel und ihren verschiedenen Anbauten konfrontiert, die immer wieder an gleicher Stelle errichtet, erweitert, zerstört und wiederaufgebaut worden waren und deren Grundrisse sich gewöhnlich überlappten, wobei die Mauerstümpfe oft nicht mehr als ein paar Zentimeter hoch waren. Hält man sich vor Augen, daß sich Verlauf und Form dieser Mauern nur dadurch rekonstruieren ließen, daß man jeden einzelnen Ziegel geduldig aussuchte, in die Hand nahm und zusammenfügte, kann man nicht umhin, die Freilegung von Eanna als eine der bedeutendsten technologischen Leistungen der archäologischen Forschung zu rühmen.

Der Eanna-Bezirk

Es wäre unmöglich, sämtliche Bauwerke in diesem Teil des Grabungsfeldes von Warka einzeln zu beschreiben oder sich über die Rekonstruktion ihrer Grundrisse, von denen einige an Hand dürftiger Bruchstücke sehr überzeugend erstellt wurden, ein Urteil zu bilden. Jedoch ist es nicht schwer, einige besonders interessante Bauwerke herauszusuchen. Besser erhalten als ihre Mehrzahl ist zum Beispiel die sogenannte ‚Säulenhalle' (Schicht IVc),[15] wo sich *in situ* ein erstes Bei-

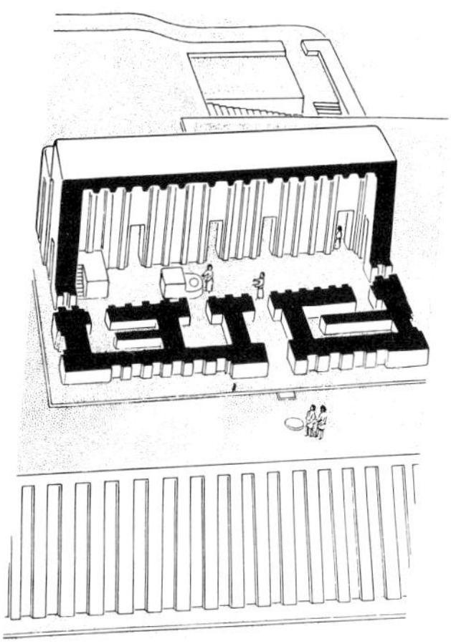

18. Aufriß-Rekonstruktion des Weißen Tempels in Warka, errichtet auf einer Hochterrasse der ‚Anu Zikkurrat'. Darunter stieß man auf Spuren immer neuer, bis in die 'Obēd-Zeit zurückdatierende Tempel (Aus Leacroft, 1974)

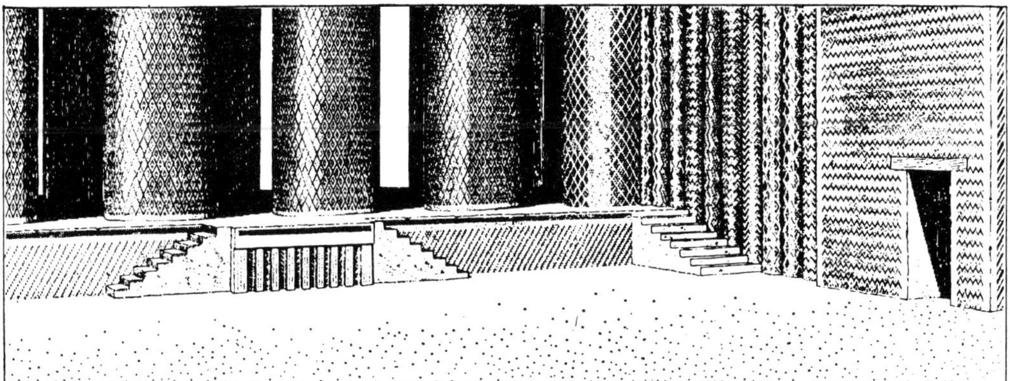

19. Rekonstruktion der Säulenhalle von Warka (Uruk IV, ca. 3200 v. Chr.), nach Heinrich. Die gewaltigen Ziegelsäulen sowie sämtliche Halbsäulen und Hofmauern sind über und über mit einem farbigen, in geometrischen Mustern angeordneten Stiftmosaik überzogen. Zwischen der Doppeltreppe in der Mitte der Terrasse die Miniaturnachbildung eines Tempels (I. Mackenzie-Kerr nach Heinrich, 1932)

spiel der für diese Periode charakteristischen Stiftmosaike befindet. Dieser Hallenbau hat mit einer Breite von 30 Metern und einer Doppelreihe von zylindrischen freistehenden Säulen von je 2 Meter Durchmesser und mit entsprechenden Halbsäulen zu beiden Seiten die Dimensionen eines gigantischen Portikus. Zu ihm gelangt man über einen etwas tiefer gelegenen langrechteckigen Hof, dessen Seitenmauern ebenfalls mit aneinandergrenzenden Halbsäulen geschmückt sind. Von hier aus kann man über drei gesonderte Treppen den Hallenbau betreten. Die Säulen, Halbsäulen und Seitenmauern sind über und über mit einem Mosaik aus Tonstiften bedeckt, die in den noch feuchten Verputz gepreßt wurden; mit ihren farbigen Köpfen bildeten sie eine Vielzahl geometrischer Muster. Diese gewaltige architektonische Anlage scheint als der monumentale Zugang zu einem weiteren Gebäude gedacht gewesen zu sein, das entweder unvollendet blieb oder aber total zerstört wurde. Die kleine Doppeltreppe in der Mitte der Säulenterrasse ist mit einer Miniatur-Tempelfassade geschmückt, die ebenfalls Mosaiken zieren.

Stiftmosaiken erscheinen, wie wohl sparsamer verwandt, auch als Wandschmuck an Tempeln, die in dieser Zeit errichtet wurden. Ihre Grundrisse verweisen auf zwei ganz unterschiedliche Traditionen. Der eine Typ folgt der üblichen dreiteiligen Gliederung, die uns bereits von Eridu und vom Weißen Tempel bekannt ist. Der zweite Grundrißtyp stellt eine völlige Neuerung dar: er ist mit Querschiffen ausgestaltet, zwischen denen ein Eingang in eine die Längsachse des Mittelraums fortsetzende Zella führt, in der sich das Allerheiligste befunden haben dürfte. Das schönste Beispiel dieses Typs liefert der wiederhergestellte Grundriß des Tempels D in Schicht IVa *(Abb. 20)*. Schon allein seine Ausmaße (80 × 55 m) heben dieses Bauwerk hervor, während seine Ausgestaltung (wenn man die Grundrißrekonstruktion des Ausgräbers akzeptieren will) dem einstigen Tempelbesucher eine *tour de force* auferlegt haben muß. Das große T-förmige Heiligtum wurde von seinen Querschiffen aus betreten und war an allen vier Seiten von Seitenkammern umgeben. Seine Außenfassaden sind mit sorgfältig ausgeführten Ausmeißelungen und an den Längsseiten mit tief eingelassenen Nischen reich geschmückt; sie wechseln mit Treppenhäusern ab, von denen einige von außen zugänglich sind. Ein anderes Beispiel aus der gleichen Schicht ist Tempel C, dessen einfacherer gleichartiger Grundriß sich am Zella-Ende zu einem zweiten ‚dreischiffigen' Bauteil erweitert – der in Form und Dimension genau dem Weißen Tempel entspricht –, als ob er gewissermaßen eine doppelte Funktion zu erfüllen hatte.

Der charakteristische T-förmige Tempelgrundriß ist nicht nur in Südmesopotamien anzutreffen. Die gleiche Gliederung fand sich auch bei zwei Tempelbauten in Nordmesopotamien, die etwa in die gleiche Zeit datieren.

Ein anderes interessantes Bauwerk des Eanna-Bezirks – über dessen Zweck man sich noch nicht klar ist – war der westlich der Hauptgebäude etwas abseits errichtete sogenannte ‚Steinstifttempel', der ebenfalls in Schicht IV datiert. Der Entwurf war rätselhaft; der Tempel war seltsamerweise von einer doppelt gemauerten Einschließung umgeben, deren Innenseite wie die Fassaden des Tempels selbst mit einem Stiftmosaik geschmückt wurde, das hier jedoch aus farbigen Steinen besteht. Diese kegelförmigen Steinstifte sind Gegenstand vieler Spekulationen gewesen, da sie fern von ihrer Herkunftsstätte in großen Mengen auch in Eridu, el-'Obēd und an anderen Plätzen vorkommen. Zeitweise hat man sie für eine primitivere Schmuckform gehalten, die später durch Terrakottastifte, möglicherweise aus ökonomischen Gründen, ersetzt wurde. Dies scheint angesichts der Vielfalt und reichen Verwendung dieses Schmuckelements gegen Ende der Uruk-Zeit wahrscheinlich. Bisweilen war die ganze Brüstung einer Tempelter-

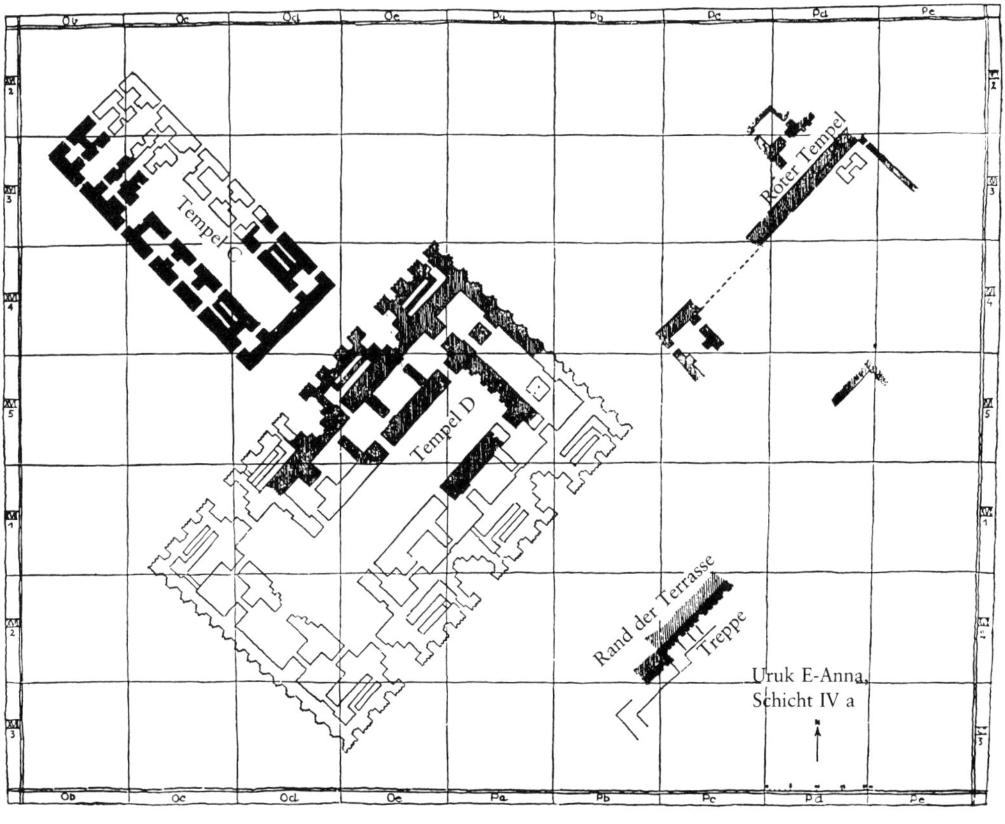

20. Zuverlässige Grundrißrekonstruktion der im Eanna-Bezirk von Warka gelegenen Tempel C und D (Schicht IVa, ca. 3100 v. Chr.). Die T-förmige Anlage ist eine Neuerung, die sonst nur in Nordmesopotamien anzutreffen war. Eine Ergänzung zu Tempel C bildet eine kleinere Anlage nach dem Schema des Weißen Tempels. Diese Bauten, dessen größtes 80 × 55 m mißt, verdeutlichen den bereits in frühgeschichtlicher Zeit hohen Stand der Baukunst. (Nach Lenzen, 1949)

rasse geschmückt, mit einem Ornamentband aus Tonstiften, die bis zu 30,5 cm lang und am Ende mit einer Vertiefung versehen waren, während ein späteres Bauwerk in Eridu ähnliche Stifte aus Gips aufwies, deren Köpfe mit Kupferblech umhüllt gewesen waren. Manchmal wurde das Mosaik noch durch kleine Steinplaketten mit figürlichen Darstellungen oder durch andere dekorative Elemente belebt.

Tell 'Uqēr

An vielen Fundstätten Südmesopotamiens gelangten diese kleinen Mosaikteilchen in Mengen an die Erdoberfläche; sie sind verläßliche Zeugen für eine urukzeitliche Besiedlung. Auf diese Weise wurde der etwa 80 km südlich von Baghdad gelegene Tempel von Tell 'Uqēr entdeckt. Dort legten Archäologen des Irak-Museums unter der Leitung von F. Safar und S. Lloyd im Jahr 1940–41 eine Tempelanlage[16] frei: Am äußersten Ende einer typischen 'Obēd-Siedlung lagen unter einer sich nur wenig höher aufwölbenden Hügelkuppe die achitektonischen Überreste eines urukzeitlichen Tempels begraben. Die Terrasse war noch gut erhalten, und auch sein Mauerwerk stand an einigen Stellen noch etliche Meter hoch *(Abb. 22)*. Sein Grundriß glich dem des Weißen Tempels zu Uruk, nur daß der Eingang an einem Ende des Heiligtums durch einen auf der mittleren Längs-

21. Bauelemente eines Tempels der späten Uruk-Zeit ('Uqēr): ‚Riemchen' aus Ton beziehungsweise Gipslehm, Tonmosaikstift verschiedener Größe, Regenrinne und runde Postamente zu unbekanntem Zweck

22. Der noch erhaltene Unterbau mit Fassade eines Tempels der späten Uruk-Zeit in Tell 'Uqēr. Auf den Wänden des Haupttraktes sind noch Reste von Wandmalereien zu sehen. Im Vordergrund Überreste einer ebenerdigen Kapelle aus der Ǧemdet Nasr-Zeit, wo archaische Täfelchen gefunden wurden

achse errichteten Altar ersetzt worden war, zu dem man über eine kleine Treppe hinaufstieg. Durch eine der Seitentüren gelangten die Ausgräber ins Innere des Gebäudes, wo ihnen beim ersten Blick ins Auge fiel, daß sämtliche Innenwände mit mehrfarbigen Wandmalereien bedeckt waren: Ein weinrot gestrichener Wandsockel wurde oben durch einen Streifen mit geometrischen Ornamenten abgegrenzt, und darüber befand sich ein Fries mit Menschen- und Tierfiguren,

23. Leopard. Teil der Malerei am Altar des Tempels von Tell 'Uqēr, späte Uruk-Zeit

von dem leider nur noch der untere Teil erhalten war. Besser erhaltene Malerei entdeckten sie vorn und auf der Seite des Hauptaltars: Wie die Doppeltreppe an der Terrasse der ‚Säulenhalle' in Uruk, stellte sie eine Tempelfassade *en miniature* dar, deren senkrechte Paneele mit Mosaik ausgelegt waren. An den Seiten, zu den Stufen hin, sah man als Wächterfiguren zwei gefleckte Leoparden in roter und schwarzer Farbe dargestellt *(Abb. 23)*. Von der weiß-gekalkten Fassade abgesehen, die dem Weißen Tempel von Uruk seinen Namen gab, und einem ‚Roten Tempel' im Eanna-Bezirk, von dem nur wenig stehen blieb, sind diese Wandmalereien von 'Uqēr die einzigen, die wir aus prädynastischer Zeit kennen, und insofern bleiben sie weiterhin von besonderem Wert.

Der bemalte Tempel von 'Uqēr wurde provisorisch auf die ausgehende Uruk-Zeit datiert (ca. 3000 v. Chr.). Wie beim Weißen Tempel hatte man auch seine Räume später mit ziemlich großen Lehmziegeln vollgepackt, um über dem Schutthaufen eine Terrasse errichten zu können, auf der dieser Tempel in noch anspruchsvollerem Rahmen wiederaufgebaut werden konnte. Der Zeitpunkt an dem dies geschah, ist noch nicht gesichert, doch erbrachte ein Fund am Fuß der Terrasse wenigstens einen Hinweis. Hier befand sich eine kleine Nebenkapelle, die angefüllt war mit Überresten ehemaliger Kultgefäße – eine Sammlung von Ǧemdet Nasr-Keramik, die jene, die man in Ǧemdet Nasr selbst gefunden hatte, an Qualität noch übertraf. Darüber hinaus fanden sich hier noch sehr zuverlässige chronologische Beweisstücke in Gestalt von vier Tontafeln, die für Tempelabrechnungen gedient haben mochten, denn sie trugen die typischen Bilderschriftzeichen der Ǧemdet Nasr-Zeit.

Abgesehen von Grundrissen und Wandschmuck der Tempel können wir mehr über sie aus Architekturdarstellungen, die sich manchmal auf sumerischen Siegelabrollungen finden, und aus Steinreliefs erfahren.[17] Hoch oben zwischen den seitlichen Strebepfeilern der Tempel sind oft dreieckige Fenster – entweder echte oder nur ornamentale – zu sehen. Was aber die Lichtverhältnisse im Innern betrifft, lassen sie wenig Zweifel, daß die Wände des Kultraums höher waren als die der Nebenräume und insofern genügend Platz für Fenstergeschosse vorhanden gewesen sein muß. Was die großen Tempelbauten des Eanna-Bezirks betrifft, hat man sich oft gefragt, ob ihre Kulträume überhaupt jemals überdacht gewesen sind. Heute jedoch gehen die meisten Gelehrten darin einig, daß das erforderliche Holz schon damals auf dem Wasserweg herbeigeschafft werden konnte.

Bauten der Ǧemdet Nasr-Zeit

Uruk/Warka

Wir sollten uns jetzt jenes Vorschlags aus dem Jahr 1942 erinnern, der die späte Uruk-Zeit, der die eindrucksvollsten Bauwerke des Eanna-Bezirks zuzuordnen sind, chronologisch mit der Ǧemdet Nasr-Zeit unter dem Namen ‚Frühgeschichtlich' zusammenfaßt. Wenn man dem zustimmt, ist zweifellos eine Erörterung der Architektur dieser Zeit ohne Einbeziehung von Bauten der Ǧemdet Nasr-Zeit unvollständig. Als erstes sollten wir einen Blick auf die gleichzeitigen Entwicklungen im Eanna-Bezirk jener Epoche werfen. Hier lagen die großen Tempel von Uruk IV jetzt in Trümmern, und ihre Standorte waren bedeckt mit einem Gewirr von Hof- und Terrassenüberresten, deren Mauern zum Teil mit Feldern von Mosaikornamenten geschmückt waren. Eigentümlich erschien den Archäologen das häufige Auftreten von gepflasterten Vierecken, die von den Deutschen als ‚Opferstätten' bezeichnet wurden. Sie besitzen eine längliche, trogähnliche Form und wurden offensichtlich zur Verbrennung der Reste von Opfergaben in Gestalt von Tieren, Vögeln oder Fischen benutzt. Manchmal erscheinen diese Tröge in Reihen angeordnet und zeigen Spuren vielfach wiederholten Gebrauchs. Gelegentlich hat man sie auch an anderen Fundorten aus der gleichen Zeit gefunden.[18]

Ein Gebäude aus der Ǧemdet Nasr-Zeit war auch das vermutlich irgendeinem ähnlichen kultischen Zweck gewidmete ‚Riemchengebäude',[19] dessen Fundamente bis in die Ruinen des früheren ‚Steinstifttempels' am äußersten Westrand des Eanna-Bezirks zurückverfolgt werden konnten. Sein innerster Raum, zu dem es keinen sichtbaren Zugang gab, war rundum von einem Korridor umgeben, der starke Brandspuren aufwies. Im Innern des Gebäudes fand sich in wildem Durcheinander, wiewohl anscheinend absichtlich dort deponiert, eine große Sammlung der verschiedensten Gegenstände, „Hunderte von Gefäßen und Steinvasen, Alabasterschalen, Kupfergefäße, Tonstifte, Goldblech und mit Goldblech überzogene Nagelköpfe, Waffen, Tierknochen und zerbrochene Teile von Mobiliar". All dies ließ die Ausgräber vermuten, daß hier eine rituelle Vernichtung von Kult- und Einrichtungsgegenständen aus einem früheren Tempel stattgefunden habe, die man zerstören zu müssen glaubte. Heute wird der gesamte Komplex in die Uruk-Periode datiert.

Chafāǧī

Eine Menge von weiteren – mittlerweile ausführlich veröffentlichten – Informationen über die Ǧemdet Nasr-Zeit konnte man aus den frühesten Überresten des der Mondgöttin gleichen Namens geweihten Sîn-Tempels gewinnen, die von amerikanischen Wissenschaftlern in den 30er Jahren in Chafāǧī im Dijāla-Gebiet östlich des heutigen Baghdad freigelegt wurden.[20] Das kleine Heiligtum, obzwar zu ebener Erde errichtet, ähnelt im Grundriß sehr dem Weißen Tempel, nur die seitlichen Zugänge am Ende des Kultraums fehlen. Seine frühesten Anlagen in den Schichten I–V sind alle dem Zeitraum zuzurechnen, mit dem wir uns hier befassen, und auf das, was diese Schichten enthielten, kommen wir zu sprechen, wenn wir nun andere, nicht architektonische Aspekte der Frühgeschichtlichen Zeit erörtern.

Die Frühgeschichtliche Zeit

Erste Schriftformen

Nachdem wir das Anwachsen architektonischer Aktivität und Erfindungsgabe in dieser Zeit beobachtet haben, sind wir in der Lage, Rückschlüsse auf die Stärke der Religiosität zu ziehen, die diese Architektur inspirierte. Aus den Bauwerken selbst kann man über die detaillierte Anatomie der sumerischen Religion oder über den sozialen Hintergrund, vor dem sie konzipiert wurde, nicht viel erfahren. Weitere Aufschlüsse gaben uns erst die schriftlichen Aufzeichnungen aus späterer Zeit. Doch setzte die elementare Form der zur Verfügung stehenden schriftlichen Ausdrucksmöglichkeiten zunächst einmal dem Beitrag Grenzen, der aus dieser Quelle zu erwarten war.[21]

24. Rückseite einer Bilderschrift-Tafel aus Ǧemdet Nasr (ca. 2900/2800 v. Chr.). Es handelt sich um eine Warenliste. Diese Tafeln wurden zuerst in vertikalen Kolumnen, rechts oben beginnend, beschrieben, dann um neunzig Grad gegen den Uhrzeiger gedreht und horizontal von links nach rechts gelesen

Die ersten der bislang entdeckten Tafeln stammen aus Schicht IV[22] in Uruk; sie sind mit einer Bilderschrift bedeckt, in der wir deutlich die Vorform der späteren Keilschrift erkennen *(Abb. 24)*.[23] Der Grad an Zweckmäßigkeit, den sie bereits erreicht hatte, läßt vermuten, daß möglicherweise anderswo, eventuell in entsprechenden Schichten zu V und VI in Uruk – die aus diesem Grund in die Frühgeschichtliche Zeit miteingeschlossen werden –, noch frühere Entwicklungsstufen der Bilderschrift zu entdecken sind. Was die Sprache betrifft, die sich dieser Schrift als Ausdrucksmittel bediente, so wurden die ersten nachweislich in Sumerisch verfaßten Texte in einem Ǧemdet Nasr-Umkreis aufgefunden. Da sich jedoch einige Wissenschaftler zu dem Schluß verleiten ließen, daß es in Sumer vor der (hypothetischen) Einwanderung der echten Sumerer eine ‚ethnische Substruktur' teilweise semitischer Herkunft gegeben haben könnte, behaupteten sie nun auch, bei den auf Uruk IV[24] datierten Texten könne es sich um eine andere, nicht um die sumerische Sprache handeln. Spekulationen dieser Art sind Teil der noch anhaltenden Debatte über die Herkunft der Sumerer (siehe unten).

Für einige der in Frühgeschichtlicher Zeit benutzten Zeichen finden sich in der später entwickelten Keilschrift unverkennbare Gegenstücke, und so weiß man, was sie bedeuten. Mit Zeichen für Tiere wie Schaf, Ziege, Rind und Esel war von vornherein zu rechnen und ebenso mit solchen, die mit Fischfang und Jagd zu tun haben. Handelsvorgänge werden durch Aufzeichnung der Namen von Kaufleuten notiert. Schon die Keramik läßt erkennen, daß man inzwischen das Rad kannte, und so konnte nun aus einem ‚Schlitten'–Zeichen, dem man ‚Räder' hinzufügte, ein ‚Wagen' werden. Andere Zeichen könnten für Metallgegenstände stehen, von denen eines, ein Beil mit Lochschächtung, in einer geschlossenen Gußform hergestellt wurde. Wie die bereits erwähnten mit Kupferblech überzogenen Köpfe der Mosaikstifte, lassen auch sie auf Fortschritte in der Metallbearbeitung schließen. Ein anderes Gebiet betreffend fällt auf, daß Worte wie ‚Älteste' oder ‚Rat' bekannt zu sein schienen, der Begriff ‚König' aber noch fehlte. Zum Glück werden solche spärlichen Informationen durch die gegenständlichen und figürlichen Darstellungen auf dem Gebiet der Skulptur wesentlich ergänzt.

Skulptur

Die in der Skulptur der Frühgeschichtlichen Zeit dargestellten Szenen sind überwiegend religiösen Inhalts. Aus diesem Grund dürfte es hier nicht fehl am Platz sein, ein wenig abzuschweifen und einen Blick auf Art und Zusammensetzung des sumerischen Pantheon zu werfen.

Von Anfang an, seit der ersten schriftlichen Fixierung religiöser Glaubensvorstellungen, tauchen die Namen dreier dominierender Figuren, der männlichen Gottheiten Anu, Enlil und Enki am häufigsten auf. Anu, der Himmelsgott, dessen Tempel wir in Uruk bewunderten, galt ursprünglich als höchste Macht im Universum und als höchster aller Götter. In der späteren sumerischen Geschichte scheint er als solcher verdrängt worden zu sein, zuerst von Enlil, dem Stadtgott von Nippur, dann von Marduk, dem Schutzgott von Babylon. Enki, Stadtgott von Eridu, gehörte als Gott der Weisheit und der Gelehrsamkeit ohnehin in eine Klasse für sich. Generell ist zu sagen: wiewohl das ganze Land ein und dasselbe Götterpantheon verehrte, hatte doch jede Stadt einen eigenen Schutzgott und einen eigenen Sagenkreis. Darüber hinaus war, wie George Roux berichtet, „... der Himmel mit Hunderten von mächtigen, dennoch recht menschlichen Göttern bevölkert, und jedem von ihnen wurde eine bestimmte Aufgabe oder ein spezieller Tätigkeitsbereich zugeschrieben. Dem einen Gott war zum Beispiel die Obhut des Himmels, einem anderen die der Luft, einem dritten die Sorge für das Süßwasser anvertraut und so fort, bis herab zu den bescheideneren Gottheiten, die für Pflug, Ziegel, Feuerstein oder Hacke zuständig waren".

Dieser Götter glichen in ihrer physischen Erscheinung wie auch in ihren Vorzügen und Mängeln den Menschen. „Kurzum", heißt es bei Roux abschließend, „sie repräsentierten das Beste und das Schlimmste der menschlichen Natur in übermenschlichem Maße."

Zu denen, die speziellen Städten zugeordnet und darüber hinaus allgemein verehrt wurden, gehörte der Mondgott Nanna (Sîn) von Ur und sein Sohn Utu

25., 26. Reliefierte Alabastervase aus einem Ğemdet Nasr-Fundort in Warka (ca. 2900 v. Chr.). Auf dem oberen Reliefband fehlt die Figur des Priesterfürsten, doch ein Diener hält einen schweren Gürtel (vielleicht eine Opfergabe? Siehe auch *Abb. 28,* dritte Reihe von oben). Auf der Rückseite (oben rechts, Flickung bereits im Altertum) sieht man Inanna. Sie nimmt Opfergaben von einer Prozession von Priestern entgegen, die sich auf dem zweiten Reliefband noch fortsetzt. Höhe der Vase 90 cm

(Šamaš), Stadtgott von Sippar und Larsa, Ninurta, der Gott der Krieger, und Ninchursag (Nintu), Mutter und Gattin des Enlil zugleich, sowie Inanna (Ištar), die Göttin der Liebe, und deren Gatte Dumuzi (Tammuz). Inanna, eine große Muttergöttin, die im ganzen Land verehrt wurde, und der der Eanna-Tempelbezirk in Uruk geweiht war, repräsentiert das weibliche schöpferische Prinzip, das seine Göttlichkeit durch Fruchtbarkeit zum Ausdruck bringt. Und was Dumuzi betreffe, betont Roux, so wurde er von den Sumerern im Zusammenhang mit der Fruchtbarkeit der Pflanzen- und Tierwelt gesehen, und auch seine Verbindung mit Eanna muß Fruchtbarkeit symbolisiert haben; dennoch werde die Theorie, derzufolge er der ‚sterbende und wiederauferstehende' Gott in Frazers Werk ‚Der Goldene Zweig' sei, neuerdings angezweifelt.[25] Der anderen geringeren Götter und Göttinnen sind ihrer zuviele, als daß man sie alle aufzählen könnte.

Auf der berühmten, 90 cm hohen Alabastervase aus Warka *(Abb. 25)* sind drei sehr fein gearbeitete Reliefbänder mit Figuren zu sehen. Auf dem obersten ist die Göttin Inanna vor zwei Schilfbündeln dargestellt *(Abb. 26),* die oben in einer Rundform mit einem langen Schweif enden – ihr ständiges Symbol. Ein dem Ritual entsprechend unbekleideter Priester reicht ihr einen Korb mit Früchten dar. Im übrigen ist das Relief beschädigt, doch blieb ein kleines Bruchstück von einer Figur erhalten, die durchaus einen ‚König' oder Führer darstellen könnte, denn einer aus seinem Gefolge reicht ihm einen Gürtel mit langen Quasten, vielleicht zum Geschenk. Inannas Gefolge besteht aus geringeren Göttern, die auf kleinen Tempelmodellen und auf den ihr zugeordneten Tieren reiten, sowie aus anderen Symbolen, darunter zwei Vasen, die jener gleichen, auf der dies alles dargestellt ist. Auf dem zweiten der Flachreliefbänder sehen wir nackte Priester, die weitere Opfergaben herantragen, und auf dem dritten symbolisieren Tiere und Pflanzen Inannas beide ‚Königreiche'. Hier ist auch noch ein anderes heiliges Symbol zu sehen: eine stilisierte Rosette aus acht Blütenblättern. Ähnlich kehren auf dem Relief eines kleinen Steintrogs, der heute im Britischen Museum steht, Widder und Schafe aus der ‚heiligen Herde' zu ihrem Tempel zurück, der hier die Gestalt eines Schilfbaues, wie ihn die Marschenbewohner zu errichten pflegten, erhielt. Aus ihm kommen die Lämmer hervor und laufen der Herde entgegen. Auch diese Szene kommt in der Kunst immer wieder vor, so zum Beispiel auf einer Steinschale aus Chafāǧī, nur sind es hier Rinder an Stelle der Schafe, und ebenso auf einer viel späteren architektonischen Reliefdarstellung auf einem Tempel der Frühen Dynastie in el-'Obēd.

Weltliche Themen werden weit seltener behandelt. Wir besitzen aus Warka das Fragment einer Stele aus schwarzem Granit. Die mühevoll aus dem harten Stein

27. Alabastertrog mit Relief aus der Frühgeschichtlichen Zeit, British Museum. Es zeigt Tiere aus Inannas ‚Heiliger Herde' neben einem Stall aus Schilf, den ihre ‚Torpfosten'-Symbole krönen. Höhe 20 cm

gemeißelten Szenen zeigen zwei Episoden einer Löwenjagd ein und desselben Priesterfürsten. Und wir besitzen weiterhin den berühmten lebensgroßen Marmorkopf, der aus einer Ǧemdet Nasr-Schicht ans Licht gefördert wurde, stilistisch jedoch zu Uruk IV zu rechnen ist: Er gehörte zu einer großen Figur, die aus anderem Material, aus Holz oder Bitumen (Asphalt), bestanden haben mag. Die Einlagen von Augen und Brauen fehlen, desgleichen die Metallfolie, die einst das Haar bedeckte. Fügt man sie wieder hinzu, wirkt der Kopf etwas fremdartig; doch so wie man ihn fand, als schlichte Maske aus Stein, ist er ergreifend schön. Rundplastiken von Tieren – ein liegender Widder aus Warka und ein Wildeber aus Ur – scheinen als Ornamente für größere Geräte gedient zu haben, an denen man sie mit Metall befestigte, aber auch Steinvasen zeigen manchmal teils rundplastische, teils in Relief geschnittene Tierdarstellungen – Löwen oder Stiere – als Dekor. Einige technisch relativ primitive Figuren des Priesterfürsten – Vorläufer der Personen darstellenden Standbilder der Frühen Dynastien – sind auf die Ǧemdet Nasr-Zeit in Warka zu datieren. Ihnen noch näher steht die einzelne Votivstatue einer Frau aus Chafāǧī. Aus der gleichen Zeit sind uns auch Krüge in Tierform, die oben offen und meist aus dunkelfarbenem Stein sind, überkommen. Oft zeigen sie auch ein Dekor aus farbigen eingelegten geometrischen Mustern.

Rollsiegel

Eine andere, parallel zur Bilderschrift entwickelte Neuerung der Frühgeschichtlichen Zeit war das Rollsiegel. Es diente dazu, Eigentumsvermerke vorzunehmen oder Abmachungen zu bestätigen. Diese kleinen zylinderförmigen Objekte aus Stein oder Muschel, die der Länge nach durchbohrt wurden, damit man sie aufhängen konnte, sind auf ihren gekrümmten Außenseiten reich mit den verschiedensten Zeichen und Ornamenten versehen. Wenn man sie wie eine Walze auf weichem Ton abrollt, entsteht ein winziger Fries.[26] Man hat sie in großen Mengen gefunden, noch viel größer ist die Zahl ihrer Abdrücke auf Tafeln und Krugverschlüssen.

Das Rollsiegel erscheint erstmals in Schicht V und IV in Uruk.[27] Man könnte nun erwarten, hier die ersten, vielleicht noch unbeholfenen Versuche sumerischer Kunsthandwerker in der außerordentlich schwierigen Technik der Steingravur und der Steinschneidekunst vorzufinden. Doch das Gegenteil ist der Fall. Obwohl sie fraglos die komplizierte Technik sich fortsetzender Muster noch nicht restlos beherrschten, bezeugen doch die Fülle der Sujets und der Einfallsreichtum ihrer dekorativen Behandlung ein Können, das in den folgenden Jahrhunderten kaum mehr seinesgleichen findet *(Abb. 28)*. Schon werden in dieser Kleinplastik die ersten Schritte zu Reliefdarstellungen sichtbar, die sich von der rein linearen Darstellungsform deutlich unterscheiden, wie aus der kraftvollen Modellierung und Verdeutlichung der einzelnen Figuren zu ersehen ist.

Die Bildthemen und mythischen Symbole, die zur Komposition der Entwürfe Anlaß gaben, sind Gegenstand eingehender Forschungen gewesen und wurden

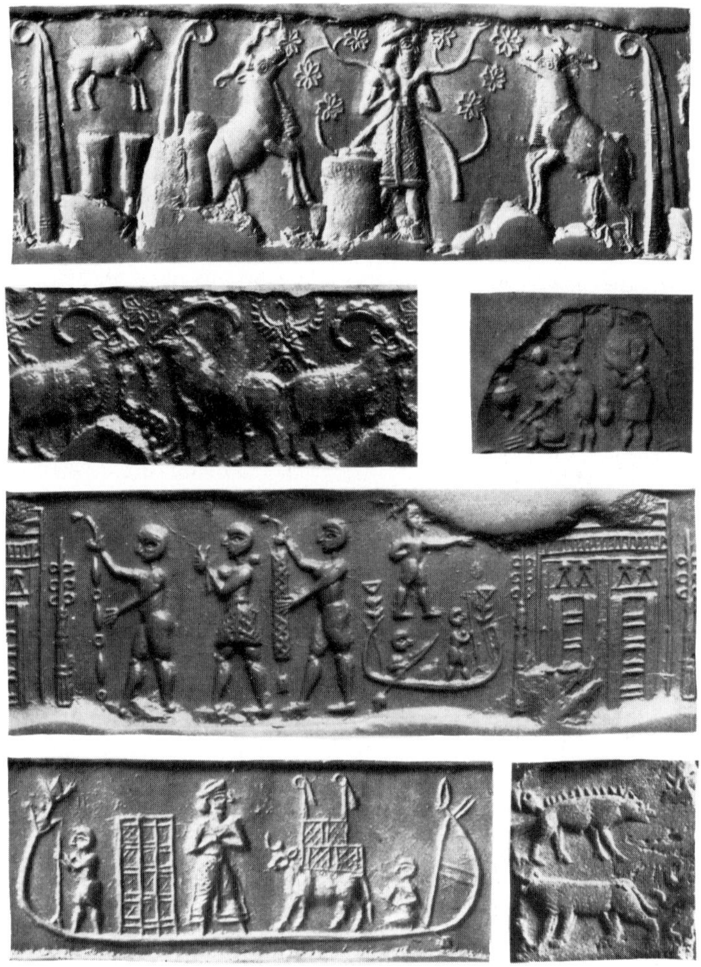

28. Rollsiegelabdrücke aus der Uruk-Zeit. Der Priesterfürst füttert Inannas Tiere oder begleitet ihren transportablen Schrein auf einem Schilfboot. Priester bringen Weihgaben (einer zu Schiff) zu einem Schilftempel mit noch nicht identifizierten ,Ringsäulen'-Symbolen. Weitere Motive: Steinböcke und andere Tiere

auch bis heute nur zum Teil erfaßt. Am augenfälligsten tritt in allen religiösen Darstellungen die Anrufung zweier Gottheiten hervor, die niemals figürlich in Menschengestalt Darstellung finden, sondern nur durch Ideogramme ihrer Attribute versinnbildlicht werden. Da gibt es einen Gott, der wie der biblische Tammuz die generative Kraft der Natur personifiziert, die graphisch durch bestimmte Tiere und Pflanzen dargestellt wird. Weitere Symbole dieses Gottes sind unter

29. Rollsiegelabdrücke aus der Ǧemdet Nasr-Zeit. Die künstlerische Qualität der Rollsiegel mit Tiermotiven hat durch die Benutzung des Drillbohrers gelitten. Die Art von geometrischen Mustern (unten) sind für diese Phase der Siegelschneidekunst typisch

anderen Adler, bisweilen mit Löwenhaupt, und Schlange. Die gleiche Prominenz genießt die Göttin Inanna, deren seltsames Emblem (manche sehen darin den ‚Torpfosten' eines Schilftempels) später in der Bilderschrift als ihr Namenszeichen dient. Allein die dekorative Kombination solcher Symbolgehalte darf Gegenstand eines Siegelentwurfs sein. Alternativ dürfen bei der Darstellung irgendeines religiösen Rituals Opferung oder Darbringung von Weihgaben – auch menschliche Figuren auftreten. Ein bärtiger Mann im langen gefältelten Rock mit Diadem und Haarknoten, dem ein nackter oder mit einem Halbrock bekleideter Priester aufwartet, darf wohl als Priesterfürst identifiziert werden. Er bringt Kultgegenstände in einen Schilftempel oder präsidiert der zeremoniellen Fütterung des heiligen Viehs. Schaf-, Ziegen- und Rinderherden werden häufig dargestellt und gegen Löwen verteidigt von Gestalten wie ‚Stiermensch' oder ‚Adler mit dem Löwenhaupt', bekannten Figuren der sumerischen Bilderwelt noch in späterer Zeit. Auch Wild kommt oft vor: Eber, Hirsch, Steinbock und Wildschaf, die zu heraldischen Mustern verarbeitet werden, um das Repertoire der Siegelschneider noch zu vergrößern. Nur gelegentlich werden auch hier weltliche Themen behandelt, zum Beispiel der Priesterfürst auf der Jagd oder im Kampf.

Oft kommen die von den Siegelschneidern bevorzugten Steinarten in Mesopotamien nicht vor, was auf Handel mit Nachbarländern schließen läßt.

Während der Ǧemdet Nasr-Zeit *(Abb. 29)* trat, was Sorgfalt und Präzision des Steinschnitts betrifft, ein leichter Verfall ein. Die Benutzung des Drillbohrers zum Beispiel, der zuvor nur selten verwendet wurde und dessen Spuren man zu verbergen suchte, ist nicht mehr zu übersehen, und auch die Modellierung der Tierfiguren ist weniger vollkommen. Ferner taucht eine neue Siegelform auf; im Verhältnis zu ihrem Durchmesser ist sie länger und über und über mit hart abgesetzten geometrischen Ornamenten bedeckt.

Keramik

Während wir die Abfolge der Entwicklungsphasen der prädynastischen Kultur aufzuspüren suchten, war viel von Keramik die Rede, doch mehr im Sinn ihrer Bedeutung als stratigraphisches Beweismaterial und weniger in Bezug auf ihren künstlerischen Rang. Die Keramik der Frühgeschichtlichen Zeit hat größtenteils kein Dekor. Ihre technischen Besonderheiten waren Gegenstand vieler spezialisierter Untersuchungen, die hier aufzuführen unmöglich ist. Eine Ausnahme macht die feine bemalte Ware, die gegen Ende der Ǧemdet Nasr-Zeit *(Abb. 30)* auftaucht.[28] Die üblichste der bemalten Gefäßformen ist ein gedrungener Krug mit breiter Schulter und überhängender Lippe. Die rote und gelbe geometrische Ornamentierung beschränkt sich zumeist auf die Schulter oder besteht manchmal aus Friesen von Tier- und Pflanzenmotiven oder gar menschlichen Figuren. Die restliche Oberfläche ist mit einem pflaumenroten Überzug bedeckt und blankpoliert. Diese spezielle Ware hat insofern einen nützlichen Zweck erfüllt, als sie bei ihrem Auftauchen in noch unidentifizierten Horizonten einen Anhaltspunkt für die Datierung lieferte.

Auf bestimmte, zwischen der mesopotamischen Keramik aus prädynastischer Zeit und der aus der gleichen Zeit im Iran und anderswo bestehende Parallelen soll erst in einem späteren Abschnitt eingegangen werden; doch seien die frühen Beziehungen zwischen Mesopotamien und Ägypten hier noch erwähnt. Dabei handelt es sich freilich weniger um Keramik als um spezielle kulturelle Entwicklungen, die anscheinend in dieser Zeit in beiden großen Zentren der beginnenden Zivilisation vor sich gingen und einige ihrer Aspekte, die in jüngster Zeit Gegenstand der Untersuchungen hochqualifizierter Gelehrter waren.[29] Einer dieser Aspekte besteht in der Frage, ob und in welchem Maße die frühesten mesopotamischen Ziegeltempel mit Unterbauten die ‚prädynastische' Mastaba-Architektur Ägyptens beeinflußt haben, ein anderer ist die Streitfrage, in wieweit die ägyptische Hieroglyphenschrift durch die Kenntnis früher sumerischer oder vorsumerischer Schriftformen beeinflußt wurde. Letzteres erscheint heute weniger strittig, da man inzwischen eine der mesopotamischen gleichende Bilderschrift in so weit von einander entfernten Gegenden wie Rumänien einerseits[30] und Belutšistān andererseits entdeckte.[31] Den greifbaren Beweis für eine bereits zu so früher Zeit bestehende Verbindung zwischen diesen Ländern liefern indes jene Rollsiegelfunde der Ǧemdet Nasr-Zeit, die in den Gräberfeldern von Naqada in Ägypten zutage traten. Sie lassen auf Handelsverbindungen schließen, deren Existenz zu so früher Zeit noch einer eingehenderen Erforschung bedürfte.

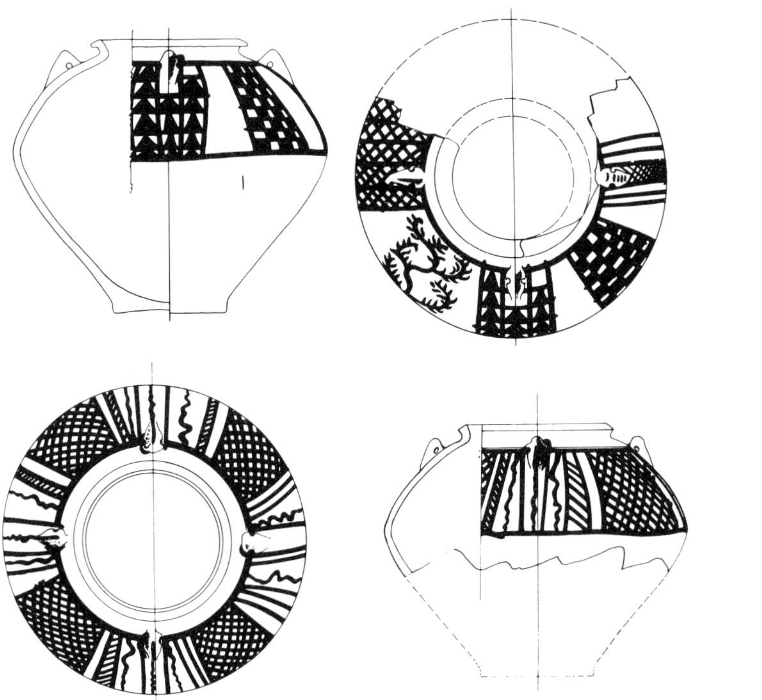

30. Bemalte Keramik der Ǧemdet Nasr-Zeit. Die Malerei in Pflaumenrot, Gelb und Schwarz befindet sich meist auf der Schulter des Kruges. Zum Schluß bekamen die Gefäße einen glänzenden Überzug (Nach Lloyd und Safar, 1943)

Vorgänger der Sumerer

Schließlich sollten wir noch auf die Frage der Herkunft der Sumerer zurückkommen, die der Wissenschaft in der Vergangenheit so viel Kopfzerbrechen bereitet hat. Die Überlegungen der Philologen standen hier in sichtbarem Gegensatz zu den Schlüssen der Archäologen. Grob gesagt resultierte das Problem aus der Ungewißheit darüber, ab wann im Ablauf der prädynastischen ‚Perioden' die Bewohner Untermesopotamiens als ‚Sumerer' bezeichnet werden dürfen. Mancher meinte, es seien die Neuerungen der Frühgeschichtlichen Zeit gewesen, denen die mesopotamische Kultur ihre Identität verdanke, die sie sich dann in ihrer langen Geschichte bewahrte. Dies wurde damals als ein starkes Argument zugunsten der These bewertet, daß die Sumerer zu Beginn jener Periode im südlichen Zweistromland eingewandert seien. Der kontroverse Standpunkt der Philologen in diesem Zusammenhang stützte sich weitgehend auf eine einzige Prämisse: daß die Namen einiger der in historischen Texten erwähnten, vor der Frühgeschichtlichen Zeit gegründeten älteren mesopotamischen Städte nicht sumerischen Ursprungs seien. Dies hat einem ganzen Gespinst von Spekulationen über hypothetische Wanderungen früherer vermutlich semitischer Völker quer durch den Nahen Osten[32] zur Rechtfertigung gedient. Die Archäologen dagegen wiesen auf die Ungesichertheit jener Prämisse sowie den Mangel an Beweisen dafür hin, daß diese Städte tatsächlich einst vor der Erfindung der Schrift so geheißen hätten. Auch stehen die Archäologen nicht zuletzt unter dem Eindruck eines überwältigenden Beweismaterials, das die kulturelle Kontinuität von 'Obēd- und Uruk-Zeit bezeugt.[33]

Schon allein die Beweise für die Kontinuität religiöser Glaubensanschauungen und Praktiken können den Archäologen restlos überzeugen: Drei der bereits erwähnten Fundstellen liefern in dieser Hinsicht eindrucksvolle Beiträge. Sowohl in el-'Obēd, in Uruk, in 'Uqēr wie in Eridu beginnt die Reihe der chronologischen Straten mit der üblichen 'obēdzeitlichen Besiedlung, und wie in Eridu kann man auch hier davon ausgehen, daß in den beiden ersteren ein 'obēdzeitlicher, immer auf gleicher Stelle wieder aufgebauter Tempel vorhanden war. Bei beiden Stellen wurden die Siedlungen zu einem Zeitpunkt verlassen, der dem Ende der sogenannten 'Obēd-Zeit entspricht.

Nicht so der Tempel. Wie in Eridu wurde er im Lauf der Frühgeschichtlichen Zeit wiederholt wiederaufgebaut und erweitert. In el-'Obēd selbst wurde er sogar noch einmal in frühdynastischer Zeit neu errichtet, und in Eridu dienten die Ruinen als Baugrund für die Zikkurrat der Könige der 3. Dynastie von Ur. Und in 'Obēd wie in 'Uqēr wurde zu dem der alte 'obēdzeitliche Siedlungshügel von den Sumerern der dynastischen Zeit als Friedhof benutzt.[34]

Hält man sich diese Situation vor Augen, wird die Hypothese von der Verdrängung der eingeborenen Bevölkerung durch fremde Völkerstämme recht unwahrscheinlich.

Eine letzte Frage ist noch verblieben, im Hinblick auf die ursprüngliche Abstammung der ersten Siedler im südlichen Mesopotamien. Inzwischen hat die Entdeckung einer blühenden, weiter südlich an der arabischen Küste des Persischen Golfs *(Abb. 31)* sowie etwas weiter westlich landeinwärts von Bahrēn gelegenen Enklave 'obēdzeitlicher Siedlungen eine kleine Sensation hervorgerufen.[35] Das erste Auftreten der Sumerer in dieser Gegend wird heute auf die mittlere 'Obēd-Zeit datiert. Doch unlängst hat man durch Neutronenbeschuß nachweisen können, daß die von diesen Siedlern benutzte Töpferware in Wirklichkeit aus Sumer importiert wurde. Demzufolge wird es sich bei ihen um sumerische Kolonisten oder Händler gehandelt haben. Damit scheinen alle Spekulationen in bezug auf eine ‚frühere Heimat' der 'obēdzeitlichen Kultur erst recht hinfällig zu werden.

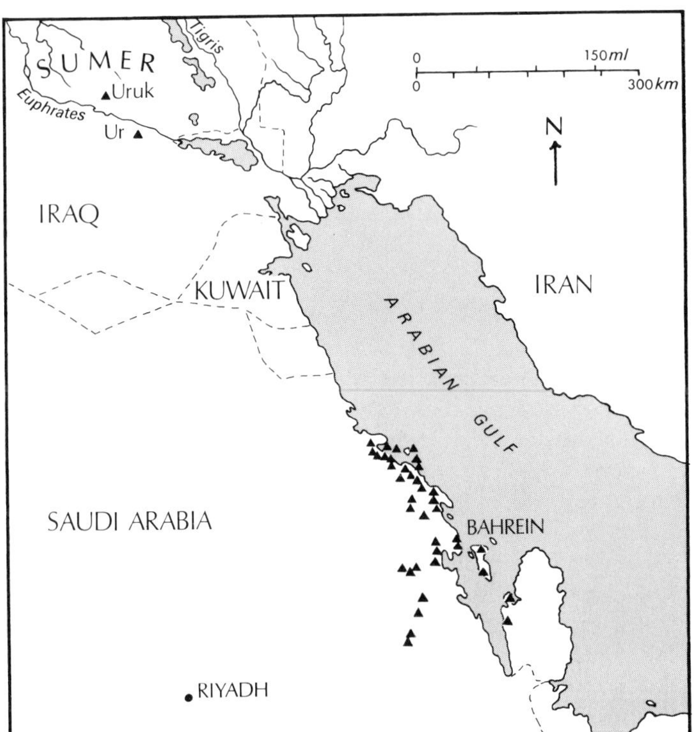

31. Streuung 'obēdzeitlicher Siedlungen (soweit bekannt) an der arabischen Küste des Persischen Golfes (S. Ebrahim nach J. Oates, 1976)

4. Die schriftlosen Völker Nordmesopotamiens

Im vorigen Kapitel galt unsere Aufmerksamkeit den Grabungen in der Tiefebene Südmesopotamiens sowie den Spuren kultureller Entfaltung in prädynastischer Zeit, die sie ans Licht brachten. Nun werden wir uns den parallel dazu im Hochland des nördlichen Irak unternommenen Forschungen zuwenden und die ganz anderen Ergebnisse, die sie enthüllen, untersuchen. Dabei werden wir merken, daß der Faden, der sie mit den Zivilisationen der Sumerer verband, immer dünner wird, während sich kulturelle Einflüsse von außerhalb Mesopotamiens entsprechend deutlicher abzeichnen. Insofern wird sich die Bezeichnung ‚prädynastische Zeit' für den Zeitraum zwischen dem Neolithikum und der Frühen Bronzezeit (in der man Metall zu schmelzen lernte) als nicht mehr angemessen erweisen. Wir werden sie hier durch die Bezeichnung ‚Chalkolithikum' ersetzen, wie sie heute auch in bezug auf andere Länder Westasiens gebräuchlich ist [1]

Auch in diesem Fall wird es gut sein, zuerst kurz auf die Reihenfolge der Entdeckungen einzugehen, ehe wir uns mit der Reihenfolge der Kulturphasen befassen, deren Bestimmung durch sie überhaupt erst möglich wurde *(Tabelle 5).*

Ausgrabungen im Norden

Arpačījeh

In Assyrien gingen Anfang der 30er Jahre britische und amerikanische Archäologen mit ersten Untersuchungen prähistorischer Siedlungen gleichzeitig ans Werk. Als Ausgangspunkt soll uns der 1933 von M. E. L. Mallowan freigelegte, etwa $6^1/_2$ km nordöstlich von Ninive gelegene Fundort Arpačījeh dienen.[2] Hier fand Mallowan auf der Erdoberfläche die Spuren eines kleinen Dorfes, dessen armselige Hütten aus Stampflehm bestanden hatten. Doch fiel ihm auf, daß die in ihnen gefundene Töpferware als nördliche Variante der zuvor in Babylon freigelegten bemalten 'Obēd-Keramik bezeichnet werden konnte. Sie wies zwar eine größere Vielfalt an Farben auf – Braun, Rot und sogar Purpur erscheinen häufiger in der Bemalung als Schwarz –, doch in Ornamentschmuck und Form waren sich beide weitgehend gleich. Dieser Eindruck bestätigte sich, als er außerhalb des Dorfes einen Friedhof mit mehr als vierzig Gräbern entdeckte, die zahlreiche Gefäße enthielten, von denen manche noch vollkommen erhalten waren. Auch in den Häusern selbst fand er geritzte Terracotta-Perlen und gebogene Nägel, ebenfalls aus gebranntem Ton – beide für 'Obēd-Fundplätze im südlichen Mesopotamien charakteristisch –, darüber hinaus das gegossene Kupferblatt einer Axt, was

v. Chr.	Schichten-abfolge im Süden	Tepe Gaura	Ninive	Grai Reš	Tell Brāk
	Akkadisch				Palast
2500	Frühdynastisch IIIb		Ninive Fünf		
	Frühdynastisch IIIa	↑			
	Frühdynastisch II	VII		↑	
	Frühdynastisch I			I	
3000	Ğemdet Nasr	Gaura Zeit VIII–X	IV	II–III	↑ „Augen"Tempel
	Spätes Uruk		↑	IV	Grau ↓ Rot
	Frühes Uruk	XI–XII	III	V	ARPAČIJEH
3500	Spätes 'Obēd ④	XIII Akropolis Nördl. 'Obēd XIV–XVI	↓	VI–IX ↓	↑ 'Obēd Häuser u. Gräber I–IV
4000	Spätes 'Obēd ③	Nördl. 'Obēd XVII–XIX		HASSUNA	↓
		Übergang		'Obēd ↓	↑
4500	Hağği Muhammed ②	Halaf XX ↓	II	Halaf ↑ ↓	VI–X Halaf Rundhäuser ↓
5000	Eridu ①	Tšogha-Mami ↕ Sauwān	I	Samarra ↑ ↓ ↑ Hassuna	
				Nomaden-siedlungen ↓	
6000				Umm Dabaghījah	Ğarmō

Tabelle 5. Chronologische Tabelle der Fundplätze in Nordmesopotamien

darauf schließen läßt, daß Kupfer, wiewohl noch selten, doch bereits neben den üblichen Flintgeräten benutzt wurde, wie es in einer chalkolithischen Schicht zu erwarten war.

Auch die gleichen Häuser fand man in vier einander überlagernden Schichten mit Gebäuderesten (1–4 abwärts), doch meinte Mallowan hier nicht mehr als fünf oder sechs Generationen vertreten zu sehen. Denn die Gräber auf den Friedhöfen überlappten nicht, was darauf schließen läßt, daß die Menschen sich der Lage der ältesten Gräber noch erinnerten, als die letzten ausgehoben wurden. Ab Schicht 5 änderte sich der Charakter der Keramik, und durch alle übrigen Grabungsschichten (6–10) fand er eine ganz andere Kultur vor, die sich durch eine mit größter Sorgfalt gefertigte, überwiegend mit einer polychromen Glanzmalerei geschmückte Keramik kennzeichnet. Diese Ware, bereits unter dem Namen Tell Halaf bekannt, war schon vor dem ersten Weltkrieg von dem deutschen Archäologen Max von Oppenheim an der syrisch-türkischen Grenze an einem Fundplatz dieses Namens entdeckt worden. Oppenheim hatte sie jedoch bei der Freilegung des großen eisenzeitlichen Palastes eines aramäischen Fürsten in Guzāna aufgelesen – Unmengen von bemalten Topfscherben, die die Erbauer des Palastes beim Ausheben der Fundamente fortgeworfen hatten – und hatte keinen Hinweis für ihre Datierung finden können. Nun trat sie in Arpačījeh erstmals säuberlich geschichtet mit Architektur der gleichen Zeit zutage.

Später wird noch mehr über diese schöne Halaf-Keramik zu berichten sein, deren kunstvolle Ornamente in prächtigen Farben ausgeführt und mit einer blanken Politur überzogen waren *(Abb. 43, 44)*. Sie hob sich unverkennbar hervor und lieferte somit einen unschätzbaren Anhaltspunkt für die Datierung, als man sie nämlich auch in Nordsyrien und Südanatolien, den äußersten Rändern ihres Streuungsgebietes, entdeckte. Es sei noch erwähnt, daß es in Südmesopotamien kein genau entsprechendes Gegenstück für sie gibt. Auch in Arpačījeh wurden zunächst Kleinfunde anderer Kategorien gemacht – stilisierte Kultfiguren aus Terracotta, Stempelsiegel mit der Darstellung von Menschen- und Tierfiguren und eine Vielzahl von Tonperlen und Amuletten –, die man bald alle als typisch für die ‚Tell Halaf-Zeit' ansah. Doch hat sich der Name Tell Halaf vor allem aus anderem Grunde eingeprägt: wegen der Rundbauten, die man hier in den unteren Schichten identifizierte, und die man mit dem griechischen Wort ‚tholoi' bezeichnete *(Abb. 36)*. Aus Stampflehm über Steinfundamenten errichtet, die man mit einer Kuppelform überwölbte, hatte man sie bisweilen mit einem langen, viereckigen Zugang oder Vorraum, einem sogenannten ‚dromos', versehen, was ihre Ähnlichkeit mit den aus einer viel späteren Zeit stammenden ‚Bienenkorbgräbern' von Mykene vergrößerte.

Tepe Gaura

Während Mallowan noch in Arpačījeh grub, hatte sich einige Kilometer nordöstlich eine amerikanische Expedition auf dem viel größeren Hügel Tepe Gaura ans

Werk gemacht.[3] Wie gewöhnlich waren die Amerikaner damals weit freizügiger mit Mitteln ausgestattet als die Briten, und so konnte der Leiter der Expedition, E. A. Speiser, seine Grabungen über die ganze Kuppe des Tell Gaura ausdehnen. Infolgedessen ging im Lauf der folgenden Jahre eine dramatische Veränderung an dem Aussehen des Tells vor sich: von seinen ursprünglich mehr als 18 m Höhe waren schließlich keine 9 m mehr übrig. Auf diese Weise wurden die damals noch mit der Tiefensondierung verbundenen Schwierigkeiten behoben und damit die Freilegung der ganzen Siedlung ermöglicht. In ihren ersten Jahren waren Speiser und seine Nachfolger ausschließlich damit befaßt, die von den Zeitgenossen der sumerischen Städter in Südmesopotamien bewohnten, beziehungsweise der frühgeschichtlichen Phase der prädynastischen Periode entsprechenden Schichten abzutragen. Hier war eine derart ausgeprägte Kultur vertreten, daß man ihr provisorisch den Namen ‚Tepe Gaura-Zeit' des Nordirak gab. Hier stieß man auf reiche Gräberfunde, die Goldschmuck enthielten, auf Tempel mit seltsamem, noch unbekanntem Grundrißschema, mit überraschenden Gravuren versehene Amulette und eine Fülle von Beweisen für die großzügige Verwendung von Kupfer, – allesamt typisch für die Gaura-Schichten VIII bis XI (abwärts), auf die ausführlicher eingegangen werden soll, da Tepe Gaura den Schlüssel zur Stratigraphie des nördlichen Mesopotamien liefert.

Erst nach Abschluß ihrer Ausgrabungen in Arpačījeh begannen sich die Ausgräber von Tepe Gaura mit Mallowans bemalter Keramik ‚nördliches 'Obēd' zu befassen. Hier konnten sie ihre Entwicklung durch nicht weniger als acht architekturführende Schichten verfolgen (XII bis XIX) und noch vieles dazulernen. In Schicht XIII *(Abb. 32)* schien die Kultur ihr Maximum an Verfeinerung erreicht zu haben. Zu jener Zeit war der größte Teil der Hügelkuppe von einem Bauwerk bedeckt gewesen, das man als eine Art religiöse Akropolis bezeichnen konnte: Ein offener Platz wurde von drei großen und sorgfältig erbauten Lehmziegeltempeln umschlossen, die in vieler Hinsicht denen der 'obēdzeitlichen Schichten von Eridu entsprachen. Wie sich später herausstellen sollte, stammten sie aus der gleichen Zeit.

In sämtlichen 'obēdzeitlichen Schichten von Tepe Gaura fand man Reste von Gefäß- und Ornamentformen, die noch aus der vorhergegangenen Tell Halaf-Zeit überlebt hatten. Als man Schicht XX erreichte, stellte sich heraus, daß die Übergangsperiode zwischen den beiden Kulturen zu Ende war. Hier überwog die polychrome Keramik, und so mußten auch alle anderen Funde als charakteristisch für die Tell Halaf-Zeit angesehen werden. Es gab da sogar ein interessantes rundes Gebäude, das, wenn auch nicht restlich schlüssig, als Tempel identifiziert werden konnte. Doch an diesem Punkt endete die Sondierung in Tepe Gaura: Hinweise auf eine noch frühere Besiedlung wurden nicht mehr gefunden.

Es bleibt noch hinzuzufügen, daß in dieser Zeit bereits eine andere Art von bemalter Keramik bekannt war, die aus der gleichen Zeit zu stammen oder der Herstellung der Tell Halaf-Periode vorausgegangen zu sein schien. Diese wurde schon vor 1914 von Ernst Herzfeld gefunden bei der Ausgrabung der riesigen, aus dem 9. Jahrhundert v. Chr. stammenden Stadt Samarra, die am Tigris auf halbem Weg zwischen Mōssul und Baghdad lag;[4] diese Keramik war als ‚Samarra-Ware' bekannt *(Abb. 41, 42)*. Unter Fundamenten von Bauten aus islamischer Zeit stieß Herzfeld auf Spuren einer prähistorischen Siedlung oder eines Friedhofs, wo diese ungewöhnlich schöne Keramik damals allgemein in Gebrauch war. Architekturüberreste oder stratigraphische Hinweise konnte Herzfeld damals nicht feststellen, und so blieb das Alter der Siedlung beziehungsweise des Friedhofs ein Geheimnis; erst vor relativ kurzer Zeit konnte die Datierung des ersten Auftretens dieser Ware, kurz vor der frühesten Halaf-Keramik, gesichert werden. Auch dies wird später noch näher erläutert.

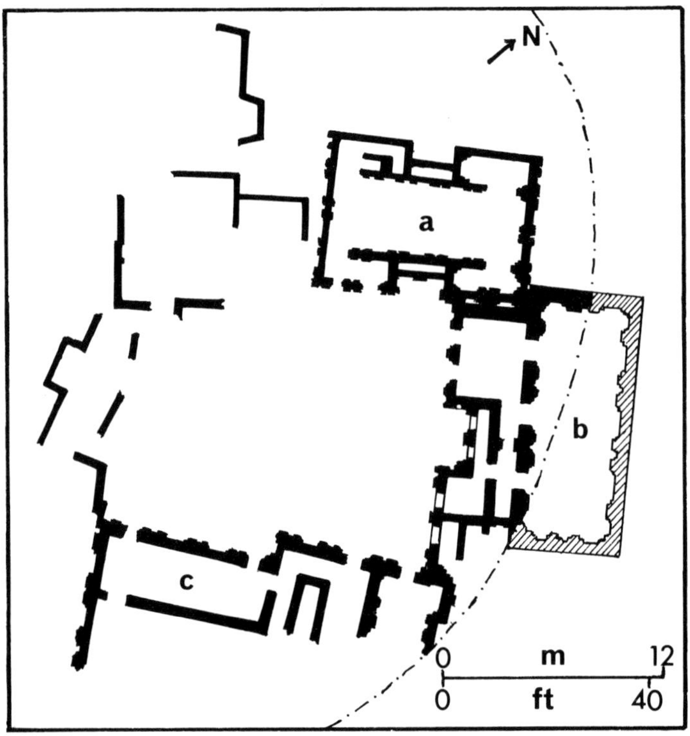

32. Tepe Gaura. Grundriß der ‚Akropolis' in Schicht XIII (ca. 3600 v. Chr.). 'Obēd-zeitl. Tempel gruppieren sich um einen offenen Hof. Das fragile Mauerwerk erinnert an die 'Obēd 3-Tempel in Eridu, Schicht XI-IX (vergl. *Abb. 10*). Rituelles Inventar ist hier nicht vorhanden. a = Nord-Tempel, b = Zentral-Tempel, c = Ost-Tempel. Die gestrichelte Linie deutet den Hügelrand an. (S. Ebrahim nach Tobler, 1950)

Kujunǧik

Bis zum Ausbruch des Zweiten Weltkrieges bestand unsere gesamte Kenntnis der Stratigraphie Nordmesopotamiens in der Summe der bislang hier erwähnten Ausgrabungsergebnisse. Darüber hinaus bleibt nur noch eine extrem tiefe Sondierung anzuführen, die Mallowan unter dem assyrischen Ištar-Tempel im Ruinenhügel Kujunǧik bei Ninive vornahm.[5] Dieses Unternehmen erbrachte eine Reihe von außerordentlich wichtigen Ergebnissen. Erstens hatte Mallowan das Glück, in einer der oberen Schichten einen lebensgroßen Bronzekopf eines akkadischen Königs zu entdecken, der heute als eines der großen Meisterwerke mesopotamischer Kunst gilt (siehe Kap. 7). Zweitens fand er Texte, die beweisen, daß Ninive zur Zeit der Sumerer eine Tempelstadt gewesen war. Und drittens, davon abgesehen, daß es ihm gelang, die Abfolge der bis dahin bekannten prähistorischen Phasen zu bestätigen, konnte er, was noch wichtiger war, die Existenz einer früheren, einer prä-Halaf-Kultur nachweisen. Unmittelbar über dem gewachsenen Boden, 27 Meter tief unter der Kuppe des Hügels, traf er auf einen unbekannten geritzten und gekerbten Keramik-Typ, den er provisorisch ‚Ninive I' nannte. Noch zehn Jahre lang – Mallowan hatte den Irak längst verlassen, um seine Ausgrabungen in Syrien fortzusetzen –, blieb ein Säckchen mit diesen seltsamen Scherben im Irak-Museum liegen: eine Probe der frühesten bis dahin in Mesopotamien gefundenen Keramik.

Tell Hassūna

Der nächste Schritt im Ablauf der Entwicklung war, daß Inspektoren des Iraq Antiquities Directorate 1943 am Rand des bebauten Hochlands 32 km südlich von Mōssul einen kleinen Hügel mit dem Namen Hassūna entdeckten, der mit dieser Ninivit I-Keramik übersät war. Durch die Ausgrabungen von Hassūna wurde die 'Uqēr-Partnerschaft zwischen dem Autor und Fuad Safar erneuert: Unsere Erwartungen wurden von den Ergebnissen weit übertroffen.[6] Ein neuer, noch früherer Abschnitt konnte der Geschichte der chalkolithischen Besiedlung im Nordirak hinzugefügt werden: er beginnt mit der Ankunft eines kleinen, noch nomadischen Volkes, dessen Lagerplätze fast unverzüglich von primitiven Häusern einer kleinen Dorfgemeinschaft überlagert wurden. Eine nur etwa 20 qm große Ausgrabung erlaubte uns, die Entwicklung dieses Dorfes durch sechs aufeinander folgende Bauschichten zu verfolgen und seine letzte Okkupation mit der Ankunft neuer Bewohner in Verbindung zu setzen, die eine frühe Form der bemalten Tell Halaf-Keramik benutzten.

Von unten nach oben gezählt, führten die Schichten III bis V Überreste einer Kultur, die wir für die typische Hassūna-Kultur hielten: durchweg ungeglättete Töpferware, manche geritzt, manche bemalt und manche in beiden Techniken ornamentiert *(Abb. 40)*. In den drei darunter liegenden Schichten (II, Ic und Ib) tauchte eine sogenannte ‚altertümliche Ware' auf, die geglättet oder mit Glanzfarben bemalt war. Alle sechs Unter-Phasen hindurch blieb sich der Charakter des Dorfes gleich: kleine Häuser aus Stampflehm gruppierten sich um Hofräume und zeigten eindeutig Gehöftcharakter. Bestimmte Merkmale ließen darauf schließen, daß sie mit Satteldächern aus Holz und Stroh überdacht gewesen waren, wie sie in den umliegenden Dörfern heute noch anzutreffen sind. Auch gab es eine Fülle von Anzeichen für eine primitive Form von Bodenbebauung, darunter Sicheln mit in Asphalt eingedrückten Zähnen und einem Holzgriff, die beweisen, daß diese Leute zumindest die Wildgetreide schnitten, die auch heute noch in der Umgebung wachsen. Doch trafen wir auch auf gut ausgebaute, mit Gipslehm und Asphalt abgedichtete Kornkammern – ein Beweis dafür, daß sie Saatgetreide zum Aussäen aufbewahrten. Oval geformte flache ‚Worfel-Wannen' aus gebranntem Ton dienten zum Absondern der Spreu. In Mengen fanden sich auch Knochen von Haustieren, während Pfeilspitzen aus Obsidian und Speere bezeugten, daß die Leute auch weiterhin auf Jagd gingen, und die beschädigte Figurine einer ‚Göttin' eines mittlerweile wohlbekannten Typs verriet, daß sie eine Art von Religion kannten.

Die einfache geglättete Keramik der Schichten Ib und Ic entsprach in der Mehrzahl der anderswo den letzten Stufen des Neolithikums zugeordneten Ware. Schließlich, direkt über dem gewachsenen Grund, in Schicht Ia zeigte sich ein eklatanter Wandel. Schutzdächer, sofern es sie überhaupt gegeben hatte, mußten aus verderblichem Material bestanden haben, denn außer ein paar weit voneinander entfernten Herdstellen, die von der gleichen Auswahl von primitiven Artefakten umgeben waren, fanden wir nichts. Es gab auch eine ziemlich unbeholfen gefertigte Keramik, unter der sich stets ein eigentümlicher steilwandiger Vorratskrug, vermutlich für Milch, befand, sowie allerhand Geräte, schwere Steinhacken und -beile. In einem Fall lag noch ein Skelett zusammengekauert neben einer Feuerstelle mit Asche. Dies alles, so wollte uns scheinen, waren sichtbare Zeichen des Übergangs vom Nomadenleben der Hirten und Jäger zur Wirtschaftsform einer seßhaften dörflichen Gemeinschaft.

Andere Hassūna-Fundplätze

In jüngerer Zeit erwiesen sich vor allem zwei Grabungen als wichtig für die Erweiterung unseres Wissens über die Hassūna-Kultur und die ihr unmittelbar vorangehenden Phasen. Die eine wurde von Wissenschaftlern aus der Sowjetunion an der Fundstätte Yarim Tepe, südwestlich von Tell 'Afar im Singar-Gebiet nordwestlich von Mossul unternommen.[7] Hier gruben sie ab 1969, mit vorbildlicher Methodik vorgehend, einen der Hügel auf und zeichneten die Befunde mit akribischer Genauigkeit auf, womit sie unsere eigenen Ausgrabungsergebnisse von Tell Hassūna erweiterten und ergänzten. Sie untersuchten viele kleine Häuser – insgesamt über hundert Räume – in dreizehn aufeinanderfolgenden Besiedlungsschichten, die die gesamte Abfolge der zuvor auch von uns in Tell Hassūna beobachteten Entwicklungsstufen umfaßten und einige zuvor noch feh-

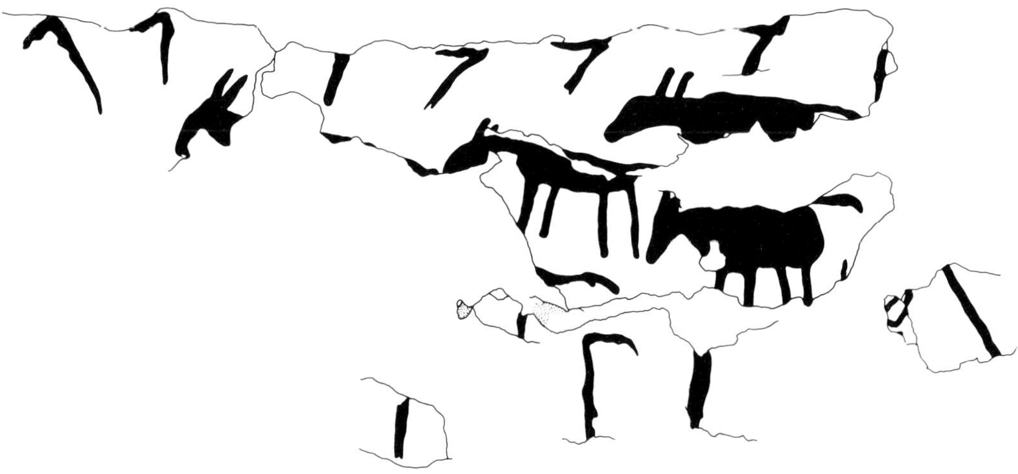

33. Fliehende Halbesel (Onager). Primitive Wandmalerei aus der Prä-Hassūna-Siedlung von Umm Dabaghījah im Gebiet von Ğezīrah (ca. 5700 v. Chr.). Diese Tiere wurden ihrer Häute wegen gejagt. (Nach Kirkbride, 1975)

lende Merkmale erbrachten, eine willkommene Ergänzung unserer eigenen Ergebnisse. Zum Beispiel entdeckten sie Armreife aus Blei und eine neue interessante Kategorie von Figurinen sowie auch prototypische Exemplare von Stempelsiegeln, die späteren Perioden zugehörten.

Mit der gleichen Zielsetzung hatte mittlerweile Anfang der 70er Jahre eine Gruppe von britischen Archäologen unter der Leitung von Diana Kirkbride in der Wüstensteppe Ğezīrah westlich von Hatra zu graben begonnen. In diesem heute völlig ausgetrockneten Gebiet stießen sie auf 87 Fundplätze, von denen nicht weniger als 40 Anzeichen für Besiedlung während der Hassūna-Samarra-Periode erbrachten. Einer davon, Umm Dabaghījah, wurde für eine Sondierung bis in gewachsenen Boden hinab ausgewählt; sie hielt in den unteren Schichten allerhand Überraschungen für die Ausgräber bereit.[8] Hier sahen sie sich einer Fülle von Parallelen zu frühesten Besiedlungen (Schicht Ia) in Hassūna gegenüber, doch im Gegensatz zu den dortigen Nomadenlagern der ersten Ankömmlinge erschienen hier massive Bauten eines Typs, der bereits in Yarim Tepe (Schicht I) beobachtet worden war und eindeutig nicht zu Wohnzwecken gedient hatte. Rechteckige Kammern, zum Bewohnen zu klein, fanden sich auf gitterförmigem Grundriß zu Reihen gruppiert; vermutlich waren sie zum Speichern einer Handelsware bestimmt gewesen *(Abb. 34)*. Eine Fülle von Tierknochenüberresten in der näheren Umgebung, davon 68 Prozent vom Halbesel (Onager) und 16

Prozent von der Gazelle, brachten die Ausgräber auf den Gedanken, daß hier einst eine Art Handel mit Tierfellen oder -häuten betrieben worden sein könnte – möglicherweise mit Halbeselhäuten, die in jener Region noch bis in jüngste Zeit, Ende des 19. Jahrhunderts n. Chr., gehandelt wurden. Diese Theorie fand gegen Ende der Ausgrabungen eine dramatische Bestätigung: In den unteren Schichten befanden sich auf den Wänden einiger Wohnhäuser rudimentäre Wandmalereien *(Abb. 33)*, auf denen offensichtlich fliehende Halbesel abgebildet sind, die auf ein senkrecht zwischen Pflöcken aufgespanntes Netz zulaufen.[9]

Diana Kirkbride schlug für die Umm Dabaghījah-Siedlung eine Datierung auf das beginnende 6. Jahrhundert v. Chr. vor, in die gleiche Zeit der untersten Hassūna-Schicht also; sie ordnete sie damit einer Phase zu, die wir an anderer Stelle als ‚keramisches Neolithikum' bezeichnet haben. Beziehungen irgendwelcher Art zwischen diesen Fellhändler-Jägern und den Bergbewohnern von Ǧarmō im Nordosten vermochte sie nicht zu ermitteln, obwohl beide chronologisch nicht weit auseinander gelegen haben können.

Sāmarrā und Sauwān

In den darauf folgenden Jahren nahm ein zweites Problem die sich mit der Geschichte Mesopotamiens befassenden Prähistoriker in Anspruch, nämlich die Stellung der differenzierten, neben der vollentwickelten Hassūna-‚Standard'-Ware auftretenden sāmarrischen Buntkeramik, die ein fremdländisches, importiertes Produkt gewesen zu sein scheint. In Matarra, südlich von Kerkūk, wo Braidwood bald nach der Veröffentlichung der Hassūna-Befunde mit neuen Grabungen begann, schien diese Keramik zu überwiegen, was ihn zu dem Schluß bewegte, er habe es mit einer im Grunde ‚sāmarrischen' Kultur zu tun.[10] Deutliche Anzeichen dafür waren unübersehbar vorhanden, doch mußte sie auf ihre Freilegung in einer authentischen Umgebung noch warten, bis der irakische Gelehrte B. Abu-al-Soof im Jahre 1964 eine neue, ungemein ergiebige Siedlung in der unmittelbaren Nachbarschaft von Sāmarrā entdeckt hatte.[11] In dieser heute als Tell es-Sauwān bekannten Fundstätte wurden fünf einander überlagernde Besiedlungsschichten freigelegt, von denen alle, die früheste ausgenommen, jene faszinierende, ursprünglich in diesem Gebiet frei zutage liegende, von Herzfeld entdeckte bemalte Ware führten. Wie Kirkbrides Fundstelle im Ǧezīrah-Gebiet barg auch Tell es-Sauwān so manche Überraschung: Neben Wohnhäusern aus luftgetrockneten Ziegeln fanden sich seltsame, T-förmige Bauten mit zahlreichen Kammern, die ihre Ausgräber für Kornkammern hielten. Eine wies Spuren von kultischem Inventar auf *(Abb. 35)*.

Während der dritten Besiedlung wurde das gesamte Wohngebiet mit einer in unregelmäßigen Abständen durch Stützpfeiler verstärkten Stadtmauer umgeben, die zusätzlich durch einen gewaltigen Graben geschützt wurde – die früheste Befestigungsanlage, die bis dato in Mesopotamien ans Licht kam. Darüber hinaus entdeckte man in Tell es-Sauwān über hundert Gräber, von denen die meisten unter den Fußböden der Häuser eingetieft worden waren. Die reichen Grabbeigaben bestanden aus Alabastergefäßen und einer ganzen Kollektion von Menschen-Statuetten *(Abb. 45)*, die völlig anders aussahen als die aus Ton, die man sonst in chalkolithischen Schichten angetroffen hatte.[12] Überreste von Getreide und Gemüsen sowie eine Fülle verschiedenartigster Fisch- und Tierknochen gaben Aufschluß über die Existenzbedingungen ihrer ehemaligen Bewohner: eine gemischte Wirtschaftsform auf der Basis von Ackerbau und Viehzucht mit rudimentären Bewässerungsformen und zusätzlicher Jagd.

Hier endlich bot sich die einheimische, bislang nicht zu bestimmende sāmarrische Kultur dar; ihr Zentrum war offensichtlich unweit des Tigris am äußersten nördlichen Ende der Alluvialebene zu suchen. Ausgrabungen an Fundplätzen, die Zeugnisse einer entsprechenden Kultur an den Tag brachten, gaben Aufschluß über ihre geographische Ausdehnung: östlich erstreckte sie sich bis an die Grenzen des Iran (Tšogha Mami bei Mandeli), westlich bis an den Euphrat (Baghūz in der Nähe von Abū Kemāl).[13] Die Tatsache, daß in Tell es-Sauwān kaum eine einzige Hassūna-Scherbe vorkam, stützt noch die These, daß es sich um zwei verschiedenartige Kulturen handelt.

Architektur

Die Prä-Halaf-Zeit

In den frühesten dörflichen Ansiedlungen des Nord-Irak bestanden die Hausmauern gewöhnlich aus Stampflehm, der mit Lehm verputzt wurde. In seltenen Fällen (z. B. in Umm Dabaghījah) zog man einen reinen Gipsputz für die Wandverkleidung wie auch für den Fußboden vor. In hölzernen Rechteckrahmen geformte luftgetrocknete Ziegel tauchen erst gegen Ende der Hassūna-Periode auf. Steinfundamente kommen nur in Ǧarmō vor, wo die Flüsse das Material geliefert haben mögen. Ebenfalls in Ǧarmō bestanden die Fußböden aus fein gemagertem Lehm, den man auf Schilfunterlagen packte. Von Anfang an scheinen Häuser mit mehreren Räumen auf rechteckigem Grundriß angelegt worden zu sein. In Umm Dabaghījah bestanden die Häuser aus einem Hauptraum, der oft nur 2 × 1,5 m maß, sowie weiteren noch kleineren Nebenräumen, die durch Türbogen von noch nicht einmal 1 m Höhe zu betreten waren. Feuerstellen mit überwölbten Rauchabzügen, am Fuß der Wand mit einem außenliegenden Backofen verbunden, waren hier überraschend. Nur ein einziges Mal fand man in Ǧarmō eine ähnliche Einrichtung. Ins Innere dieser Häuser gelangte man vermutlich durch eine Öffnung im Dach, worauf eine Stufe und Steiglöcher für die Zehen in der Wand hindeuten. In Yarim Tepe waren die Räume wie auch die Anzahl der Zimmer beträchtlich größer, wobei der Umfang eines Hauses 14 × 6 m betrug. Die Häuser grenzten eines an das andere (Umm Dabaghījah) und säumten schmale Gassen (Yarim Tepe) oder gruppierten sich um einen Hof (Hassūna). Außer den für gewöhnlich überwölbten Backöfen gab es in vielen Häusern große

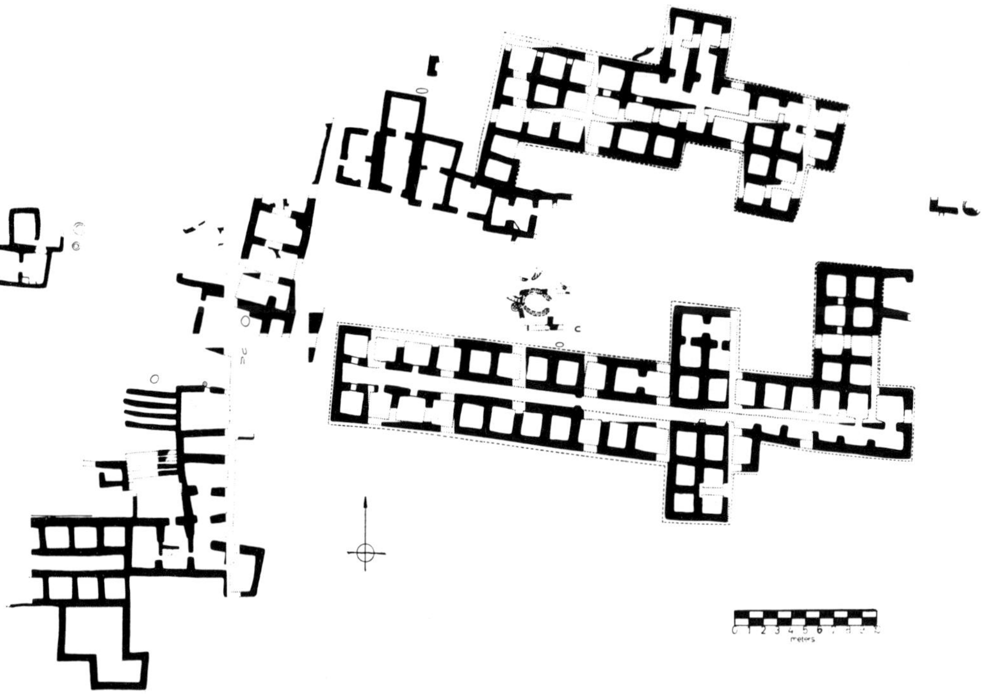

34. Grundriß der Siedlung Umm Dabaghījah, Schicht IV. Vorratsspeicher, vermutlich zum Trocknen von Halbeselhäuten (Nach Kirkbride, 1975)

kreisförmige Getreidebehälter; teilweise waren sie vertieft in den Boden eingelassen und mit Gips ausgestrichen oder durch einen Überzug aus Asphalt geschützt.

In jenem Dorf bei Umm Dabaghījah spielten die Wohnhäuser neben den zwei großen Blocks mit den Vorratskammern *(Abb. 34)*, die wie erwähnt vermutlich der Aufbewahrung von Häuten zu Handelszwecken dienten, nur eine Nebenrolle. Ihre Wände waren einen halben Meter dick aus ‚stark gemagertem Ton' errichtet und unverputzt. Die Zellen, von denen über 70 ausgegraben wurden, waren im Durchschnitt 1,50 × 1,75 m groß und nicht durch Türbogen untereinander verbunden.

Die Sāmarrā-Zeit

Architektur aus dieser Phase ist an zwei Fundplätzen an der Peripherie der südmesopotamischen Alluvialebene vertreten, in Tšogha Mami[13] nahe der Grenze zum Iran und in Tell es-Sauwān am Tigris.[11] Tšogha Mami war einst ein großes

Ackerbau treibendes Dorf (350 × 150 m), das sich anscheinend irgendeines primitiven Bewässerungssystems bediente. Die Häuser waren in bis zu zwölf Räume aufgeteilt, ihre Wände aus ‚zigarrenförmigen Lehmziegeln' errichtet und mit Lehm verputzt. In der etwas kultivierteren Siedlung bei Tell es-Sauwān kannte man bessere Baumethoden und auch eine hölzerne Model zum Herstellen von plankonvexen Ziegeln (arabisch *libn*), deren Größe im Durchschnitt 80 × 30 × 8 cm betrug. Große, T-förmige, nach einem Standardgrundriß errichtete Bauten, die bis zu vierzehn Räume enthielten *(Abb. 35)*, weiß man noch nicht endgültig zu deuten. Die offenen, ein Zimmer mit dem anderen verbindenden Bogentüren beweisen, daß sie Wohnzwecken dienten, auch deutet ein Teil ihres Inhalts auf die üblichen häuslichen Tätigkeiten hin; dennoch hielt man sie zunächst für Kornspeicher. Eines schien auf eine religiöse Funktion hinzudeuten, da es einen Raum mit möglicherweise rituellem Inventar – eine Nische mit einer Alabaster-Statuette – enthielt.

Die Halaf-Zeit

In den Halaf-Schichten von Arpačījeh tritt eine architektonische Neuerung auf in Gestalt von kreisrunden Gebäuden, den sogenannten ‚Tholoi' *(Abb. 36)*, von denen man in den verschiedenen Schichten des Hügels selbst oder im Umfeld des Fundplatzes insgesamt zehn entdeckte, wiewohl einst nicht mehr als zwei zur gleichen Zeit existierten. Die frühesten sind freistehend und haben etwa 4 m Durchmesser, doch später vergrößerte sich der Durchmesser auf mehr als 6 m, die Mauern erreichen bis zu 1,65 m Dicke. Jetzt betritt man diese Rundhäuser durch einen langrechteckigen ‚Dromos', was an die ‚Bienenkorb-Gräber' von Mykene erinnert, und bei einem gibt es sogar noch quer dazu einen Vorraum. In der Regel sind ihre Steinfundamente noch erhalten, und an einem fanden sich sogar Spuren von einem vermutlich kuppelförmigen Überbau aus Stampflehm. Wegen der zahlreichen Gräber und Kultfigürchen, die man in ihrer unmittelbaren Nachbarschaft fand, war Mallowan geneigt, diesen Bauten religiösen Charakter beizumessen. Doch Entdeckungen jüngerer Zeit in Syrien und im Iran, wo die Siedlungen aus runden Wohnhäusern bestanden, scheinen seine Vermutung zu widerlegen.[14] Im Irak treten in Tepe Gaura (Schicht XX) Parallelen zu diesen ‚Tholoi' von Arpačījeh auf, und in Jarmin Tepe wurden noch frühere Beispiele dieser Bauart gefunden.

'Obēd-zeitliche Bauten

Das früheste Bauwerk, das man in Nord-Irak zuverlässig als Tempel identifizieren kann, erscheint in Tepe Gaura in Schicht XIX von oben zu Beginn der 'Obēd-Zeit. Auf einem rechteckigen Grundriß erheben sich relativ schmale Mauern aus Lehmziegeln, doch wurde der Tempel in eindrucksvollerem Rahmen in Schicht

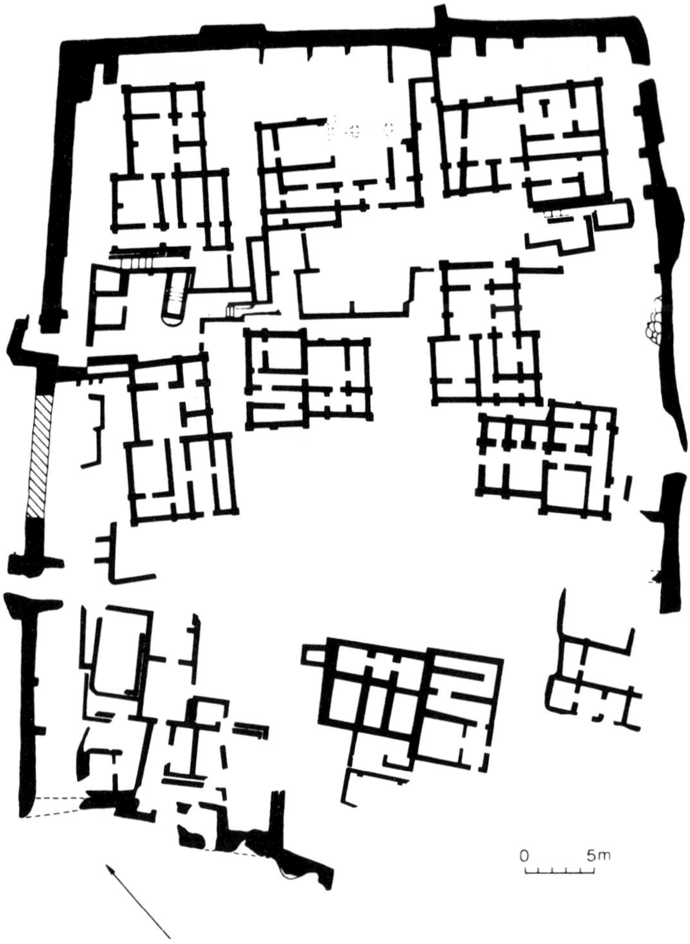

35. Tell es-Sauwān, Anordnung der sāmarrā-zeitlichen Siedlung in Schicht III (ca. 5350 v. Chr.). Deutlich zeichnen sich die Grundrisse der Umfassungsmauer sowie der von ihnen umschlossenen Gebäude ab (Nach Abu al-Soof, 1968)

XVIII mit nicht weniger als zwanzig Räumen, die sich um einen Hof (?) gruppieren, wiederaufgebaut. In seiner Mitte erhebt sich ein Podium, doch von einem Altar ist nichts zu erkennen. Rundbauten tauchen in Schicht XVII wieder auf, doch zeigen sie nichts, was auf Kulthandlungen schließen läßt, und Tempel sind erst wieder in Schicht XIII zu finden, als – wie bereits erwähnt – die Kuppe des Hügels von Schutt freigeräumt wurde, um Platz für eine Anlage aus nunmehr drei Bauten offensichtlich für kultische Zwecke mit differenzierterem Grundriß und

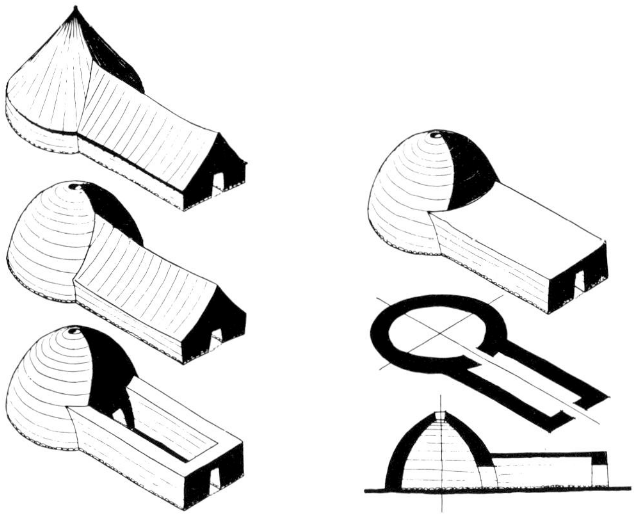

36. Unterschiedliche Rekonstruktionen der ‚Tholoi' von Arpačijeh: Kuppelbauten, die durch einen rechteckigen ‚Dromos' (Tell Halaf-Zeit, ca. 4800 v. Chr.) betreten wurden. Sie könnten möglicherweise religiösen Zwecken gedient haben (Nach Mallowan und Rose, 1935)

Mauerwerk zu schaffen. Sie wurden um einen offenen, fast 20 m breiten Hof angelegt, so daß die reich in Vor- und Rücksprünge gegliederten, mehrfarbig angestrichenen Fassaden auf den Hof blickten. Es ist gelungen, den vollständigen Grundriß des Nord-Tempels zu rekonstruieren: an einen rechteckigen Mittelraum, der die gesamte Länge des Gebäudes einnahm, schlossen sich auf beiden Seiten je zwei Nebenkammern an, die durch tief eingelassene Nischen voneinander getrennt wurden und deren Zweck noch unbekannt ist. Wie in frühgeschichtlicher Umgebung üblich fehlt hier jeglicher Hinweis auf den jeweiligen Kult. Seine Lehmziegelmauern sind überraschend dünn, doch in regelmäßigen Abständen durch derbere Stützpfeiler verstärkt, auf denen vermutlich die Deckenbalken ruhten. Diese Bauweise ist uns schon aus dem Süden von den Tempeln XI–IX in Eridu bekannt, obwohl die Sub-Phase, die sie vertreten, der ‚Akropolis' von Tepe Gaura vorausgegangen zu sein scheint. Im Norden stellt Tepe Gaura XIII vermutlich den Höhepunkt der 'Obēd-Zeit dar. In Schicht XII lassen Anzeichen auf eine Brandkatastrophe schließen, der die ganze Siedlung zum Opfer fiel.

Die ‚Tepe Gaura'-Zeit

Über die Entwicklung jener Phase im Nord-Irak, der im Süden die ‚Uruk-Zeit' entspricht, erfahren wir am meisten aus den nächsten vier Besiedlungen der Schichten XI–VIII. Hier zeichnet sich der nach der 'Obēd-Zeit einsetzende kultu-

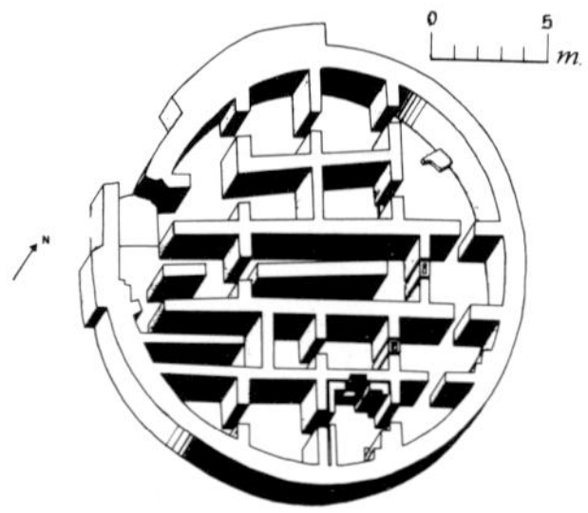

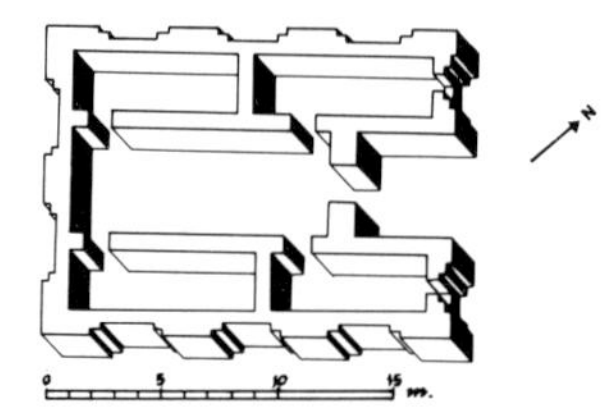

37. Das monumentale ‚Runde Haus' von Tepe Gaura, Schicht XI. Der Zweck des Gebäudes ist unbekannt. Zeitlich entspricht es der frühgeschichtlichen Periode Südmesopotamiens (M. E. Weaver nach Tobler, 1950)

38. Grundriß (rekonstruiert) eines ‚Tepe Gaura-zeitlichen' Tempels der Schicht VIII. Man hat mehrere nach diesem Grundrißschema errichtete Tempel gefunden; insofern kann er für diesen Fundplatz und diese Periode als typisch gelten. Ein Vergleich mit dem prä-griechischen ‚Megaron'-Grundriß ist versuchsweise vorgeschlagen worden (P. P. Pratt nach Speiser, 1935)

relle Wandel ebenso deutlich in den Architekturüberresten ab wie im Charakter der Töpferei sowie im zunehmenden Erscheinen von Metallobjekten. Eine besondere Überraschung bot das kreisrunde, von den Archäologen als das ‚Runde Haus' bezeichnete Gebäude der Schicht XI: Seine meterdicke Außenmauer umschloß einen Raum von 18 m Durchmesser, der in nicht weniger als siebzehn Räume aufgegliedert worden war, deren Anordnung indes nicht auf eine rituelle Bedeutung schließen läßt *(Abb. 37)*. Ebenso wenig besteht Grund, ihm eine andere religiöse Funktion zuzumessen. Hier wollen wir uns der Meinung von D. und J. Oates (1976) anschließen, daß in der Levante in einigen der frühesten Niederlassungen auch ab dem frühen Natufien Rundhäuser anzutreffen sind und neben den rechteckigen Häusern eine von zwei Bautypen der Dauersiedlung darstellen; sie mögen aus zwei unterschiedlichen Bautraditionen noch nomadischer Bevölkerungen der gleichen Zeit hervorgegangen sein.

Also scheint es wenig berechtigt, dem ‚Runden Haus' der Schicht XI einen nicht-weltlichen Zweck zuschreiben zu wollen. Denn gerade in dieser Siedlungsschicht begegnen wir anderswo dem ersten richtigen Tempel; sein Grundrißschema wird die ganzen übrigen uruk-zeitlichen Schichten hindurch beibehalten. Dieser spezielle Bautyp, den man bislang ausschließlich aus Tepe Gaura kennt, erregte stets besonderes Interesse.[15] Er besteht aus einem langrechteckigen Haupttrakt, den man durch eine offene Vorhalle betrat, sowie zwei Nebenräumen an beiden Seiten. Einer der Tempel von Schicht VIII war an einem Ende der Zella mit einem freistehenden Altar oder Opfertisch ausgestattet, während ein anderer durch seine ringsum mit zweistufigem Risalitenschmuck ausgestatteten Außenmauern auffällt. Bemerkenswert ist, daß in ein und derselben Schicht oft mehrere solcher Gebäude gefunden wurden, und daß sich die Gräber um sie zu gruppieren scheinen.

Tell Brāk

Den einzigen weiteren uruk-zeitlichen Tempelbau in Nordmesopotamien entdeckte M. E. Mallowan 1938 in Tell Brāk im Gebiet des Chābūr-Flusses jenseits der heutigen syrischen Grenze.[16] Dieses große Gebäude (30 × 25 m) weicht von den soeben beschriebenen Tepe Gaura-Tempeln insofern vollkommen ab, als er vieles mit den Tempelanlagen in Uruk in Südmesopotamien gemeinsam hat. Der Mittelraum nimmt die ganze Länge des Gebäudes ein und besitzt am einen Ende kleine Querschiffe, ähnlich jenen, bereits früher erwähnten der Schicht IV in Uruk selbst. Eine Reihe von Kammern auf der einen Seite erhält ein Gegengewicht durch die kompliziertere Gruppierung mehrerer Kammertrakte auf der anderen Seite. Die Anlage war von einer dicken Umfassungsmauer aus Lehmzie-

39. Hauptraum des ‚Augentempels' von Tell Brāk (Ǧemdet Nasr-Zeit, Rekonstruktion). Altar und Wandflächen waren reich mit Mosaik und Intarsien, zum Teil aus Gold, geschmückt. Den Fußboden fand man mit Tausenden von Tonperlen und kleinen Amuletten übersät (Vergl. Abb. 46). (P. P. Pratt)

geln auf Steinfundament umschlossen. Eine weitere Entsprechung zu den Tempeln des Südens zeigt sich in der Ornamentierung mit farbigen Tonkegeln und eingelegten Rosetten aus Stein. Am überraschendsten wirkte die kunstvolle Ausgestaltung des Mittelraums, des Allerheiligsten selbst. Seine weißgetünchten Wände waren ‚mit farbigen Steinrosetten, eingelegten Streifen auf rotem Kalkstein und Kupferpaneelen' geschmückt. Am einen Ende des Raumes stand ein Altar, oben und unten eingefaßt von Goldblechstreifen zwischen Bändern aus farbigem Stein, die mit goldköpfigen Silbernägeln befestigt worden waren. Dieser auf den Ruinen zweier ähnlicher Gebäude errichtete Tempel wurde von seinen Ausgräbern der ‚Augentempel' *(Abb. 39)* genannt, und zwar wegen eines eigenartigen ‚Augen'-Motivs, das sich überall im Ornamentschmuck, dann auch an unzähligen ‚Augen'idolen aus Alabaster *(Abb. 46)* wiederholte, die unter dem Fußboden in einem Durcheinander von Perlen, Amuletten und Stempelsiegeln begraben lagen. Da diese offensichtlich noch aus früheren Tempeln stammten, datierte Mallowan seinen Augentempel auf eine Spätphase der Uruk-Ǧemdet Nasr-Zeit. Was die Bedeutung der ‚Augen'symbole betrifft, konnten sich die Ausgräber nicht schlüssig werden.

Keramik

Prä-Halaf

Unterdessen sahen sich die Wissenschaftler noch immer, seit nunmehr nahezu fünfzig Jahren, in Nordirak vor der Aufgabe, Befunde aus einem runden Dutzend wichtiger Grabungen aufeinander abzustimmen und die Wechselwirkungen eines sukzessiven Kulturwandels, den sie verraten, einer Analyse zu unterziehen. Dazu bedurfte es eines langwierigen Prozesses der minuziösen Beschreibung und Berichterstattung, während das geduldige Abwägen logischer Folgerungen nur schrittweise von einer Stufe zur anderen führte. In diesem Milieu, im Norden, kam der Untersuchung der Keramik und der Kleinfunde noch größere Bedeutung zu als im Süden, wo noch andere Arten von Fundmaterial vorhanden waren und sich der Einfluß fremder Kulturen von jenseits der Grenzen Mesopotamiens weniger bemerkbar machte. Die Folge war, zumal was die Keramik betrifft, daß sich das Untersuchungsfeld sehr stark erweiterte und komplizierte, was den Studenten oder Laien abschrecken könnte, – muß er sich doch durch ein Labyrinth von technischen Daten, Diagrammen und Illustrationen hindurchkämpfen, um sich ihm nähern zu können können. An diesem Ort und angesichts dieser Umstände dürfte daher eine vereinfachte Kommentierung der keramischen Varianten und anderer artefaktischer Besonderheiten genügen, um einen Eindruck von der Vielfalt der Materialien zu vermitteln, die der methodischen Interpretation der prähistorischen Entwicklung dienten.

An den frühesten in diesem Kapitel bisher präsentierten Fundplätzen hatten wir es vorwiegend mit der Übergangszeit zwischen dem sogenannten Präkerami-

40. Bemalte und (oder) geritzte ‚Standard-Waren' und eine oval geformte ‚Worfel-Wanne', typisch für die Schichten III–VI in Hassūna. Ein paar Scherben genau der gleichen Keramik konnten aus der untersten Schicht von Mallowans Sondierung im Hügel Kŭjuňğik bei Ninive (aus mehr als 30 m Tiefe) geborgen werden (Nach Lloyd)

schen Neolithikum und den Kulturen des Chalkolithikums zu tun. Zu unserem Glück fiel in diese Zeit die erste Verwendung einer bemalten Keramik. Die diesbezügliche Initiative muß den ersten Bewohnern des Ğezīrah und des Sinğār-Gebiets zugeschrieben werden. In Umm Dabaghījah sind die gemalten Muster noch primitiv – Tupfen, Streifen und Zacken –, doch gibt es auch schon Reliefs mit noch ungelenken figürlichen Darstellungen von Mensch und Tier. In Hassūna weicht die polierte, grobe Keramik aus mit Stroh gemagertem Ton der Schicht Ia einer ‚archaischen' Buntkeramik (Schichten Ib–III), die mit parallelen Linien in Glanzfarbe bemalt oder aber poliert wurde. Der Rest der Prä-Halaf-Okkupationen produzierte die sogenannten ‚Hassūna-Standard'-Waren *(Abb. 40)* mit geritzter oder gemalter Ornamentik, bisweilen auch welche mit geritzter und bemalter Ornamentierung auf unpoliertem Überzug, die einer sehr begrenzten Skala charakteristisch geformter Schüsseln und Krüge als Schmuck diente. Seite an Seite mit ihnen erscheint ab Schicht III aufwärts eine Sāmarrā-Keramik *(Abb. 41)*, die sich deutlich als solche wie auch als importierte Luxusware abhebt.

Das sāmarrische Musterrepertoire wurde in Baghūz *(Abb. 41, 42)* und an anderen Orten eingehend studiert. [17] Am charakteristischsten dürfte die Schale mit innen ornamentiertem Rand und einem Wirbelmuster im Mittelfeld sein, das oft aus stilisierten Menschen- und Tierfiguren besteht. Die Muster wurden mit

41., 42. Typische bemalte Sāmarrā-Ware aus Hassūna, darunter eine plumpe lokale Imitation und eine sogenannte ‚Gesichtsurne', die denen aus den untersten Schichten in Troia gleicht (nach Lloyd und Safar, 1945). Foto (ganz oben): Eine der Schalen mit einem Muster aus stilisierten Steinböcken

Schwarz oder Rotbraun auf einen dicken creme- oder rosafarbenen Überzug aufgetragen und bestanden aus verschiedensten Zickzackmustern und anderen geometrischen Ornamenten, wobei Linien und Musterung mehr Raum einnehmen als der verbleibende Zwischenraum. In Hassūna wie auch an den Hauptfundstellen von Sāmarrā fand man auch ‚Gesichtsurnen', die denen von Troia ähneln und deren Gesichtszüge teilweise reliefartig behandelt sind. Geschicklichkeit und Geschmack der sāmarrischen Töpfer fallen gegenüber der mangelnden Technik der groben Imitationen, die ab und an in anderen Orten, zum Beispiel in Hassūna, entstanden, besonders ins Auge.

Halaf-Keramik

Der Reichtum der keramischen Muster erreicht in den polychromen Waren der Tell Halaf-Zeit seinen Höhepunkt *(Abb. 43, 44)*.[18] Die Farben bleiben in der Hauptsache auf rote, rötliche oder purpurbraune Töne und Schwarz beschränkt. Werden sie indes zum Beispiel auf einen aprikosenfarbenen Überzug aufgetragen, ergeben sich beträchtliche Unterschiede in den Nuancen, deren Kontrast durch sparsames Höhen mit Weiß noch betont wird. Während die Ornamente der Sāmarrā-Keramik dem Entwurf nach dynamisch und bewegt sind, wirken die der Halaf-Keramik ‚statisch' beziehungsweise ‚architektonisch'. Zudem nehmen sie einen weit größeren Teil der Gefäßoberfläche ein, als bei den anderen Stilen; gradlinige rechteckige Flächen wechseln mit Schachbrett- und Fliesenmustern, gepunkteten Flächen und Schuppenornamenten. Die Entwicklung dieser Entwürfe läßt sich durch alle folgenden Phasen verfolgen, von denen freilich nur die letzte für typisch gehalten wird. An einem bekannten Motiv, dem sogenannten ‚Bukranion', einem stilisierten Stierkopf, läßt sich dies gut demonstrieren. In seiner frühesten, naturalistischen Form erscheint er stets einzeln frontal in einer Leiste. Später wird er vereinfacht im Profil und in Wiederholung dargestellt, so daß sich ein fortlaufendes Muster ergibt. Schließlich entwickelt er sich durch immer stärkere Stilisierung zur reinen Abstraktion, so daß seine ursprüngliche Bedeutung nicht mehr ins Bewußtsein des Betrachters tritt. Auch unter den verschiedenen Gefäßformen der Halaf-Keramik kann man einige als typisch herausgreifen, wobei die populärste vielleicht die flache, offene, innen mit einem Ornamentband und einem Mittelfeld dekorierte Schale ist. Doch sind hier auch der flachbödige Napf und die gebauchte Schüssel mit kräftiger Lippe sowie ein gedrungener Krug zu nennen.

Interessant ist auch die weite Streuung der Tell Halaf-Keramik. Sie wurde im Norden in Anatolien bei Diyarbakir und westlich des Euphrats in der 'Amuq-Region und an der Mittelmeerküste bei Rās Šamra gefunden. In südlicher Richtung scheint sie bis in die Breiten von Baghdad vorgedrungen zu sein. Zur gleichzeitigen Keramik im Iran – ausgenommen die Gegend von Kermānšāh – scheint keine Beziehung bestanden zu haben, sie muß in Nordmesopotamien als autochthon angesehen werden.

43. Polychrome und andere bemalte Waren der Tell Halaf-Zeit (ca. 4800 v. Chr.). Zu den typischen Mustern dieses ‚vollentwickelten' Stils gehört auch das stilisierte ‚Bukranion'-Motiv. (Unten links) Die Tell Halaf-Kultur breitete sich nach Norden bis Anatolien und in westlicher Richtung über Syrien bis in den Mittelmeerraum aus (Nach Mallowan) [o. J.]

Nördliches 'Obēd

Die formativen Perioden der 'Obēd-Kultur blieben bis heute noch weitgehend ein Geheimnis. Doch ihre Reife scheint die Kultur zur Zeit der ersten Vereinigung von Ober- und Untermesopotamien erlangt zu haben. Ob sie sich in beiden Gebieten gleichzeitig entwickelte (was wahrscheinlicher ist) oder sich vom Persischen Golf aus nach Norden verbreitete, ihre archäologischen Merkmale sind in Tepe Gaura oder Arpačījeh ebenso zweifelsfrei zu erkennen wie in Ur und Eridu. Die frühesten 'Obēd-Schichten von Tepe Gaura lassen vermuten, daß sich der Übergang von der einen Kultur zur anderen nur allmählich vollzog: Zunächst bewahrt sich die Töpferware einige typische Halaf-Merkmale oder kombiniert sie mit Stilmerkmalen neuerer Konventionen. Dennoch unterscheidet sich die Keramik des Nordens, zur Zeit der vollkommenen Entfaltung der neuen Kultur (Tepe Gaura Schicht XIII), von der 'Obēd-Keramik des Südens lediglich in bezug auf das lokal zur Verfügung stehende Rohmaterial oder die noch fehlende Kenntnis bestimmter technischer Verfahren wie das Brennen von Ton oder den Umgang mit Farbe. Eine spezielle, in beiden Umgebungen angetroffene Gefäßform ist derart eigenartig, daß man sie für die Repräsentantin einer nur kurzlebigen,

44. Mehrfarbig bemalte Schale aus Arpačījeh, Tell Halaf-Zeit. [o. Angabe.]

doch verbreitet akzeptierten Konvention halten muß, nämlich jene mal als ‚Linse', mal als ‚Schildkröte' beschriebene Form einer flachen Kanne ohne Henkel, aus deren Schulter sich fast senkrecht eine trompetenförmige Tülle erhebt. Ihr stratigraphischer Kontext ist im Norden wie im Süden insofern bedeutungsvoll, da er eine Verbindung zwischen den ersten beiden 'Obēd-Schichten in Tepe Gaura (XIX–XVIII) und den Post-Haǧǧi Mohammed-Phasen (3 und 4) in Eridu herstellt. Daraus könnte man folgern, daß die Sāmarrā-Keramik im Norden der ‚Eridu'-Phase im Süden entspricht.

Post-'Obēd

Über die Keramik der Post-'Obēd-Phase, die man logischerweise für die Entsprechung der Uruk-Zeit im Süden hält, brauchte vielleicht weniger vermerkt zu werden. An ihr fällt zunächst einmal das Fehlen jeglicher Bemalung auf, und zum anderen, daß sie abweichend von der ‚handgemachten' Töpferware früherer Perioden in ihrer Mehrzahl erkennen läßt, daß sie noch nicht auf der schnell rotierenden Töpferscheibe entstand. In Tepe Gaura Schicht XI–VIII tritt an die Stelle des feinen, grünlichgrauen 'obēd-zeitlichen Materials ein gröberer, mit Stroh gemagerter brauner bis lederfarbener Ton. Die geglättete oder polierte monochrome Ware, damals im Süden allgemein üblich, kommt hier seltener vor, obwohl am gleichzeitigen Fundplatz Grai Reš im Sinǧār-Gebiet westlich des Tigris wiederum die leicht polierte graue Keramik überwiegt.[19] Wie im Süden gehört auch hier der Glockentopf zu den ausgeprägtesten Formen dieser Zeit, – ein kleines, relativ derbes Gefäß, das in großer Zahl hergestellt wurde und ebenso leicht kaputt ging. Der Verfasser ist der Meinung, daß derartige Gefäße, mit Nahrung gefüllt, für den alltäglichen Bedarf oder für Weihgaben benutzt wurden.

Symptomatisch für den in diesen Schichten von Tepe Gaura zu beobachtenden kulturellen Wandel ist neben keramischen Neuerungen das plötzlich erwachte Interesse an der Metallurgie. Eine Hauptquelle für Metallgegenstände scheinen die häufigen Gräberfelder mit ihrem reichen Inhalt gewesen zu sein, denen wir uns nun zuwenden.

Bestattung

‚Tepe Gaura'-Zeit

Auf die Gräber im Tell es-Sauwān mit ihren Schätzen an Alabastervasen und Statuetten und den 'obēd-zeitlichen Friedhof von Arpačījeh, der so viele Buntkeramik erbrachte, sind wir bis jetzt nur flüchtig eingegangen. Die wenigen frühzeitlichen Schacht- und Urnengräber anderer Fundplätze in den nördlichen Gebieten waren für uns von geringerem Interesse. In Tepe Gaura indes schien die plötzliche Häufung von Grabstätten während der letzten 'obēd-zeitlichen Okku-

45. Unten: Eine männliche Terracottafigur der Schicht I in Tell es-Sauwān. In späteren (Sāmarrā) Schichten des gleichen Ortes fand man große Mengen von aufrechten Alabasterstatuetten eines ganz anderen Typs, begleitet von Schüsseln aus dem gleichen Material. Höhe 6,7 cm. Oben: Sāmarrā-zeitliches Terracottaköpfchen aus Tšogha Mami, Höhe 4,8 cm

pationen (Schicht XII) bereits die komplizierteren Bestattungssitten der Uruk-Zeit vorweg zu nehmen. In den Schichten XI–VIII gab es zwei Arten der Bestattung:

Man fand hier nicht weniger als 300 einfache Erdgräber, von denen nahezu 80 Prozent die Überreste von Kleinkindern bargen, die ohne erkennbares System unter den Fußböden der Häuser oder in der Nähe heiliger Stätten beigesetzt worden waren. Die meisten Erwachsenen wurden vermutlich in dem außerhalb des Dorfes gelegenen Friedhof beerdigt, doch den vornehmeren Mitgliedern der Dorfgemeinschaft waren sorgfältig ausgestattete Gräber zwischen den Wohnbauten auf dem Hügel selbst vorbehalten. In Tepe Gaura gab es etwa 80 solcher Grabbauten, – rechteckige ‚Kisten' aus Stein oder Lehmziegeln, die mit Holz- oder Steinschindeln abgedeckt waren. In der Regel befand sich in jedem nur ein Skelett in Hockstellung, das anscheinend vollkommen bekleidet, manchmal aber auch nur mit Schilfmatten bedeckt oder in Matten eingehüllt gewesen war.

Abgesehen von der Anlage der Gräber selbst erregte die enorme Vielfalt des persönlichen Schmucks, den sie enthielten, erhebliches Aufsehen. Insbesondere Perlen hatte man an jeder Körperpartie angebracht; aus einer einzigen Grabstelle trug man 25000 Perlen aus den verschiedensten Materialien zusammen, – aus Türkis, Jadeit, Karneol, Hämatit, Marmor, Kalkstein, Quarz, Obsidian, Lapislazuli und Diorit, und auch welche aus Muschelschalen und Elfenbein – eine Vielfalt, die ohne Handel mit weit entfernten Ländern wie beispielsweise Afghanistan nicht möglich gewesen wäre. Am überraschendsten dürfte jedoch der reichliche Goldschmuck gewesen sein, der überwiegend aus Ringen, Rosetten, Ansteckknöpfen oder -broschen oder aus Goldblech geschnittenen und an Kleidern oder Diademen angehefteten Halbmonden bestand. Doch ein kleines Objekt, ein Schmuckstück in Gestalt eines Wolfskopfes aus Elektron, der mit großem Geschick aus Einzelteilen zusammengelötet worden war, kam nur einmal vor.

Die besondere Bedeutung dieser Gräber der Schicht XI bis VIII beruht zunächst einmal auf der Tatsache, daß sie auf eine neue Bevölkerung mit neuen Fertigkeiten und zunehmender Verfeinerung schließen lassen. Beachtlich ist in erster Linie der Fortschritt im Umgang mit Metallen. In den unteren 'obēd-zeitlichen Schichten fand man ein halbes Dutzend Metallobjekte, die aus reinem Kupfer ohne Zusatz von Zinn gehämmert oder gegossen worden waren. In den post-'obēd-zeitlichen Phasen scheinen Metalle, darunter auch Bronze, allgemein in Gebrauch gewesen zu sein. Denn an einer Stelle, so beschrieben es die Ausgräber, „war der ganze Boden von verrottendem Kupfer grün gefärbt oder schimmerte von Gold". Da man sich die Tepe Gaura-Siedlung zu dieser Zeit als schlichte Dorfgemeinschaft vorstellen darf, erbrachte die Entdeckung einer Fundstelle, die einen städtischen Aspekt der gleichen Kultur vermittelte, die Möglichkeit, sie mit den gleichzeitigen Errungenschaften der frühgeschichtlichen Völker des südlichen Mesopotamien zu vergleichen und etwas über chronologische und andere Beziehungen zwischen ihnen in Erfahrung zu bringen.

Kleinfunde

Statuetten

Unter den Kleinfunden aus chalkolithischen Plätzen im Nordirak kommen Kultgegenstände verhältnismäßig selten vor. Eine interessante Ausnahme bildet die Kategorie weiblicher Statuetten vom Typ der sogenannten ‚Muttergottheiten'.[20] Anders als die ‚echsenköpfigen' stehenden Figuren der 'Obēd-Zeit im Süden, pflegen diese fettsteißigen Geschöpfe mit ihren übertrieben dicken Brüsten und Hüften zu sitzen oder zu hocken. Bei den frühesten Exemplaren, zum Beispiel denen aus Yarim Tepe, sind die Gesichter, soweit sie erhalten blieben, spitz und sitzen auf dünnen Hälsen, während ihre Häupter in einer Weise verlängert wurden, die an konische Kopfbedeckungen denken läßt.[21] Doch auch hier gibt es Spuren von Ornamentmalerei, wie sie für spätere Perioden typisch ist, als man sie nämlich mit ‚Hosen' und gekreuzten Hosenträgern oder mit Gürteln darstellte und mit Ornamenten, die vielleicht eine Tätowierung vorstellen sollten. Verschiedene schöne sāmarrā-zeitliche Beispiele aus Tšogha Mami zeigen weit detaillierter modellierte und bemalte Köpfe, die außer der kegelförmigen Kopfbedeckung auch ‚Kaffeebohnenaugen' mit gemalten Wimpern und Gesichtsschmuck in Gestalt von Nasen- oder Lippenpflöcken aufweisen.[22] Statuetten dieser Art aus der Halaf-Zeit kommen ganz allgemein auch in Syrien an Fundplätzen zum Beispiel in Šāghīr Bātār vor sowie in Tell Halaf selbst,[23] doch wurden sie auch noch an so weit entfernten Stätten wie Çatal Hüyük in Anatolien und Tepe Sarab im Westen des Iran (Singh, 1974, Abb. 43 u. 63) gefunden, – ein Beweis für enge kulturelle Kontakte, die seit dem Neolithikum zwischen dem nördlichen Irak und seinen Nachbarländern bestanden. Die spezielle kultische Bedeutung dieser Figuren wurde unterschiedlich interpretiert. In Ur und Eridu fand man sie in Gräbern, während man den Bauten von Arpačījeh und Tell es-Sauwān, wo man sie ebenfalls entdeckte, – bis auf weiteres – einen kultischen Zweck beimißt.

Eine andere Kategorie von Statuetten, die für Datierungszwecke sehr hilfreich ist, bilden die vor allem in Tell Brāk zutage getretenen ‚Augenidole'. Zwei Dutzend von ihnen aus Ton oder Stein tauchten auch in Tepe Gaura auf, überwiegend in Schicht XI–IX, womit sie in die gleiche Zeit der früheren Bauschichten unter Mallowans Augentempel gerückt werden.

Siegel

Andere bedeutsame Objekte, die schon früh in den Buntkeramik-Schichten, so auch in Tepe Gaura, erscheinen, sind die Siegel aus persönlichem Besitz. Primitive ‚Siegel-Anhänger' mit geometrischen Mustern der Halaf-Schichten weichen halbkugelförmigen Stempelsiegeln, deren figürliche Muster in der 'obēdzeitlichen Endphase interessanterweise ein hohes Maß an Vollendung erreichen.

Besonders erstaunlich sind auch die figürlichen Darstellungen auf einer Gruppe der ersten Post-'Obēd-Phase zugeordneten Steatit- oder Serpentinensiegeln (Schicht XI). Hauchdünne Gravierungen mit ornamental dargestellten Horntieren oder Jagdhunden wechseln mit zeremoniellen Szenen, bei denen maskierte Männer in Erscheinung treten. Bisweilen werden auch zwei Figuren in Kopulationsstellung kompositorisch miteinander verbunden.[24]

Auslandsbeziehungen

Susiana

Es wäre hier nicht nur nicht angebracht, sondern auch undurchführbar, wollte man die parallelen Entwicklungen und Wechselwirkungen der chalkolithischen Kulturen in den unmittelbar an Mesopotamien angrenzenden Ländern verfolgen oder gar Konsequenzen daraus ziehen.[25] Jüngste Ausgrabungen in Nordsyrien, Anatolien und speziell im Iran – von entfernteren in Richtung Kaukasus und Afghanistan zu schweigen – haben unser Wissen über diesen Zeitabschnitt in einem Maße erweitert, daß sie in gewisser Hinsicht nun jenes vorrangige Interesse erwecken, das vorher den weiten Flußtälern galt. Nichtsdestoweniger gibt es ein Gebiet, jenseits der heutigen irakischen Grenze, aber an die alte Heimat der Sumerer angrenzend, das unserer Aufmerksamkeit nicht entgehen sollte: die iranische Provinz Chūzistān, nach der großen Stadt Sūsa, die in elamitischen Zeiten ihre Hauptstadt war, von den Archäologen ‚Susiana' genannt. Lange vor Beginn der geschriebenen Geschichte war dieses Land eng mit dem südlichen Mesopotamien verbunden, als dessen räumliche Erweiterung es gelten kann. Hier, nördlich von Basra, weicht die Linie des Zagros-Gebirges ostwärts zurück und gibt ein weites Gebiet von jahreszeitlich fruchtbarem Hochland frei, das von den verschlungenen Läufen dreier Flüsse – Kerka, Sha'ur und Ab-i-Diz – bewässert und durch einen vierten, Karūn, mit einem fünften, Šatt-al-Arab, verbunden wird.

Die ersten Beweise für seine prähistorische Besiedlung erbrachten 1897 französische Grabungen in dem großen Stadthügel von Sūsa selbst. Ein an die spätere Stadtmauer angrenzender riesiger Friedhof enthielt große Mengen einer wunderbaren bemalten Keramik, die sich heute in Louvre befindet, und Woolleys Entdeckung der 'Obēd-Kultur in Mesopotamien um fast zwanzig Jahre vorweg-

46. Sogenannte ‚Augenidole', die in vielen Variationen im Ǧemdet Nasr-zeitlichen Tempel Tell Brāk gefunden wurden. Nach Meinung Mallowans hat ein besonders großes dieser Idole einst auf dem Altar im Hauptheiligtum gestanden (Vergl. Abb. 39). Weitere Exemplare tauchten auch ab der späten 'Obēd-Zeit in Tepe Gaura auf. Ihre Bedeutung ist unbekannt. Höhe des höchsten 11 cm

nahm. Am verblüffendsten war eine Kategorie von hohen Bechern und Trinkgefäßen, die mit Mustern aus stilisierten Vögeln und Tieren bemalt – von ihrem Ausgräber unter der Bezeichnung ‚Sūsa I' registriert wurde *(Abb. 48),* in der so mancher noch heute den Höhepunkt des keramischen Kunsthandwerks im Nahen Osten sieht.[26] Da noch kein Vergleichsmaterial zur Verfügung stand, wurde das Alter dieser Ware zunächst beträchtlich überschätzt. In der Tat mußten erst weitere fünfzig Jahre vergehen, ehe man sie exakt in die Abfolge der prähistorischen Perioden einzuordnen wußte. Währenddessen lieferten viele neue Funde und Entdeckungen im Irak sowie ein Dutzend kleinere Ausgrabungen im Gebiet von Chūzistān selbst (letztere vervielfachten sich in jüngster Zeit) das Material für eine vergleichende Untersuchung, die von dem verstorbenen L. Le Breton vorgenommen und 1957 veröffentlicht wurde.[27] Es hat sich inzwischen erwiesen, daß Morgans ‚Sūsa I' (künftig ‚Sūsa A' genannt) der letzten von fünf Phasen zugehört, in die man die Buntkeramik-Kulturen unterteilte (‚Susiana a, b, c, d und e'), und daß sie sich chronologisch mit der Übergangszeit von 'Obēd- zu Uruk-Zeit in Mesopotamien decken. Für die vorangegangenen vier Phasen (‚Susiana a–d') konnten von Hassūna und Eridu an überzeugende Parallelen zu sämtlichen Entwicklungsstufen im Irak festgestellt werden. Le Breton unterschied sogar noch drei weitere Stufen (‚Sūsa B, C und D'), die der Frühgeschichtlichen Zeit Mesopotamiens entsprachen. ‚Sūsa C' ordnete er auch die sogenannte ‚Protoelamitische' Bilderschrift zu, die in Sūsa selbst zum Vorschein kam, wo der Gebrauch dieser Schrift ohnehin infolge der in der Uruk- und Ǧemdet Nasr-Zeit zwischen Susiana und dem Irak bestehenden engen Beziehungen logisch war. Ist sie doch mittlerweile an so weit entfernten Fundplätzen wie Tepe Jahjā, im Soghum-Tal 224 km südlich von Kermān sowie in Tepe Sialk, Tepe Godin, Malyan und Tšogha Miš gefunden worden. Sie muß zu jener Zeit im Iran weithin benutzt worden sein.[28]

47. Stempelsiegel und -abdrucke der ‚frühgeschichtlichen' Schichten von Tepe Gaura. Zu den weiteren Motiven gehören unter anderen jagende Hunde, maskierte Männer und Figuren in Kopulationsstellung (Aus Speiser, 1935)

48. Zwei Beispiele für die fein bemalte Keramik, von Morgan als ‚Sūsa I‘ bezeichnet (heute ‚Sūsa A‘ genannt). Sie datieren in die Übergangsphasen von der ’Obēd- zur frühgeschichtlichen Zeit ca. 4000 v. Chr. Höhe des Gefäßes oben 26,8 cm

5. Das Frühdynastische Sumer

Die frühgeschichtliche Zeit sollte nicht als der Auftakt zur sumerischen Zivilisation betrachtet werden, sondern vielmehr als eine erste formative Phase ihrer Entwicklung, die wesentlich zur Herausbildung ihrer Identität beigetragen hat. Alles was wir über diesen Zeitabschnitt wissen, ist auf die Ausgrabungsergebnisse zurückzuführen. Doch nun, nachdem diese Phase zu Ende ging, befinden wir uns an der Schwelle zur geschriebenen Geschichte und müssen unsere archäologischen Folgerungen an der Aussage der Schriftzeugnisse aus jener Zeit überprüfen. Die nächste Phase, mit der wir uns hier befassen, gilt als die ‚frühdynastische' Zeit, – eine Benennung, die sich aus einem Schriftdenkmal von primärer Bedeutung, der sogenannten ‚Königsliste' *(Abb. 49)*, herleitet. Diese Königsliste war dazu gedacht, die politische Anatomie der sumerischen Stadtstaaten und die Reihenfolge ihrer Herrscher während eines bestimmten geschichtlichen Abschnitts der mesopotamischen Nachwelt schriftlich fixiert in Erinnerung zu halten.[1] Von dieser Liste haben mehrere, geringfügig voneinander abweichende Versionen überlebt, davon eine, die auf Anfang des 18. Jahrhunderts v. Chr. datiert werden kann (unter anderem wegen des Zeitpunkts, an dem sie abschließt). Der erste Teil der Königsliste wurde uns sogar in Griechisch, in den Schriften des Berossus, eines obskuren Historikers der hellenistischen Epoche, übermittelt.

Ehe wir dieses Dokument näher betrachten, das zumindest schon von der Konzeption eines ‚Königtums' ausgeht, mag es von Nutzen sein, uns ein wenig mit den verschiedenen, den Herrschern der sumerischen Stadtstaaten im Lauf der politischen Entwicklung zugeteilten Benennungen zu befassen. In den frühen Inschriften tauchen eine Reihe von unterschiedlichen Bezeichnungen der jeweiligen Form der Staatsführung auf, die aber nicht näher definiert werden. Da heißt es zum Beispiel *ensi* = ‚Herr' (oder ‚Fürst'), *en* = ‚Oberherr' (oder ‚Priesterfürst') und *lugal* = ‚großer Mann' (oder ‚König'), – Differenzierungen, die Gegenstand vieler Überlegungen waren und Anlaß mancher Kontroverse bildeten. Die diesbezüglichen – unterschiedlichen – Schlüsse, zu denen eine Reihe von Wissenschaftlern gelangte, haben Saggs und Gadd dankenswerterweise 1962 kompiliert. Saggs erinnert uns an Jacobsens einleuchtende Hypothese von 1943: ein sumerisches Königtum habe es zur Zeit der primitiven Kulturen noch nicht gegeben, diese Form sei erst im Lauf der Zeit entwickelt worden, und zumindest manchmal habe eine Versammlung von Ältesten oder Gemeindeoberen oder gar die Menge der Freien eine Kontrolle ausgeübt. Hierbei berief er sich auf frühe literarische Quellen, auf „... Mythen und Sagen von den Taten und Eigenschaften der Götter, die nach heutiger Auffassung die soziologische Struktur jener Zeit widerspiegeln, in der die sumerische Gesellschaft die Form der Stadtstaaten entwik-

49. Teil der ‚Königsliste', die Loud in Chorsābād entdeckte, es handelt sich um eine spätassyrische Kopie eines früheren Textes

kelte", was vermutlich zu Anfang des 3. Jahrtausends v. Chr. geschah. Jacobsen zufolge oblag es der „Generalversammlung" unter anderem, den *en* zu wählen, einen Beamten, der „primär ein Kult-Funktionär war und als Gemahl der Stadtgottheit eine entscheidende Rolle bei der Zeremonie der Heiligen Hochzeit spielte, die für die Fruchtbarkeit des Landes von entscheidender Bedeutung war."

Die sekundären Aufgaben als Verwalter der Tempelländereien verliehen dem *en* zusätzlich große politische Bedeutung, und von einer bestimmten Entwicklungsphase an wurde er offiziell zum Herrscher. Schon sehr bald kam es zu einer Teilung seiner priesterlichen und weltlichen Funktionen; der En wohnte nicht mehr im Tempel sondern in einem prächtigen Palast. In geschichtlicher Zeit war nicht mehr der En der Herrscher, sondern der Ensi, dem die zeitliche Abstimmung der landwirtschaftlichen Tätigkeiten oblag. Die kultischen Pflichten hingegen wurden einem eigens bestimmten Priester oder einer Priesterin übertragen. Bei einem feindlichen militärischen Überfall bestimmte die Versammlung einen Kriegsherren oder König, den Lugal. Ursprünglich waren die Ämter des En wie des Lugal weder erblich, noch wurden sie auf Lebenszeit verliehen; zumindest das Amt des Lugal wurde nur für die Dauer des Notstands übertragen.

Der En bzw. der Lugal mag versucht haben, seine autoritäre Stellung zu verewigen und die beiden Funktionen könnten denn auch auf eine Person übergangen sein. Doch absolut herrschen konnte sie nicht; zum Handeln brauchte sie die Ermächtigung der Versammlung.

Jacobsens Theorie von der Beschaffenheit der sumerischen Gesellschaft und ihrer politischen Struktur, die zunächst so viel Aufsehen erregte, wird heute nicht mehr unangefochten akzeptiert, da sie durch später entdeckte historische Texte nicht untermauert werden konnte. Tatsache ist, sofern unsere Schlüsse, den sumerischen Herrscherstatus betreffend, zu Recht bestehen, daß *lugal* generell für ‚König' stand und ein *ensi* zwar Regent mit eigenen Machtbefugnissen, jedoch einem *lugal* einer anderen Stadt unterstellt sein konnte.

Die Königsliste

Ich skizziere hier einige Einzelheiten der Königsliste unserem heutigen Wissensstand entsprechend. Zuerst finden wird dort die Namen von acht halb-legendären Königen aus der Zeit ‚vor der Flut' aufgeführt, dazu die Städte, zu denen sie, wie man glaubte, gehörten. „Nach der Flut", heißt es dann, „wurde das Königtum vom Himmel herabgesandt." Dann folgt ein mehr auf Fakten beruhender Bericht, der uns einen Bund von Stadtstaaten vor Augen führt, von denen nur jeweils einer vor allen andern die Vormacht hatte. Dementsprechend wird eine Abfolge von Dynastien verschiedener Stadtstaaten aufgezählt, deren Erbfolgeherrscher bei solchen Gelegenheiten ‚Könige' des ‚Landes' wurden, für dessen Wohlergehen sie dann verantwortlich waren. Ab und zu liefert diese Liste auch genealogische Informationen, oder sie unterrichtet über ein Ereignis, das den Übergang der Hegemonie vom einen Staat auf den anderen erklärt. Diese sogenannte sekundäre Quelle war, wie einige ironisch sagten, „nicht den heutigen Wissenschaftlern zuliebe" verfaßt worden und so weist sie denn auch aus unserer Sicht offensichtliche Mängel auf. Die Angaben der Regierungszeiten zum Beispiel sind ziemlich unwahrscheinlich, und inzwischen weiß man, daß tatsächlich bestimmte Dynastien gleichzeitig in ihrem jeweiligen Stadtstaat am Ruder waren. Doch immerhin wurde dadurch die sumerische Auffassung eines umfassenden einheitlichen Staatengebildes verdeutlicht. Darüber hinaus enthält diese Quelle erstmals eine Aufstellung der wichtigsten sumerischen Städte: Sippar, Šuruppak, Kiš, Ur, Adab, Mâri, Akšak, Lagaš, Isin, Larsa und weitere, von denen man freilich weniger weiß.

Die Königsliste gehört nicht zur Kategorie ‚zeitgenössischer Dokumente' vielmehr wurde sie seinerzeit aus retrospektiver Sicht auf der Basis mündlich tradierter Informationen aufgezeichnet. Das Gleiche gilt für die großen sumerischen Epen, wie das Gilgameš-Epos, die uns durch wiederholte Transkriptionen ins Akkadische wie in andere, spätere Sprachen erhalten blieben.[2] Wir wollen nun einen Blick auf jene historischen Tatsachen werfen, von denen uns die zunehmend verständlicher werdenden Texte früher sumerischer Schreiber berichten, und zu klären versuchen, wie weit ihre Untersuchung in jüngerer Zeit dazu beitrug, die teilweise Authentizität dieser mesopotamischen Klassiker nachzuweisen.[3]

Die frühesten Schrifttexte

In einem früheren Kapitel wurde bereits die in den archaischen Schichten von Uruk[4] IV gefundene Bilderschrift erwähnt und vermerkt, daß man zwar für die auf den Uruk[5] IV-Tafeln benutzte Sprache keinen schlüssigen Nachweis erbringen konnte, die Uruk III (Ǧemdet Nasr-zeitlichen)-Texte jedoch nachweislich in Sumerisch geschrieben sind. Chronologisch folgte diesen ‚archaischen' Serien zunächst eine Reihe von Tafeln, die Woolley in den 20er Jahren in Ur in einer Schicht vorfand, die unter den ‚Königsgräbern' lag; dann folgten die von den deutschen Ausgräbern Walter Andrae und Robert Koldewey in Fara (das antike Šuruppak) Anfang unseres Jahrhunderts zutage geförderten Tafeln.[6] Hier müssen wir uns darüber klar werden, daß es sich bei allen bisher erwähnten schriftlichen Aufzeichnungen um nichts anderes als Personen- und Warenlisten handelte. Die ersten Tafeln, deren sich Personen (meist Könige) zu Weihungen oder zur Aufzeichnung eigener Leistungen bedienten, sind chronologisch mit den erwähnten Fara-Tafeln gleichzusetzen oder nur wenig später zu datieren, obwohl Woolley sie erst später in Ur entdeckte. Es war daher gar nicht so verwunderlich, daß man bis in das zweite Jahrzehnt unseres Jahrhunderts hinein die Königsnamen auf der Königsliste, inbegriffen den Namen Gilgameš, für sumerische Phantasieprodukte hielt. So ist es verständlich, daß Woolley geradezu eine Sensation auslöste, als er 1919 unter den Überresten eines frühdynastischen Tempels im Tell el-'Obēd eine Gründungstafel fand, die die Namen des Mešannepada, des ersten Königs von Ur, sowie seines Sohnes Aanepada, enthielt.[7]

Damals hatten deutsche, französische und amerikanische Archäologen bereits methodische Ausgrabungen an weiteren, in den Königslisten genannten sumerischen Städten in Gang gesetzt; an einigen dieser Fundplätze waren bei früheren, weniger systematischen Ausgrabungen schon große Mengen an Tafeln zutage gefördert worden. In den nächsten Jahrzehnten wurden noch viele weitere sumerische Inschriften entdeckt, und zwar nicht nur von Archäologen sondern von Sprachforschern, die sich nun schon in Museen eingehend mit den archäologischen Funden befassen konnten.[8] Auf diese Weise wurde die Königsliste durch weitere Namen ergänzt, deren Träger mittlerweile als historische Personen erwiesen sind. Ehe wir jedoch darauf näher eingehen, müssen wir uns zunächst mit den archäologischen Ergebnissen befassen, indem wir kurz einen Blick auf die chronologischen, generell akzeptierten Schlußfolgerungen über die frühdynastische Zeit werfen.

Die archäologischen Phasen

Die sogenannte prä-sargonische Periode der frühdynastischen Zeit (vor der Vereinigung Mesopotamiens unter Sargon von Akkad) wird heute üblicherweise in drei Phasen gegliedert: in die unmittelbar an die frühgeschichtliche Zeit anschließende ‚Frühdynastische I' (ED I = Early Dynastic I), auf ungefähr 2900 bis 2750 v. Chr. datiert, in die ‚Frühdynastische II' (ED II), deren Ende auf 2650 datiert, und die ‚Frühdynastische III' (ED III), die – in die Subphasen a und b unterteilt – sich wahrscheinlich noch über den größeren Teil dreier weiterer Jahrhunderte erstreckt. Dieses Chronologiesystem beruht weitgehend auf den Ergebnissen der in den 30er Jahren im Auftrag des Oriental Institute der Universität Chicago im Dijāla-Gebiet östlich von Baghdad unternommenen Ausgrabungen.[9] Diese Ordnung basiert auf der Abfolge der Überreste von Architektur, Skulptur, Keramik, Rollsiegeln und anderen Kleinfunden, die im Zusammenhang mit mehreren, meist gegen Ende der frühgeschichtlichen Zeit errichteten und in Frühdynastischer Zeit immer an gleicher Stelle wiederaufgebauten Tempeln vorkamen. Die Stichhaltigkeit dieses Systems hat sich bei späteren gleichartigen Sondierungen in Nippur und andernorts mit nur minimalen Vorbehalten (s. unten) bestätigt.

Die ‚Flut'

Die Aufgabe, diese archäologische Hypothese mit den chronologischen Implikationen der sumerischen Texte in Einklang zu bringen, erwies sich im Ganzen gesehen weniger schwierig, als man erwartet hätte. Eines der Hauptprobleme bestand in der Datierung und begrifflichen Bestimmung jener ‚Flut', die in der sumerischen Überlieferung eine so herausragende Rolle spielt und auch unserem Gedächtnis durch die Schriften der Hebräer eingeprägt wurde. Unglücklicherweise sind die archäologischen Befunde in diesem Zusammenhang extrem widersprüchlich. Große Überflutungen waren bis in jüngste Zeit in der Geschichte Mesopotamiens etwas Alltägliches, und so war es denn auch nicht überraschend, daß man bei Tiefschnitten an den jeweiligen sumerischen Fundplätzen auf angeschwemmte Sand- und Tonstraten stieß, die zeitlich zwischen der 'Obēd-Periode in Ur und dem Ende der frühdynastischen Phase in Kiš wechselten.[10] In Fara (Šuruppak) jedoch tritt eine Schicht gleicher Art gegen Ende der Stufe ‚Frühdynastisch I' auf, und hierin könnte man, wie sich zeigen wird, einen (wenn auch nicht restlos stichhaltigen) Beweis zugunsten der Richtigkeit der aus den sumerischen Texten zu ziehenden Schlüsse sehen.

Was die Königsliste betrifft, kann kein Zweifel mehr bestehen, daß sich die halb-historische Periode der ‚Herrscher vor der Flut' mit der archäologischen Periode ‚Frühdynastisch I' deckt. Wie diese Herrscher hießen, ist kaum von Interesse, da nur der letzte, eventuell noch zu nennende eine historische Person zu sein scheint. Hier ergibt sich nämlich möglicherweise ein Zusammenhang mit dem Gilgameš-Epos: nämlich mit der Reise des Helden über das Wasser zu dem weisen Utnapištim, dem babylonischen Noah, dem er das Geheimnis der Unsterblichkeit entlocken will. Man hat sich wiederholt gefragt, warum dieser Held nicht auf der Königsliste erscheint. Als letzter der ‚Könige vor der Flut' ist der Herrscher von Šuruppak, Ubartutu, aufgeführt. Doch in einer anderen Version der Sintflutsage heißt die gleiche Person Ziusudra, und einem anderen erhaltenen Textfragment ist unmißverständlich zu entnehmen, daß er ein Sohn des Ubartutu war.[11] Die sich aufdrängende Folgerung indes, Ziusudra und Gilgameš seien Zeitgenossen gewesen, wird bedauerlicherweise durch den Umstand widerlegt, daß ersterer nach der Flut vergöttlicht wurde und demzufolge bereits ein Gott hätte sein müssen, als Gilgameš ihm begegnete.

Was das Thema Gilgameš betrifft, sollten sich andere Textquellen ergiebiger erweisen. Eine davon, ein wichtiger Text, von dem in Ur und Nippur abweichende Versionen auftauchten, führt Könige an, die aus Frömmigkeit ein Heiligtum ‚Tummal' in Nippur wiederherstellten, das jedoch noch nicht lokalisiert werden konnte. Diese Liste enthielt unter anderen auch die Namen dreier Könige, Agga, Gilgameš und Mesanepada, die jeweils der ersten Dynastie von Kiš, Erech (Uruk) und Ur angehörten.[12] Die erste Königsliste, wie gesagt, wollte uns glauben machen, daß diese drei Dynastien chronologisch aufeinander folgten. Dies wird jedoch durch andere Zeugnisse klar widerlegt, aus denen hervorgeht, daß die drei Könige nahezu Zeitgenossen gewesen sein müssen. Aus einem sumerischen Epos ist uns zum Beispiel bekannt, daß Gilgameš von Erech (Uruk) gegen Akka von Kiš zu Felde zog, aber auch, daß es Mesanepada von Ur war, der der Dynastie von Kiš ein Ende bereitete. Was letzteren betrifft, so erscheint sein Name nicht nur auf der Gründungstafel von El-'Obēd, sondern auch auf Siegelabrollungen, die man auf dem Königsfriedhof von Ur fand. Mit Zeugnissen dieser und weiterer Art ausgestattet, können wir mit Sicherheit alle drei Könige in die dritte Phase der frühdynastischen Periode, etwa zwischen 2650 und 2550 v. Chr. datieren.

Zwischen der Flut und Gilgameš verbleibt nun noch ein Zeitabschnitt (nach Mallowan etwa 100 Jahre), der archäologisch der Phase ‚Frühdynastisch II'-entspricht. Viele der diesem Zeitabschnitt zugeordneten Könige sind unverkennbar entweder semitische Invasoren oder Gottheiten; doch haben sich zwei von ihnen als historisch erwiesen: Der erste ist Enmabaragesi, Vater des Akka von Kiš, dessen Namen man bezeichnenderweise in einer ‚Frühdynastisch II'-Schicht eines Fundortes im Dijāla-Gebiet begegnete,[13] der andere Enmekar von Erech,[14] Hauptfigur eines sehr frühen sumerischen Epos, der in einer griechischen Version der Königsliste als Großvater des Gilgameš registriert ist. Mit diesen beiden nunmehr authentischen Gestalten nähern sich unsere Nachforschungen rasch ihrem *terminus post quem* in der Person des Ziusudra, des babylonischen Noah.

Frühdynastische Fundstätten

Chafāǧī

Jetzt müssen wir uns wieder der Archäologie und damit einigen jener sumerischen Fundplätze zuwenden, die unsere Erkenntnisse über die frühdynastische Periode wesentlich erweiterten. Zu diesem Zweck tun wir gut daran, die sogenannten Dijāla-Fundorte zum Ausgangspunkt zu nehmen, wenn auch nur deshalb, weil die dortigen Funde für die Erstellung einer chronologischen Reihe so wichtig waren, die man den anschließenden Berechnungen zugrundelegen konnte. Und in dieser Region müßte man dem Fundplatz von Chafāǧī (das antike Tutub) Vorrang einräumen; auf ihn wurde man Ende der 20er Jahren durch große Mengen an Bruchstücken sumerischer Skulpturen aufmerksam, die – aus illegalen Grabungen stammend – bei Baghdader Händlern auftauchten.[15] Diese Antiquitäten kamen aus einem östlich des Dijāla-Flusses, etwa 24 km nördlich seiner Mündung in den Tigris gelegenen Hügel. Die Grabungen, mit denen ein Team des Oriental Institue der Universität Chicago dort begonnen hatte, brachten in einer einzigen Grabungskampagne unmittelbar unter der Oberfläche mindestens zwei sumerische Tempel ans Licht. Der eine, in der Mitte gelegene, war dem Mondgott Sîn geweiht. In den folgenden Jahren konnte man, mit größter Sorgfalt vorgehend, zahlreiche Neuerrichtungen des Heiligtums durch alle Schichten der frühdynastischen Periode bis hinab zu den ursprünglichen Fundamenten der Ǧemdet Nasr-Zeiten verfolgen.

Der Sîn-Tempel von Chafāǧī gehört wie die der frühgeschichtlichen Schichten im Eanna-Bezirk von Warka zur Kategorie der zu ebener Erde errichteten Tempel. Das heißt, daß er zu keiner Zeit auf einer künstlich erhöhten Terrasse stand, sondern in Lage und Form, wenn nicht gar in seinen Ausmaßen, von der Anordnung der umliegenden Wohnbauten bestimmt wurde. Dem bereits uralten Grundschema folgend, erhielt er einen langrechteckigen Hauptraum, an dessen einem Ende sich der erhöhte Altar und am anderen Ende der seitliche Zugang

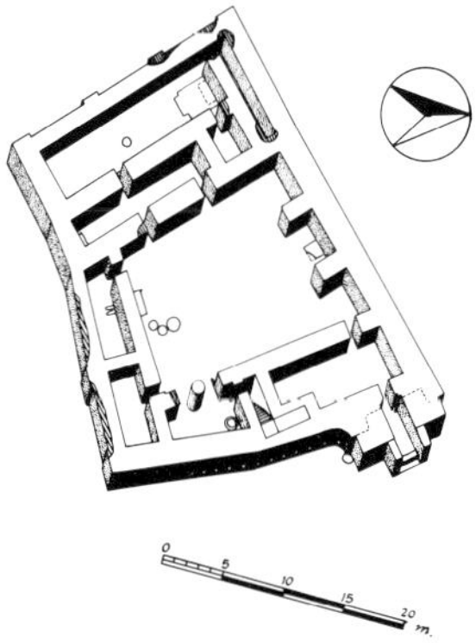

50. Grundriß des Sîn-Tempel VIII in Chafāǧī, datiert auf die Periode ‚Frühdynastisch II' (ca. 2750–2650 v. Chr.). Er folgt der unregelmäßigen Form des ursprünglich verfügbaren Baugeländes von Tempel I aus der Ǧemdet Nasr-Zeit (Nach Delougaz) [o. J.]

befand. Diesem Grundelement fügte man beim frühesten Sîn-Tempel noch beiderseits Kammern an, woraus sich der übliche dreiteilige Grundriß ergab. Diese einfache Bauform blieb bis zum fünften Wiederaufbau zu Beginn der Frühdynastischen Zeit (Tempel VI) weitgehend gleich. Doch jetzt erweiterte man den offenen Vorhof, über den die Gläubigen Zutritt hatten, und umgab ihn mit einer Mauer mit einem Pförtnerhaus und fügte verschiedene Außenbauten an. Die asymmetrische Form dieser Anlage blieb bei vier weiteren Wiederaufbauten späterer Epochen unverändert. Erst in Schicht IX verlieh man dem Eingang mehr Würde durch ein Portal, und der Hof wurde mit einem Götterschrein unter freiem Himmel versehen.

Delougaz, mit der Leitung der Ausgrabungen in Chafāǧī betraut, fand die Kuppe des Hügels durchfurcht von Gruben und Tunnels gesetzwidriger Grabungen vor. Er mußte eine ganze Saison daran wenden, bis er die lockere Erde entfernt und die Mauerfragmente unberührt gebliebener Schichten aufgespürt hatte. Dank seines enormen archäologischen Könnens war er in der Lage, die Grundrisse der beiden letzten Sîn-Tempel (IX und X) zu rekonstruieren und jene Objekte, die den Plünderern entgangen waren, zu bergen. Eine zusätzliche Sammlung von Beterfiguren aus dieser Quelle, an sich schon eindrucksvoll genug, wurde durch die Tempelausstattung, durch Kultgefäße und Kleinfunde aus ungestörten tieferen Schichten noch in den Schatten gestellt. Diese wertvolle Sammlung fand ihre Ergänzung durch das Inventar dreier kleinerer Tempel, das man westlich und nördlich des Tempels unter Wohngebäuden fand, wo die Plünderer es nicht endeckt hatten. Eine der Tempelanlagen bestand aus einem großen unförmigen Zingel, der zwei gesonderte Heiligtümer umfaßte; wie Delougaz einer Inschrift entnehmen zu können glaubte, waren sie der Muttergöttin Nintu geweiht. Die beiden anderen kleineren Tempel enthielten jeweils nur ein Heiligtum.

Da all diese Anlagen ‚ebenerdig' errichtet zu sein schienen, war es vielleicht gar nicht so überraschend, daß noch während der ersten Saison ein weiteres Areal unten am westlichen Abhang des Hügels entdeckt wurde, das mit den spärlichen Überresten eines riesigen, oval-geformten Temenos bedeckt war, der einst die Terrasse für einen typischen ‚Hochtempel' auf künstlich erhöhtem Unterbau abgegeben hatte *(Abb. 51–53)*. Die Freilegung dieses ‚Tempel-Ovals' von Chafāǧī war mit einem technischen Problem verbunden, das jeden anderen als Delougaz abgeschreckt hätte. Das von einem Außen- und einem Innenzingel umfaßte Areal maß an seiner breitesten Stelle genau 100 Meter. Doch waren von diesen Außenmauern wie von den Gebäuden nur noch die Stümpfe, ein paar Ziegellagen, stehen geblieben. Delougaz sah sich genötigt, eine von den Deutschen bereits in Warka entwickelte Methode anzuwenden, nämlich jeden einzelnen Lehmziegel zu numerieren oder zu markieren und Stück für Stück in das Wandgefüge einzupassen *(Abb. 53)*. Nachdem die arabischen Arbeiter mühevoll dazu angelernt worden waren, konnte schließlich die gesamte Anlage in ihrem Grundriß wiederhergestellt werden.

Anhand dieser Rekonstruktion ließen sich drei Baustufen für die zweite und dritte Frühdynastische Zeit ermitteln. Zuerst war die Anlage von einer nahezu

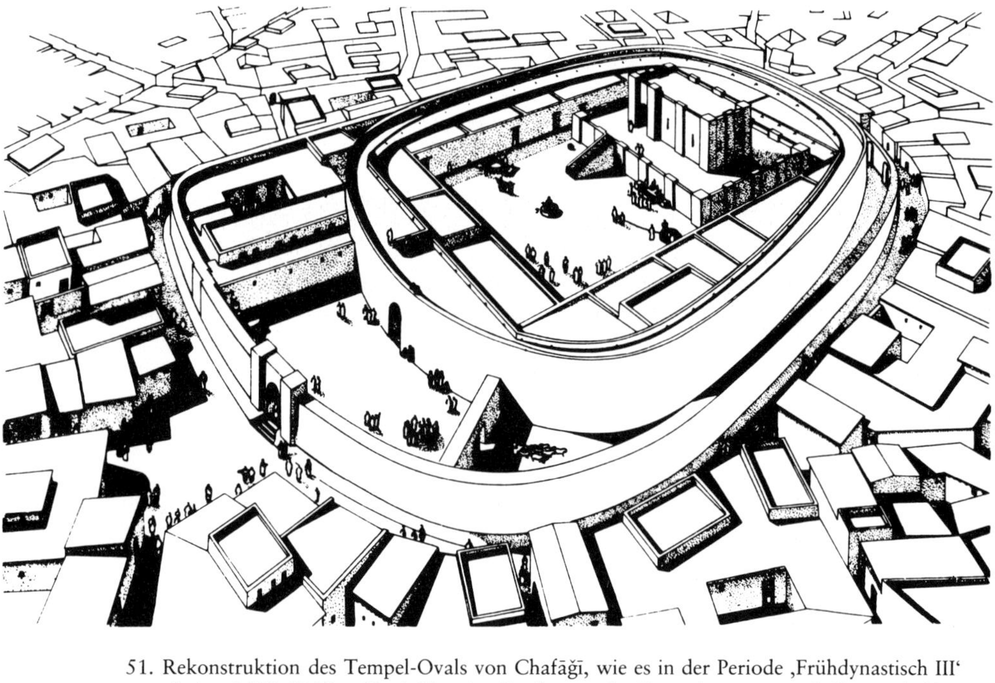

51. Rekonstruktion des Tempel-Ovals von Chafāǧī, wie es in der Periode ‚Frühdynastisch III' aussah (ca. 2650–2350 v. Chr.). Nur das Fundament der Tempelterrasse sowie ihre ovale Umfassungsmauer waren noch erhalten. Die Darstellung des Hochtempels beruht auf Vermutungen (Nach Darby) [o. J.]

symmetrischen, ovalen Umfassungsmauer umgeben gewesen, an deren Innenseite man Bauten in der Weise angebracht hatte, daß ein rechteckiger Innenhof entstand. Die Hälfte von diesem Innenhof wurde von einem Tempel mit einem einzigen Treppenaufgang eingenommen, von dem man nur Überreste feststellen kann. Um das erste Oval war später ein zweiter, nicht vollkommen symmetrischer ovaler Zingel gelegt und zwischen Innen- und Außenzingel ein geräumiges Gebäude errichtet worden, in dem vermutlich der Priester wohnte. In der zweiten Bauphase (ED IIIa) wurden diese äußeren Umfassungsmauern verstärkt und außen mit Stützpfeilern versehen, während sie in der ED IIIb ein neues anspruchsvolleres Portal erhielten, das den größten Teil des Außenhofes einnahm. Delougaz legte durch beide Umfassungsmauern einen Schnitt an, der den Fuß ihres Fundaments unterhalb des Pflasterniveaus freilegte; dabei zeigte sich ein Phänomen, für das es bei Tempelbauten anderer Zeiten kaum eine Parallele gibt: Ehe man einst die Fundamente legte, hatte man den ganzen Temenos 4,6 m tief ausgehoben und mit reinem Sand aufgefüllt, der von außerhalb der Stadt heran-

52. Luftaufnahme des Tempel-Ovals von Süden gesehen. Ferner sind eine Stadtmauer aus späterer Zeit und weitere Gebäude im Hintergrund zu erkennen

geschafft worden sein muß. Nach Delougaz' Schätzung mußten zu diesem Zweck etwa 6400 cbm Sand transportiert werden, eine Schwerarbeit, zu der seiner Meinung nach ausschließlich rituelle Gründe Anlaß gegeben haben konnten.

Den Tempelbefunden von Chafāǧī entsprach der Inhalt der Gräber, von denen annähernd 200 im Stadtgebiet, überwiegend unter dem Fußboden der Wohnhäuser, freigelegt wurden[16] und die vom einfachen Schachtgrab bis zum gemauerten Grab variierten, von denen mindestens zwei mit einem Ringgewölbe aus Backstein überdeckt worden waren. Die Grabbeigaben bestanden hauptsächlich aus Tongefäßen, deren Vielzahl und Vielfalt, wie wir sehen werden, zur endgültigen Analyse der frühdynastischen Stratigraphie einen wichtigen Beitrag leisteten.

53. Freilegung der Fundamente der ovalen Umfassungsmauer (von Nordost) in Chafāǧī. In mühseliger Kleinarbeit wurde jeder einzelne (plankonvexe) Lehmziegel markiert; im Vordergrund die Ausgräber, die das Sand-Depot entdeckten, auf der das Fundament ruhte

Tell Asmar

In post-sumerischer Zeit wurde die Stadt, deren Überreste wir in Chafāğī betrachtet haben, dem bedeutenden Staat Ešnunna einverleibt, dessen Hauptstadt unter dem 80 km nordöstlich des heutigen Baghdad gelegenen Tell Asmar begraben lag. Auch hier hatte es in frühdynastischen Zeiten eine Stadt gegeben mit einem kleinen Tempel, der durch das Oriental Institute der Universität Chicago zur selben Zeit freigelegt wurde wie die Tempel in Chafāğī.[17] Dieser ‚Abu-Tempel' (wie man ihn nannte, nachdem man in ihm eine Statue mit den Vegetations-

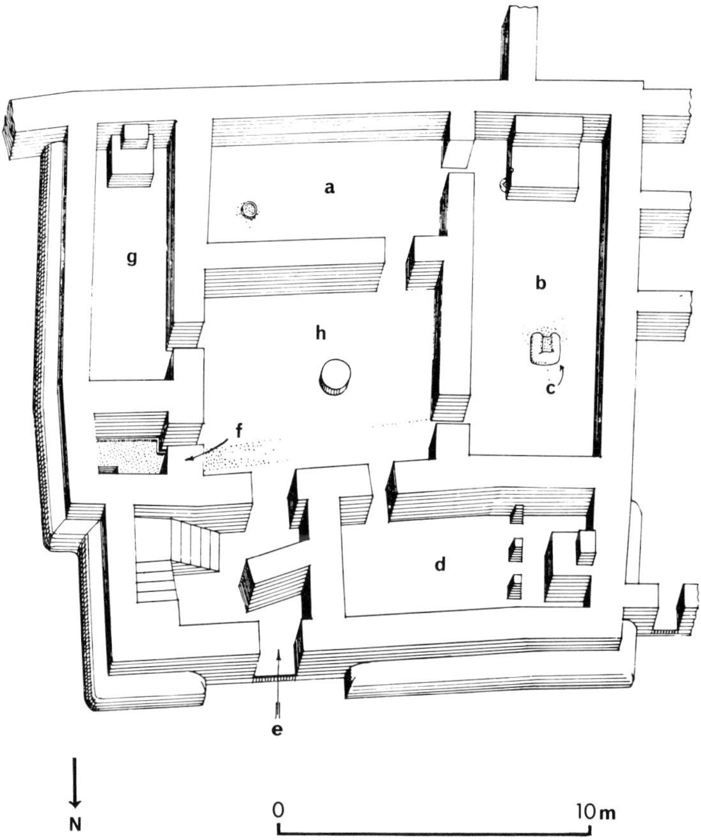

54. Square-Tempel in Tell Asmar (Periode ‚Frühdynastisch II'). Neben dem Altar in der Cella II fand man einen Hort mit 21 Votivfiguren. Das Gebäude unterscheidet sich im Grundriß kaum von den damaligen Wohnhäusern (nach Delougaz und Lloyd, 1942). *a* Wohnraum des Priesters; *b* Cella I; *c* Herd; *d* Cella II; *e* Eingang; *f* Waschraum; *g* Cella III; *h* Hof

symbolen dieses andernorts als ‚Herr der Pflanzenwelt' bezeichneten Gottes gefunden hatte), stammte wie der Sîn-Tempel aus der Ğemdet Nasr-Zeit; seine architektonische Geschichte läßt sich bis zu seinem letzten Wiederaufbau zur Zeit der Akkader verfolgen. Aus einer kleinen einfachen Kapelle entwickelte er sich zunächst nach dem üblichen Schema zu einem Gebäude mit einem rechteckigen Sanktuar, an das sich eine Reihe von Seitenkammern anschloß. Dieser ‚archaische Tempel' entsprach zeitlich der Periode ‚Frühdynastisch I'. In der Periode ‚Frühdynastisch II' trat ein viereckiger Tempel, der sogenannte *square temple* an seine Stelle *(Abb. 54)*. Er hatte mehrere rechteckige Kammern, von denen drei als Cellae in Kleinformat dienten und sich um einen Mittelhof gruppierten. In der Periode ‚Frühdynastisch III' verwandelte sich der Grundriß wieder in einen Tempel mit nur einer Cella zurück, den sogenannten *single shrine-temple,* der dem kleinsten Tempel von Chafāǧī glich.

Die Grabungen im Tell Asmar erbrachten eine Fülle von Material einer Art, die den Ausgräbern im Dijāla-Gebiet bald vertraut werden sollte: Perlen, Kerbschnitt-Amulette, Siegel und sogar ein Spiegel aus Bronze neben Steingefäßen und einer Vielfalt von Keramik. In einem der Kulträume des Square-Tempels machte man einen sensationellen Fund: Neben dem Altar, sorgfältig unter dem Pflaster vergraben, entdeckte man einen Hort von einundzwanzig bemerkenswert gut erhaltenen Beterfiguren aus Stein. Sie fielen zudem durch einen formalistischen Stil auf, der für die Periode ‚Frühdynastisch II' charakteristisch sein mag und sich in aufschlußreicher Weise von den naturalistischeren Plastiken der Periode ‚Frühdynastisch III' aus Chafāǧī unterscheidet.

Tell Ağrab

Die Funde der dritten bedeutenden Stätte im Dijāla-Gebiet und nahezu die letzte, die freigelegt wurde, stellen noch ein weiteres Mal die großartigen Fähigkeiten der sumerischen Baumeister unter Beweis. Tell Ağrab, ein großer Ruinenhügel, liegt weit draußen in der heute wüsten und leeren Alluvialebene (chôl), etwa 24 km südöstlich von Tell Asmar.[18] Auch hier hatte der Tempel, dessen Mauern bereits unmittelbar unter der Erdoberfläche auftauchten, einen quadratischen Grundriß, maß indes von einer Seite zur anderen nicht weniger als 60 m. Ein Teil des Gebäudes, der Stadtmauer am nächsten gelegen, war vom Regenwasser abgetragen worden, doch der noch erhaltene Teil enthielt ein eindrucksvolles Hauptheiligtum *(Abb. 55),* zwei Seitenkammern mit Götterschrein und Wohninventar für Priester; an manchen Stellen waren die Mauern bis zu 2 m Höhe stehen geblieben. Am ergiebigsten, was den Inhalt an beweglichen Objekten betrifft, war der Hauptraum selbst sowie eine an seinen Hochaltar angrenzende kleine ‚Cella'. Wie beim Abu-Tempel in Tell Asmar fand man auch hier ‚unbrauchbar' gewordene Kultgegenstände und Weihgaben unterhalb des Pflasterniveaus vergraben oder sogar im Altar eingemauert. Allein in der Cella brauchte man Wochen, um die fragilen kunsthandwerklichen Produkte sumerischen Ursprungs zu bergen, die schichtweise deponiert und mit nunmehr hartgewordener Erde bedeckt worden waren. Unter vielen Tausenden von Perlen und Kleinplastiken, einschließlich Kerbschnitt-Amuletten und Siegeln, befanden sich einmalige Kunstwerke aus Stein oder Bronze, sowie Hunderte von steinernen (Votiv-) Keulenköpfen (möglicherweise wurden sie einst bei Prozessionen mitgeführt). Von diesen Funden wird später noch die Rede sein, wenn wir uns mit den Kategorien befassen, denen sie zuzuordnen sind. Stratigraphisch kann der größte Teil der Ruinen dieses anscheinend dem Schutzpatron Šara von Umma geweihten Tempels auf ‚Frühdynastisch II' datiert werden. Unter ihm wurden jedoch kleinere Teile eines früheren Gebäudes (Frühdynastisch I) freigelegt, während Oberflächenfunde auf eine spätere Besatzung der Periode in ‚Frühdynastisch III' verweisen.

55. Blick auf den Šara-Tempel von Tell Ağrab (Periode ‚Frühdynastisch II') nach seiner Freilegung. In der Mitte sieht man den Hauptraum mit Altar und Opfertischen. Wohnhäuser aus späterer Zeit, – gegen Ende der Frühdynastischen Zeit war der Tempel verfallen – gruppierten sich um die einst geweihte Stätte

Ur in Chaldäa

Als man 1930 im Dijāla-Gebiet mit der Arbeit begann, waren Woolleys Ausgrabungen im biblischen ‚Ur in Chaldäa' schon mehr als zehn Jahre im Gange. Seine spektakulären Funde lieferten ein umfangreiches Vergleichsmaterial, das anderen Wissenschaftlern sehr von Nutzen wurde.[19] Ur, bereits seit vorgeschichtlichen Zeiten für die Sumerer ein bedeutendes kulturelles und religiöses Zentrum, blieb es auch weiterhin, lange nachdem es an politischer Bedeutung verloren hatte.

Am Grabungsort, heute Tell el-Muqējjir, fand Woolley eine von Mauern umgebene Stadt von annähernd ovalem Umriß vor, deren maximaler Durchmesser mehr als einen halben Kilometer betrug *(Abb. 56)*[20]. Im Norden und Westen vom alten Bett des Euphrats umgeben, hatte sie einst über zwei Schiffshäfen

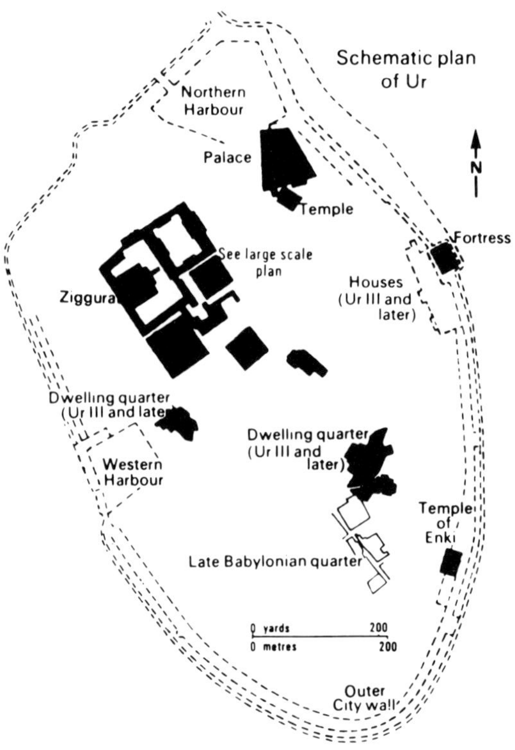

56. Die Stadt Ur zur Zeit der 3. Dynastie und später. Die von Urnammu errichtete Stadtmauer wurde 2006 v. Chr. von den Elamitern zerstört. Woolley stellte fest, daß sie mehr als 27 m dick gewesen war. Ferner spürte er die Reste zweier einst mit dem Euphrat verbundenen Häfen auf. Die innere Temenosmauer wurde eintausendfünfhundert Jahre später von Nebukadnezar II. von Babylon wiederaufgebaut (Aus Hawkes, 1974)

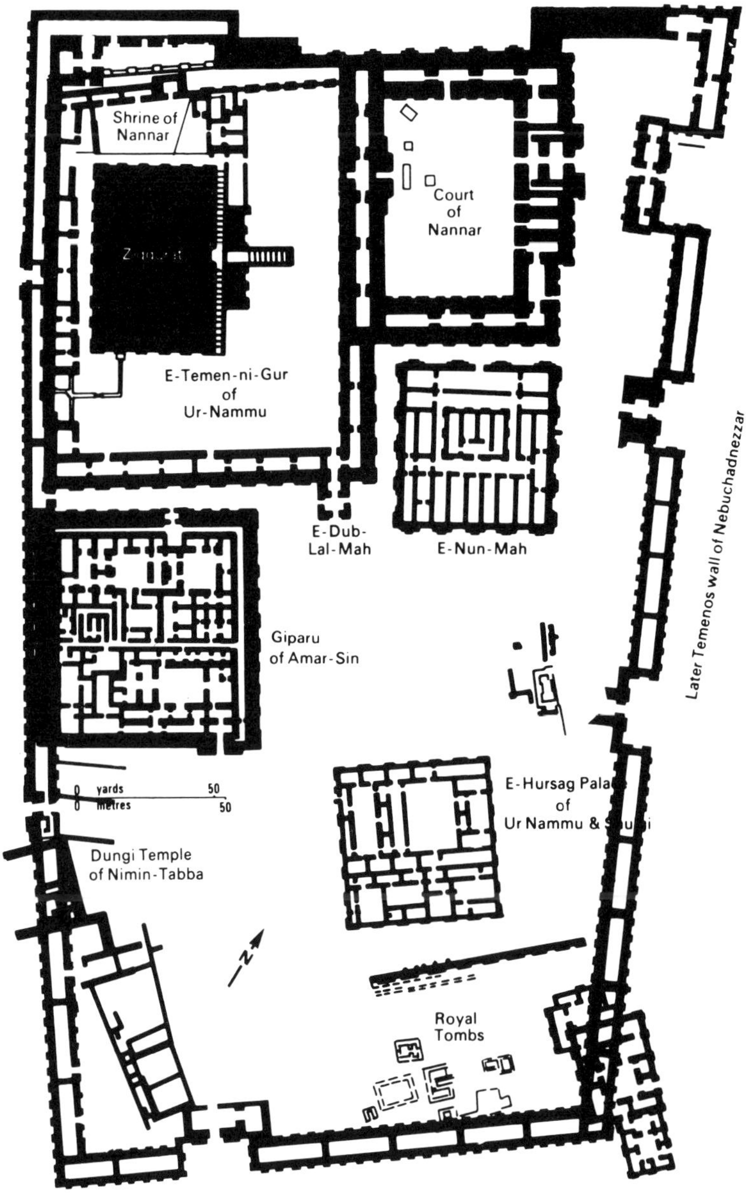

57. Der große Temenos oder Heilige Bezirk von Ur (III) aus der Zeit der 3. Dynastie (2113–2006 v. Chr.), mit einigen späteren Bauten (Aus Hawkes, 1974)

verfügt. Im nordwestlichen Stadtviertel, befanden sich dicht unter der Oberfläche die Mauern eines ausgedehnten Tempelbezirks mit denen Nebukadnezar im 6. Jahrhundert v. Chr. jene Tempel, Tempelpaläste und Nebengebäude umschloß, die Generationen nachfolgender mesopotamischer Könige pietätvoll erhalten und viele Male wiederaufgebaut hatten. Es versteht sich daher von selbst, daß von ihren ursprünglichen Fundamenten an der Oberfläche nur wenig zu entdecken war *(Abb. 57);* größtenteils lagen sie tief unter den architektonischen Hinzufügungen späteter Zeiten begraben. Dies traf besonders auf die große Zikkurrat der Stadt zu, die zum Teil Ende des 2. Jahrtausends v. Chr. von den Königen der III. Dynastie errichtet worden war. Woolley gab sich zunächst damit zufrieden, daß irgendwo in ihrem späteren Baugefüge die Überreste eines viel früheren Turms – eher eine bescheidene Zikkurrat als eine Tempelterrasse – verborgen liegen mußten; tief unter dem Pflaster aus späterer Zeit fand er auf beiden Seiten die verfallenen Mauern anderer frühdynastischer Gebäude, die sichtlich zu ihr gehörten.

Doch in einem anderen Teil des Grabungsfeldes machte Woolley seine berühmteste Entdeckung. Zur Zeit Nebukadnezars war der Temenos auf seiner Südostseite erheblich erweitert worden, und die Fundamente der neuen Umfassungsmauern schoben sich nun weit in ein riesiges Gräberfeld aus früheren Zeiten vor. Hier legte Woolley einen Versuchsschnitt an und wurde reich belohnt: Unter vielen Hunderten von einfachen Gräbern fand er die berühmte Gruppe von ‚Königsgräbern', deren reiche Beigaben die moderne Welt in Erstaunen versetzten.

Insgesamt legte Woolley sechzehn dieser Gräber frei. Sie alle bestanden aus einem Schacht mit einer eingebauten Steinkammer, die sich in der Anlage sowohl ähnelten als auch unterschieden; manche Schächte enthielten auch mehrere Kammern. Sie waren mit Stein- oder Backsteingewölben überdeckt, und mindestens in einem Fall hatte man eine Kuppel zu errichten versucht. Weit bedeutsamer war, daß sie von einem reich ausgestalteten Bestattungsritual Zeugnis ablegten, zu dem eine Form von Menschenopfer gehörte. Bei den großen Grüften gelangte man durch einen steil abfallenden Gang hinunter zur Grabkammer, der von der Erdoberfläche nach unten führte; unten am Fuß dieses Ganges, rings um die Grabkammer herum, fanden die Ausgräber die Leichen von Soldaten und ‚Hofdamen', sowie Räder-Wagen mit den Skeletten der Zugtiere, – all das ein Teil des höfischen Gefolges. Sie lagen wie in Reih und Glied auf dem Boden des Schachts, während besonders privilegierte Angehörige des Hofes die Grabkammer mit dem König oder der Königin hatten teilen dürfen. Die ‚sehr prominenten Personen', deren Tod Anlaß zu diesem aufwendigen Zeremoniell gegeben hatte, lagen in der Regel auf einer hölzernen Bahre, die man mit einer Vielzahl von Gegenständen aus ihrem reichen persönlichen Besitz umgab, – Schmuckgegenstände, Waffen, Musikinstrumente und andere Schätze –, ein großes Inventar der schönsten Objekte, deren materielle Kostbarkeit durch ihren archäologischen Wert noch übertroffen wird. Ein Großteil davon ist heute einem breiten Publikum aus Abbildungen und Museen bekannt. Dennoch zählen sie – vom künstlerischen Standpunkt aus gesehen und was das Niveau des handwerklichen Könnens betrifft – nach wie vor zu den unfaßbarsten Leistungen des Altertums.

Der hier zur Verfügung stehende Raum reicht leider nicht, um mehr als einige wenige der charakteristischsten Bestattungen anzuführen, und zu diesem Zweck ist es am besten, sich der gleichen Nummern zu bedienen, unter denen Woolley sie registrierte.

Am bekanntesten dürfte der Inhalt des Grabes der ‚Königin Šubad' (Nr. 800 B) *(Abb. 59)* sein, deren Name uns von einem im Schacht gefundenen Lapislazuli-Rollsiegel bekannt ist. Er wird heute Puābi gelesen. Ihr Grab gehört zu den wenigen, die der Aufmerksamkeit der Grabräuber entgingen, so daß Steinkammer und Schacht mit allem Zubehör unberührt blieben. Im Dromos (einer Erweiterung des Schachts) lagen 5 Soldaten, ein Wagen mit einem Ochsengespann und 10 Hofdamen, darunter eine Harfenistin.[21] Neben der Königin in der Grabkammer fanden sich zwei Gefährtinnen. Die Königin trug prachtvolles Geschmeide und einen riesigen dekorativen Kopfputz aus Gold und Halbedelsteinen; Rekonstruktionen davon sind im British Museum und andernorts zu sehen. Ringsum lagen Beigaben aller Art verstreut: Gold- und Silbergefäße und -schalen, eine mit einem silbernen Kuhkopf dekorierte Harfe, ein Spieltisch mit Einlegearbeit, ein Zügelring aus Elektron mit einem Aufsatz in Gestalt eines Halbesels und 267 weitere Objekte von unschätzbarem Wert. Eine Truhe mit den Gewändern der Königin war so hingestellt worden, daß sie ein Loch im Boden des Schachtes verbarg: Arbeiter, die ihr einst das Grab bereiteten, waren durch dieses Loch in eine darunter liegende Kammer eingedrungen und hatten sie teilweise geplündert. Diese untere Gruft hielt Woolley für das ‚Königsgrab' *(Abb. 58)*, denn auch hier waren in Schacht und Dromos die angemessenen Beigaben aufgereiht: Insgesamt fanden sich wohlgeordnet 59 Leichen, darunter 6 Soldaten, die den Leichenzug angeführt hatten, 2 Wagen von 6 Ochsen gezogen, 19 Hofdamen mit goldenem Kopfschmuck und an einer anderen Stelle im Schacht eine Leier, deren Schallkasten mit Einlegearbeiten sowie mit einem Stierkopf aus Gold und Lapislazuli geschmückt waren. Obwohl die Arbeiter die Kammer in größter Eile geplündert hatten, ruhten ein Modellboot aus Silber und ein Spieltisch mit Muschelintarsien noch an ihrem alten Platz.

Auch ein in einer anderen Gruft Beigesetzter konnte anhand seines persönlichen, ihm beigegebenen Rollsiegels namentlich ermittelt werden: er hieß Akalamdug (Nr. 1050). Neben ihm ruhten die Körper von 40 Angehörigen des Hofstaats, und vom Boden des Schachtes konnten zwei der schönsten zeremoniellen Dolche, einer davon mit Lapislazuligriff und Goldgranulierungen geschmückt, geborgen werden. In einer weiteren Gruft lag Meškalamdug (Nr. 755), Eigentümer jenes berühmten Goldhelms (‚Perückenhelm'), der sich heute im Irak-Museum befindet; seinen Namen fand man außerdem noch auf einer beigegebenen Goldlampe eingraviert. Seinen Höhepunkt schien der Aufwand an Menschenleben in dem großen anonymen Schachtgrab (Nr. 1237)

(‚Todesschacht‘) erreicht zu haben: Es enthielt 74 Tote, davon 68 weibliche in vollem Staat: einige hatten eine Leier neben sich. Mallowan, der bei der Freilegung dieser Bestattung zugegen war, beschreibt den Anblick nicht ohne Grauen: „ ... eine schauerliche Szene. Dicht gedrängt lagen die Skelette; da sie mit aller Pracht ausgestattet worden waren, wirkten sie wie auf einen Teppich

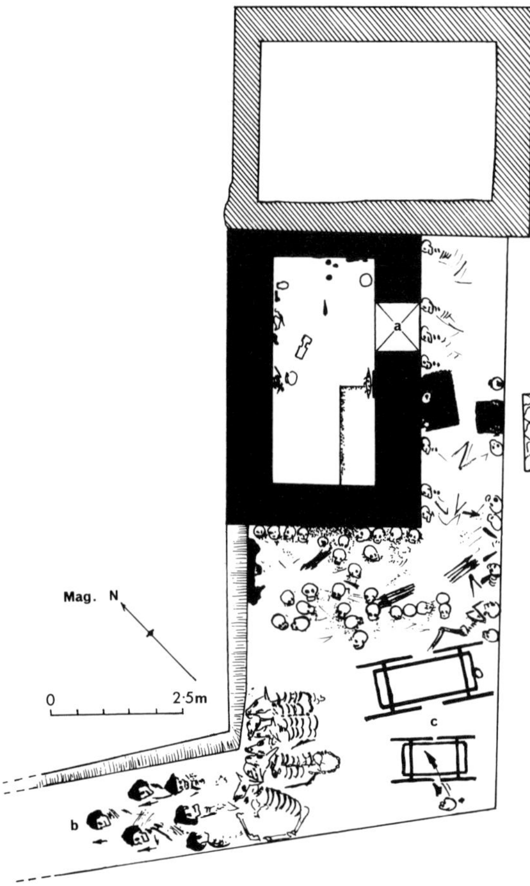

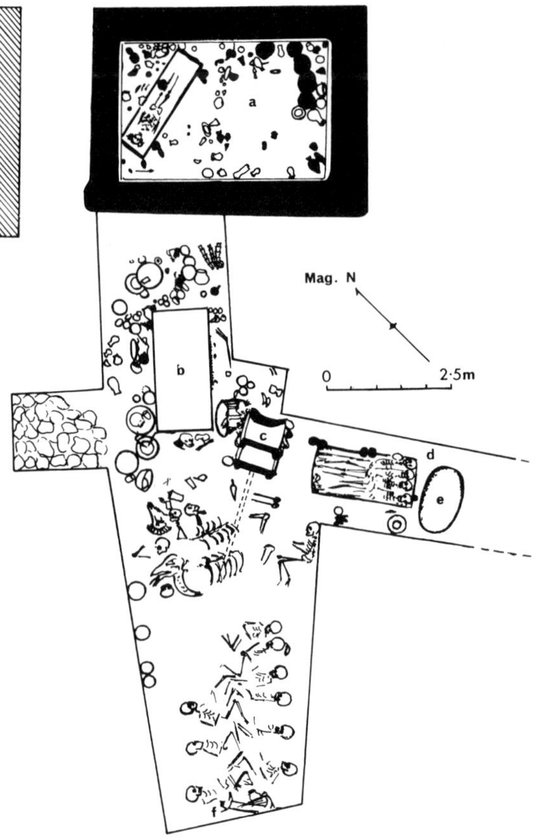

58. Das sogenannte ‚Königsgrab‘, Nr. 789, des frühdynastischen Friedhofs von Ur, das Woolley unter einem anderen Grab, Nr. 800 (Abb. 59), vorfand. Entlang der Mauer der Grabkammer eine Reihe von Hofdamen, in ihrer Nähe Wachen mit Speeren (S. Ebrahim nach Woolley, 1935). *a* Tür, *b* Dromos, *c* Wagen

59. Das Grab der ‚Königin Šubad‘, Nr. 800, (heute Puābi), das über dem Königsgrab Nr. 789 (Abb. 58) errichtet wurde (S. Ebrahim nach Woolley 1935). *a* Grabkammer, *b* Truhe, *c* Wagen, *d* Dromos, *e* Grube, *f* Leier

aus Gold gebettet." Zu den Hauptschätzen aus dieser Quelle gehören die Statuetten zweier ‚Widder der Ziegen' aus Gold und Lapis, die auf den Hinterbeinen stehend sich auf die Zweige eines Lebensbaumes stützen, – eine Komposition, die Woolley an die Bibelstelle von Abraham und dem „Widder, der sich im Gestrüpp gefangen hatte" denken ließ. Wie bei der großartigen ‚Standarte' von Ur mit ihren in Einlegearbeit dargestellten Bildfolgen von ‚Krieg' und ‚Frieden', die Woolley an ganz anderer Stelle in einem leider geplünderten Grab entdeckte, blieb auch der Zweck dieser Statuetten unbekannt.

In den ersten Jahren nach diesen Ausgrabungen haben einige Wissenschaftler die Definition ‚Königsgräber' zunächst in Frage gestellt und eine andere Identifikation vorgeschlagen: die Beigesetzten könnten sich auch für einen Fruchtbarkeitsritus freiwillig geopfert haben.[22] Heute indes deutet man die Zeugnisse wieder im Sinn des Ausgräbers, und die Bezeichnung ‚Königsgräber' wurde allgemein übernommen. Denn auf dem Rollsiegel des Akalamdug heißt es ausdrücklich ‚König von Ur', während gleicherweise auf dem des Meškalamdug *lugal* (König) zu lesen steht. Was die Praxis der Menschenopfer betrifft, können wir einer Passage des Gilgameš-Epos entnehmen, daß stets einige Mannen den Helden in den Tod zu begleiten pflegten. Doch Mallowan und andere haben darauf aufmerksam gemacht, daß mindestens ein halbes Dutzend der ‚Könige' ein und derselben Familie der ‚Kalam' entstammten, die durchaus eine ‚Dynastie' aus einer Zeit dargestellt haben könnte, die dem in der Königsliste dem Mesanepada von Ur und seinen Nachfolgern zugeschriebenen Zeitabschnitt voranging. In den gestörten Schichten, die Woolleys Friedhof überlagern, wurden Inschriften gefunden, die diese Könige der kanonisierten ‚Ersten Dynastie von Ur' namentlich aufführen, und die Umstände legen den Schluß nahe, daß deren Gräber radikaler geplündert worden sind als die darunter liegenden. Daher hat man die beiden Dynastien jeweils der archäologischen Phase ‚Frühdynastisch IIIa' und ‚IIIb' zugeordnet.

El-'Obēd

Jetzt sollte noch etwas zu Woolleys früheren Ausgrabungen (1922) in dem kleinen benachbarten Fundort Tell el-'Obēd gesagt werden. Hier hatte Robert Hall bereits ein reiches Lager an sumerischen Altertümern entdeckt.[23] In El-'Obēd scheint die im vorigen Kapitel erwähnte prähistorische Siedlung bei Beginn der Frühgeschichtlichen Zeit bereits aufgegeben gewesen zu sein. Doch später, in frühdynastischer Zeit, war in der Nähe ein Tempel errichtet worden, und vermutlich wieder genau auf derselben Stelle wie das weit ältere Heiligtum vor ihm. König Aanepada hatte ihn der Göttin Ninchursag, der Mutter und Gemahlin des Enlil, geweiht. Die Plattform mit ihrer ziegelverkleideten Fassade war nahezu unversehrt erhalten geblieben, und unten zu ihren Füßen in dem Winkel, den sie mit der Freitreppe bildet, die zur Terrasse hinaufführte, machte Hall seinen spektakulärsten Fund. Irgendwann war der Tempel einmal ausgeraubt und zer-

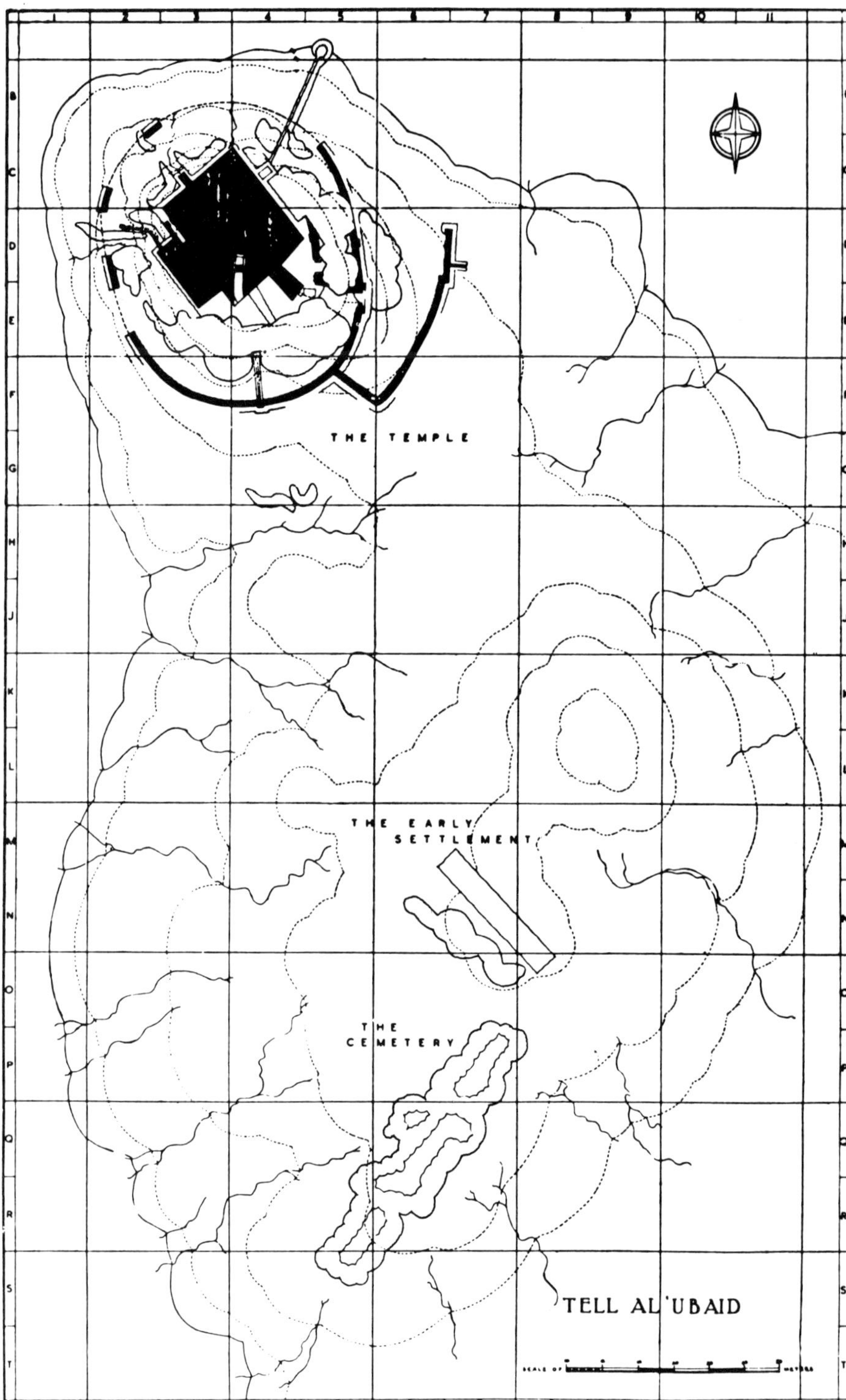
THE TEMPLE
THE EARLY SETTLEMENT
THE CEMETERY
TELL AL'UBAID

stört worden, wobei man einen großen Teil seiner architektonischen Schmuckglieder entfernte, die nun noch dort umherlagen, wo man sie abgelegt oder hingeworfen hatte. Ein gewaltiger bronzener Türsturz mit einem Relief, das einen löwenköpfigen Adler zwischen zwei Hirschen darstellt, mag einst das Haupttor geschmückt haben, das von einem Säulenpaar mit farbigen Einlegearbeiten flankiert wurde, die den Türsturz mittrugen. Auch die Fassaden waren mit kupfernen Tierfriesen in Hochrelief geschmückt gewesen, andere wieder mit einem Dekor aus eingelegtem Kalkstein, dessen Szenen ähnliche formelle Vorgänge schilderten wie die Rollsiegel. Doch wie dieses so reich geschmückte Gebäude selbst eigentlich ausgesehen hat, bleibt leider im Dunkel.

Als Mitte der 30er Jahre in Chafāǧī die Überreste einer Tempelterrasse aus der gleichen Zeit zum Vorschein kamen, vermutete Delougaz sogleich, daß es sich hier um ein Gegenstück zu dem Tempel von El-'Obēd handeln könne. Weitere Sondierungen, die er im Umfeld des Ninchursag-Tempels vornehmen konnte, bestätigen diese Vermutung: Auch er lag einst innerhalb einer ovalen Umfassungsmauer.[24]

Kiš

Die einzigen erhöhten Tempelterrassen (von ihren Ausgräbern als ‚Zikkurrate' (Stufenturm) bezeichnet), die in die frühdynastische Zeit datierten, fanden sich weiter nördlich im Grabungsfeld von Kiš. Man wird sich erinnern, daß diese Stadt, die als erste der dynastischen Hauptstädte auf der Königsliste erwähnt ist, bei den Sumerern in hohem Ansehen stand; und so legten sich später die Herrscher anderer Städte, die im Land Sumer zur Hegemonie gelangten, bisweilen den Prestigetitel ‚König von Kiš' zu. Heute ist die Stadt, die einst am Euphrat 14 km östlich von Babylon lag, unter einem weitläufigen Hügelfeld begraben. Im Lauf ihrer Geschichte gruppierten sich ihre Hauptgebäude jeweils mal in El-Uhēmir und mal in dem mehr als 3 km entfernten Ingharra (damals Chursagkalama). Beide Stätten wurden in den 20er und 30er Jahren von englischen und französischen Archäologen freigelegt.[25]

Die ersten Funde entdeckte E. Mackay in einem abseits gelegenen Hügel bei Ingharra, der später als Hügel A bezeichnet wurde. Hier lag ein Friedhof, dessen Gräber überwiegend aus der Endphase der frühdynastischen Zeit stammten. Doch als Mackay sie freizulegen begann, stellte er fest, daß die früheren Bestattungen in die Ruinen eines weitläufigen repräsentativen Gebäudes aus einer ein wenig früheren Zeit eingetieft worden waren. Dies war der sogenannte ‚Palast A', das erste monumentale Bauwerk aus allerfrühester Dynastischer Zeit, das profa-

60. Tell el-'Obēd. Auf dem Plan ist die erhaltene Terrasse eines frühdynastischen Tempels mit ovaler Umfassungsmauer zu erkennen. Er wurde einst am Rande einer tausend Jahre früher datierten prähistorischen Siedlung errichtet, die die Sumerer als Friedhof benutzten (Aus Delougaz, 1938)

nen, nicht religiösen Zwecken diente. Mit seiner mächtigen Eingangshalle, seinen mit Strebepfeilern verstärkten Außenmauern und Säulenhallen war er ein würdiges Beispiel für die Architektur seiner Zeit.

Als nächstes wurde der Haupthügel von Ingharra in Angriff genommen, was sich zu guter Letzt als sehr produktiv erwies, trotz gewisser Mängel des archäologischen Vorgehens, die der Klarheit der anschließenden Veröffentlichung der Befunde zum Nachteil gereichte. Viele Jahre später jedoch brachte der moderne Gelehrte P. R. S. Moorey durch einen überaus gewissenhaften Vergleich der tatsächlichen Funde mit den Notizen der noch vorhandenen Feldtagebücher mehr Licht in die stratigraphischen Verhältnisse[26] und gelangte zu folgenden Ergebnissen:

Auf dem Gipfel des Ruinenhügels lagen zwei frühdynastische Zikkurrate von unterschiedlicher Größe. Die kleinere war teilweise abgetragen worden, um einem neubabylonischen Tempel als Fundament zu dienen; doch konnten die Ausgräber auch die Backsteinfassade einer künstlichen Terrasse aufspüren und das ursprüngliche Fundament in einer Schicht lokalisieren, die nachweisbar aus der gleichen Zeit stammte wie die des Palastes in Zone A (ED III a). Aber ebenso ließ sich eine spätere Bauschicht unterscheiden, die von der ersten durch ein dickes ‚Depot' von weggeworfenen unbrauchbaren Ziegelsteinen getrennt war, in das man Gräber eingelassen hatte, – einige in der folgenden Phase (ED III b), andere erst in akkadischer Zeit. Diese Bestattungen konnten daher als analog denen in Zone A gelten. Die Basis der ursprünglichen Zikkurrat lag unmittelbar über einer deutlich erkennbaren ‚Flutschicht', die sich überall im Grabungsfeld verfolgen ließ, und darunter ergab sich ein wichtiger Fund: Ein Tiefschnitt legte Reste eines Wohnviertels (Ansiedlung Y) mit Wohnhäusern zu beiden Seiten einer engen Straße bloß.

Bis man das Grundwasser erreichte, hatte die Y-Sondierung durch drei verschiedene Siedlungsschichten geführt, die anhand ihrer Keramik in die Perioden ‚Frühdynastisch I' und ‚II' datierten, und in jeder fanden sich weitere Überflutungsspuren. Auch in diesen Schichten gab es viele einfache, unter den Fußboden der Häuser eingelassene Gräber, doch auch eine Anzahl sogenannter ‚Gespann-Bestattungen' mit dreirädrigen Vehikeln, obwohl die begleitenden Grabbeigaben – Waffen, Vasen und sogar ein Zügelring – überwiegend aus Kupfer bestanden. Mit Recht hat man eingewandt, daß solche Bestattungen tiefere Schächte aufweisen müßten als die einfachen Gräber und daher einer über der ‚Flutschicht' gelegenen Siedlungsschicht zugeordnet werden müßten. Das könnte sie zu Zeitgenossen der Königsgräber von Ur machen, mit denen auch ihr Inhalt korrespondierte.

Lagaš

Das Grabungsfeld Tello liegt auf halbem Weg zwischen Tigris und Euphrat in der Nähe der heutigen Stadt Šatra. Seit E. de Sarzec zu Beginn des Jahrhunderts dem

61. Der große Türsturz vom Tempel der Ninchursag in Tell el-'Obēd. Er lag zwischen anderen architektonischen Schmuckelementen am Fuß der erhöhten Terrasse und befindet sich heute im British Museum. Das Relief besteht aus getriebenem Kupferblech auf hölzernem Kern und stellt Imdugud Anzu, den löwenköpfigen Adler, zwischen zwei Hirschen dar (ca. 2500 v. Chr.). Höhe 107 cm

Louvre von hier Dioritstatuen der Herrscher von Lagaš (hier *isakku* genannt) mitbrachte *(Abb. 101/102),* hat man dieses Gelände unbekümmert mit der Lage der Stadt Lagaš identifiziert.[27] Erst 1953 machte Thorkild Jacobsen in einer Untersuchung auf den 24 km südöstlich gelegenen benachbarten Fundplatz Tell el-Hiba aufmerksam, in dem Ausgräber des Metropolitan Museum und der Universität New York nunmehr den wahren Lageplatz der Stadt Lagaš, der Hauptstadt eines Staates (gleichen Namens) erkannten, zu dessen Kultzentren unter anderen das alte Girsu, das heutige Tellō *(Abb. 103)* gehörte.[28] So müssen wir uns vorstellen, daß es sich bei Tell el-Hiba (das antike Uruku) um Lagaš, die Hauptstadt des Staates Lagaš handelt – ähnlich wie New York City die Hauptstadt des Staates New York ist.[29]

Nichtsdestoweniger sind es die Anfang des 20. Jahrhunderts von den Franzosen in Tellō gesammelten Fundstücke, die uns nicht nur mit einer Fülle von aufschlußreichen Tafeln und Platten, sondern auch mit Schätzen versorgten, die in die in der Königsliste erwähnte Zeit der Herrscher von Lagaš datieren und in einigen Fällen sogar deren Namen aufweisen.[30] Reliefierte Steinplatten, Waffen und Siegel werden dem Urnanše *(Abb. 68)* zugeschrieben, der etwa ein Zeitgenosse des Meškalamdug Mesanepada gewesen sein mag. Da sind die Fragmente der berühmten ‚Geierstele' *(Abb. 69),* die den Sieg des Eanatum, des Herrschers von Lagaš, über die Nachbarstadt Umma verherrlicht, und auf der er mit einem

Helm dargestellt ist, der dem des in Ur bestatteten Meškalamdug gleicht; da ist weiterhin die fein gravierte Silbervase des Entemena von Lagaš, des Nachfolgers von Eannatum. Von einigen dieser Gegenstände weiß man, daß sie zur Ausstattung eines berühmten, dem Ningirsu geweihten Tempel in Girsu gehörten, aber angesichts des früheren Ausgrabungsstils in Tellō sind seine Ruinen vermutlich nicht als solche erkannt worden. Mehr über die Hauptstadt werden wir durch die Ausgrabungen der Amerikaner erfahren, die dort noch tätig sind.

Nippur

Nippur ist eine weitere große Stadt aus der Zeit der Sumerer. Ihre Ausgrabung wurde Ende des vergangenen Jahrhunderts zuerst von Amerikanern unter Leitung von H. V. Hilprecht betrieben. Ihre Ruinenhügel, das heutige Nuffar, erstrecken sich nahezu einen Kilometer entlang des Flußbettes des alten Šatt-al-Nil, das nordöstlich von Diwanījēh verläuft. Unter ihnen, nach Nordosten hin, liegen die Überreste eines befestigten sakralen Bezirks mit einer Zikkurrat und einem dem Gott Enlil geweihten Tempel.[31] In den 60er Jahren erneut aufgenommene Grabungen unter Leitung von R. C. Haines konzentrierten sich (zum Teil) auf ein Areal zwischen der Zikkurrat und dem früheren Wasserlauf. Hier fand man einen frühdynastischen Tempel, der in diesem Fall der Inanna, der ‚Königin des Himmels', geweiht worden war.[32] Gleich ähnlichen Tempeln im Dijāla-Gebiet, die man alle frühdynastische Phasen hindurch aufrechterhalten oder wiederaufgebaut hatte, steuerte auch er eine Fülle von Zeugnissen für den hohen Stand der gleichzeitigen künstlerischen Entwicklung auf dem Gebiet der Architektur, Plastik und Keramik bei.[33] Von besonderem Interesse in dieser Hinsicht ist die Freilegung zweier Schichten, VIII und VII (abwärts numeriert), die jeweils die ‚Frühdynastische II' und den ihr folgenden Übergang zur ‚Frühdynastischen III a', der Zeit der Königsgräber von Ur, repräsentieren.

Der Tempel in Schicht VII wies einige bemerkenswerte Züge auf *(Abb. 75)*. In zwei vollkommen gleiche Haupttrakte, die am einen Ende eines langen, ausufernden Grundrisses lagen, gelangte der Gläubige durch eine Reihe von Höfen und Vorräumen, von denen zwei mit runden Backsteinsäulen ausgestattet waren, die das Dach stützten. Darüber hinaus konnte er, im Gegensatz zu den damaligen Gepflogenheiten, eines der Heiligtümer noch durch einen auf der Mittelachse des Gebäudes gelegenen Türeingang am anderen Ende betreten, – eine Vorwegnahme späterer Konventionen. Die Schichten dieses Inanna-Tempels führten auch eine reiche Zahl an Skulpturen, zum Teil Beterfiguren, und da sie sich stratigraphisch klar abzeichneten, bildeten sie neues Beweismaterial zur Untersuchung der stilistischen Entwicklung. Doch auch die Steinbildhauerkunst war durch eine Reihe von viereckigen ‚Wandplatten' eindrucksvoll vertreten, über deren Zweck man sich noch nicht klar ist, obwohl figürliche Entwürfe nahezu allen anderen Fundplätzen dieser und späterer Perioden gemeinsam sind.[34] Die Keramik wurde bereits einer vorläufigen Untersuchung unterzogen, deren Resultate weitgehend die in der Veröffentlichung der Dijāla-Ergebnisse gezogenen chronologischen Schlüsse rechtfertigen.

Assur und Mâri

Es müssen noch zwei andere Fundstätten erwähnt werden, die in der Regenzone jenseits der Alluvialebene liegen, jedoch beide als Außenposten jener kulturellen und politischen Enklave betrachtet werden, die wir Sumer nennen. Die eine ist Assur (Qal'at Šergāt), am Tigris 302 km nördlich von Baghdad gelegen, die andere Mâri (Tell Harīrī) am Euphrat, 12 km nördlich der heutigen syrischen Grenze.

Assur *(Abb. 126/127)* wurde später die erste Hauptstadt des Staates Assyrien. Sie lag auf einem hohen Felsvorsprung genau oberhalb der Einmündung eines Nebenflusses.[35] Im 2. Jahrtausend v. Chr. war sie von einer mächtigen Festungsmauer umgeben, der man später eine Außenmauer hinzufügte und sie erweiterte, um eine Wohnvorstadt miteinzubeziehen, womit sich die Flußgrenze nun über eine Länge von mehr als 2,9 km erstreckte. Unter den öffentlichen Gebäuden, zu denen drei Zikkurrate gehörten, die in jenen Tagen die nördlichen Anhöhen der antiken Stadt krönten, entdeckten deutsche Ausgräber unter Führung von W. Andrae einen Tempel, der der Göttin Ištar geweiht war, und dessen älteste Fundamente in die Frühdynastische Zeit datiert werden konnten. Nachdem sie viele spätere Wiederaufbauten katalogisiert, beschrieben und abgetragen hatten, vermochten sie schließlich den „archaischen Ištar-Tempel" zu untersuchen, in der besterhaltenen Bauschicht seinen vollständigen Grundriß freizulegen und den größten Teil seines Inventars zu bergen.[36]

Viele Jahre später machte ein Franzose in Mâri eine sehr ähnliche Entdeckung. Hier rechnete man damit, Überreste aus frühdynastischer Zeit zu finden, da Mâri in der Königsliste unter jenen Städten aufgeführt ist, deren Königsdynastie einst die Hegemonie in Sumer hatten. Überraschenderweise stieß Parrot jedoch auf einen ebenfalls der Ištar geweihten Tempel, der an eines der Haupttore der Umwallung angrenzte, dessen erste drei Bauschichten (a–c) jedoch in präsargonische Zeit datierten. In den folgenden Jahren fand er in größerer Nähe des Stadtzentrums noch andere Tempel aus der gleichen Zeit, und diese Entdeckung erbrachte ebenfalls reiche Funde an Skulpturen und andere Gegenständen. Mittlerweile waren Parrot und seine Mitarbeiter damit beschäftigt, einen riesigen Palast *(Abb. 111)* freizulegen, der in das erste Viertel des 2. Jahrtausends v. Chr. datierte, und auch er stand, wie sie feststellten, genau an der Stelle eines früheren Palastes, der zur gleichen Zeit wie der Ištar-Tempel entstanden war. Bei Freilegungsarbeiten in der Nähe dieses früheren Bauwerks, stießen sie auf einen Schatz, der unter anderen Kostbarkeiten ein Rollsiegel enthielt, das ‚Mesanepada, König von Ur' von einem lokalen Herrscher zum Geschenk erhalten hatte.[37] Damit war das Gebäude eindeutig in die dritte Phase der frühdynastischen Zeit datiert und die Beziehungen zwischen den beiden sumerischen Städten hergestellt.[38]

Die Heiligtümer dieser beiden nördlichen Fundplätze können nun der gleichen Kategorie der kleinen sumerischen Tempel des Dijāla-Gebiets und anderer zugeordnet werden; in der architektonischen Anlage wie in anderer Hinsicht stimmen sie mit ihnen fast genau überein. Ein jeder hat ein oder mehrere rechteckige Sanktuarien mit einem Altar am einen Ende und einem Seiteneingang auf der Querachse. In jedem fanden sich gut erhaltene Beterfiguren, und an den Seitenwänden der Sanktuarien waren noch die Tonbänke zu sehen, auf denen sie einst gestanden hatten. In Assur besaßen die Beterfiguren einen anderen Charakter, außerdem gab es dort noch andere Kultgegenstände in Form von Miniaturhäuschen aus Terrakotta. Außerdem fanden die Ausgräber die Bruchstücke einer bemalten Gipsplakette, die reliefiert die ruhende Gestalt der Göttin Ištar zeigte, was sie annehmen ließ, daß auch die Kultstatue etwa so ausgesehen haben mochte.

Chuēra

Zum Schluß soll noch die abgelegene Fundstätte Tell Chuēra erwähnt werden, die in Nordsyrien zwischen Chābūr und Balīch, östlichen Nebenflüssen des Euphrat, entdeckt wurde. Seit 1958 hat dort Anton Moortgat ausgegraben und Zeugnisse einer seltsam anmutenden, von anders gearteten umweltlichen und fremdstämmischen Einflüssen geprägten Widerspieglung der sumerischen Zivilisation zutage gefördert.[39] Sowohl in frühdynastischer wie in akkadischer Zeit dicht besiedelt, wie die Ausgrabungen erkennen lassen, führen diese Schichten Gebäude aus unverputztem Stein, bisweilen auch aus Lehmziegeln auf Steinfundament, und auf dem Gebiet des Kunsthandwerks ist zu erkennen, daß es in der Nähe Metallvorkommen gab. Die Tempel sind mit offenen Eingängen ausgestattet, die denen der frühgeschichtlichen Schichten von Tepe Gaura ähneln und von manchen Gelehrten mit den ‚Megaron'-Wohnhäusern des bronzezeitlichen Anatolien (siehe oben) verglichen wurden; auch fand man hier seltsame, von den sumerischen abweichende Grabkammern. Dennoch gibt es auch hier viele Beterfiguren *(Abb. 62)* – wenn auch kleinen Formats und noch etwas unbeholfen gemacht – sowie Keramikgefäße mit Relieffiguren und andere Objekte, die unverkennbar aus frühdynastischer Zeit stammen. Was die Einwohner dieser Stadt betrifft, meint Mallowan: „Sie brauchen nicht notwendigerweise Sumerer und nicht einmal semitischer Herkunft gewesen zu sein. Man kann annehmen, daß es sich hier um eine wohlhabende einheimische Bevölkerung gehandelt hat, die sich – wie viele andere vor und nach ihnen – die Tracht und die Sitten jener fremden Völker zulegten, die zu ihrer Zeit in ihrer Welt dominierten."[40]

62. Pseudo-sumerische Statuette aus Chuēra, Nordsyrien, einer Stadt, deren Bewohner „sich ... die Tracht und die Sitten jener fremden Völker zulegten, die zu ihrer Zeit in ihrer Welt dominierten“

Terminologische Varianten

Den Leser der Moortgatschen Ausgrabungsberichte[41] möchte ich darauf aufmerksam machen, daß deutsche Gelehrte, was die Bezeichnungen des Chronologiesystems bei der Gliederung der Frühdynastischen Zeit betrifft, sich einer anderen, mehr epigraphischen Terminologie bedienen, zum Beispiel:

1. Sie sprechen von einer *‚Mesilim-Zeit'*, so benannt nach einem Inhaber des Titels ‚König von Kiš', dessen Namen, Mesilim, man auf einem Keulenkopf eingraviert fand. Dieser Periode ordnet Henry Frankfort eine Gruppe von Rollsiegeln im ‚linearen Dijāla-Stil' zu, während Eva Strommenger vom ‚frühen abstrakten Stil' der Epoche ‚Frühdynastisch II' (ED II) spricht, die analog ist mit Schicht VIII des Inanna-Tempels von Nippur.

2. Auf diese folgt eine nächste Phase, die Moortgat anhand einer Gruppe von Rollsiegeln mit einer Inschrift identifizieren zu können glaubte, die (früher) als *Imdugud Sikurru* gelesen wurde. Strommenger nennt diese Phase die *Fara-Zeit* und nimmt an diesen Siegeln einen ‚späten naturalistischen Stil' der ED II wahr, die sich möglicherweise in ED III fortsetzt, wie die Schicht VII des Inanna-Tempels von Nippur.

3. Danach verknüpft Moortgat einen *Meskalamdug-Stil* mit der Ur I-Zeit (Mesanepada), die für Strommenger wiederum mit ED IIIb analog ist.[42]

Wegen dieser terminologischen Bezeichnungen wie auch wegen der chronologischen Folgerungen, die sie implizieren, ist manche Kritik laut geworden. Mallowan zum Beispiel weist darauf hin, daß der Name Mesilim nicht in der Königsliste steht und der Keulenkopf auch erst in die ED III gehören könnte (Rowton datiert ihn kurz vor Urnanše aus Lagaš in ED III a). Ferner erinnert Mallowan daran, daß die Königsgräber von Ur einst aus einer Schicht ausgehoben wurden, in der Tafeln zutage traten, die sich als älter erwiesen als die von Fara. Generell kann man sagen: Britische und amerikanische Gelehrte bevorzugen das einfachere System, die Phasen zu numerieren.

6. Prä-Sargonische Kunst und Architektur

In den vorangegangenen Kapiteln haben wir uns einen Überblick über die wesentlichsten Grabungsergebnisse einiger der wichtigsten frühesten Stadtgründungen Mesopotamiens verschafft. All unsere Kenntnisse über die im Verlauf dieser Jahrhunderte entwickelte Zivilisation wie auch über die Lebensformen, die sich aus ihr ergaben, verdanken wir zwei Hauptquellen: einmal dem Studium der materiellen Hinterlassenschaften, die Archäologen freigelegt beziehungsweise geborgen haben, zum anderen den schriftlichen Zeitdokumenten, die nun der Schriftforschung zugänglich waren. Uns geht es hier vorwiegend um die erstgenannte Informationsquelle, und so wollen wir die archäologischen Funde nunmehr etwas genauer betrachten. Dies sollte wiederum abschnittweise unter gesonderten Überschriften geschehen.

Die Skulptur

Statuetten

Es mag uns heute seltsam erscheinen, daß die Steinplastik in der Kunst Mesopotamiens eine so bedeutsame Rolle spielte. Vielleicht lag es schon allein an dem Seltenheitswert des Steinmaterials, das aus weiter Ferne herbeigeschafft werden mußte, daß Stein für die ihm zugedachten Verwendungszwecke angemessen erschien. Denn wichtig ist, sich vor Augen zu halten, daß die sumerische Skulptur, ob in Voll- oder Halbplastik, durchweg sakralen Charakter hatte und eine kultische Funktion innerhalb des Tempelbezirks erfüllte. Die in dieser Hinsicht gebräuchlichsten Kunstgegenstände, und für die frühdynastische Zeit vielleicht die typischsten, sind die bei unserer Beschreibung des Tempelinventars bereits mehrfach erwähnten Beterfiguren. Zum Glück lassen die auf manchen eingekerbten Inschriften kaum Zweifel über die Intention, die ihnen zugrunde lag: Die Figur war das Abbild eines bestimmten Beters und wurde in einem Heiligtum aufgestellt, um stellvertretend für ihn bei der entsprechenden Gottheit Fürsprache einzulegen.[1]

In fast allen der im vorangegangenen Kapitel erwähnten Tempel wurden solche Statuetten gefunden. Ob sie zerbrochen neben den Ziegelstein-Bänken lagen, auf denen sie einst gestanden hatten, oder sorgsam unter dem Fußboden des Hauptraumes vergraben oder sogar in den Altar miteingemauert worden waren, – ihre Bergung hat das Volumen an sumerischer Skulptur, das uns heute zum Studium zur Verfügung steht, erheblich erweitert. Was in diesem Bereich noch fehlt, sind die eigentlichen Kultbilder, die im Brennpunkt des kultischen Geschehens auf der Altarplattform gestanden haben müssen. In jenem Hort von weggeworfenen Kleinplastiken im ‚Square-Tempel' von Tell Asmar befanden sich auch zwei Figuren von halber Lebensgröße, eine männliche und eine weibliche. Wegen der Vegetationssymbole auf dem Sockel der männlichen glaubte Frankfort, sie zunächst unter die Götter, das heißt, als Kultidole klassifizieren zu müssen. Doch gerade die Symbole wie auch die übertrieben großen, geweiteten Augen der Figuren führte die Mehrzahl der Wissenschaftler zu anderen Schlüssen; sie verwiesen auf die gleiche, auch den kleineren, weniger aufwendigen Figuren eigentümliche Beterhaltung: auf die vor der Brust zusammengenommenen Hände, die einen Becher mit dem zu spendenden Trankopfer hielten, und andere Züge, die eher den Betenden selbst kennzeichnen als den Gegenstand seiner Anbetung. Auch Andrae vermutete, daß in Assur eine Gipssteinfigur der Göttin des ‚archaischen' Ištar-Tempels in Hochrelief über dem Altar zu sehen gewesen sei, da eine solche Figur in Miniaturformat unter dem Schutt des Heiligtums gefunden worden war.[2] Und auch sein Vorschlag erwies sich als nicht restlos akzeptabel, da auf der Wand keinerlei Abdruckspuren vorhanden waren. Man darf annehmen, daß Kultfiguren im allgemeinen zu wertvoll waren und leicht transportabel gewesen sein müssen, so daß sie nicht erhalten blieben.

Es war wieder Frankfort, der als erster eine stilistische Analyse dieser Skulpturen versuchte, zu der vor allem an die 200 vollkommen oder in Bruchstücken

63. Beterfigur aus Stein, Chafāǧī (Ǧemdet-Nasr-Zeit); der bislang früheste Prototyp der in großer Zahl unter den Heiligtümern späterer sumerischer Tempel gefundenen Votivfiguren. Im plastischen Stil noch unentwickelt. Höhe 10 cm

64. Die Beterfiguren-Gruppe der Phase ‚Frühdynastisch II' aus dem ‚Square-Tempel' in Tell Asmar. Die beiden größten Figuren, eine davon 76 cm hoch, wurden zuerst für Kultfiguren eines Gottes und einer Göttin gehalten. Diese Statuetten repräsentieren den von Frankfort als solchen bezeichneten ‚früheren' plastischen Stil mit formalisierten geometrischen Figuren

erhaltene Figuren aus den Tempeln der Dijāla-Region dienten.[3] Von der Einschränkung ausgehend, daß sie geringfügig nach provinziell bedingten Eigentümlichkeiten differieren könnten, meinte er zwei getrennte Entwicklungsphasen der gestalterischen Konvention bestimmen zu können: einen früheren und einen späteren plastischen Stil, die zumindest in der Dijāla-Region mit den Epochen ‚Frühdynastisch II und III' korrespondierten.

Was den früheren Stil betrifft, und wenn wir zunächst nach seinen Vorläufern Ausschau halten, so finden sich seine Vertreter nur unter den wenigen erhaltenen Werken aus der Frühgeschichtlichen Zeit, von denen einige bereits hier erwähnt wurden. Unter ihnen gibt es nur eine Kleinplastik, die mit den Beterfiguren späterer Zeiten vergleichbar wäre: das ziemlich primitive weibliche Figürchen

Ǧemdet-Nasr-zeitlicher Herkunft aus Chafāǧī, dessen unter der Brust gefaltete Hände einen nicht mehr vorhandenen Gegenstand umschließen und bereits die Gebetshaltung vorwegnehmen.[4] Chronologisch jedoch gehört dieses Objekt nicht zu Frankforts ‚früherem' dynastischen Stil, vielmehr ist es durch einen Zeitraum von ihm getrennt, der etwa der gesamten Frühdynastisch I-Phase entspricht, der bis jetzt kein einziges bildhauerisches Werk endgültig zugeordnet wurde. Dies berechtigt uns zu dem Schluß, daß der Frühdynastisch II-Stil, den zu erörtern wir im Begriff sind, sich unabhängig von jedem traditionellen Einfluß entwickelte. Am charakteristischsten zeigt er sich vielleicht an der Gruppe der Statuetten aus dem ‚Square-Tempel' von Tell Asmar *(Abb. 64)*, die sich alle ein und derselben bildhauerischen Schule zuschreiben lassen.[5]

Neun der Anbetenden dieser Gruppe sind Männer, mit dem in dieser Zeit üblichen Gewand bekleidet, – einem einfachen gegürteten Hüftrock aus Wolle, der unten mit einer langen Falbel (Zottenbesatz) besetzt ist. Einer ist kahlhäuptig und glattrasiert und daran als Priester erkennbar; die übrigen Männer tragen viereckige Bärte und langes Haar, beides sorgfältig geriffelt und schwarz angestrichen. Die Augenhöhlen sind mit Muschel und Lapislazuli eingelegt. Die zwölfte,

65. Sitzfigur des Ebichil, Tempelvorstehers von Mâri, typisch für den ‚späteren Stil' Frühdynastisch III. Er trägt den typisch sumerischen *kaunakes*-Rock mit den ‚Blütenblättern' aus Wolle. Bei der Bartmusterung wurde ein Drillbohrer verwandt: ein typisches Kennzeichen der Mâri-Skulptur. Die Figur ist der Göttin Ištar geweiht. Höhe 52,5 cm

66. Sitzfigur einer als Urnanše ausgewiesenen Person aus dem Ištar-Tempel in Mâri. Der Inschrift zufolge stellt sie einen Sänger (oder eine Sängerin) des Königs Iblulil dar, was die unkonventionelle Haarfrisur erklären dürfte. (Frühdynastisch III). Höhe 26 cm

die knieende Figur eines Priesters, ist aus Alabaster, rituell nackt und trägt eine Toque-artige Kopfbedeckung. Die beiden weiblichen Figuren sind ebenfalls in der damals üblichen Weise gekleidet: das umhangähnliche Gewand verläuft oberhalb der Brust schräg nach oben und ist über die linke Schulter drapiert. Ihre Haartracht zeigt zwei Varianten einer in der zweiten und dritten frühdynastischen Phase üblichen Frisur: um den Kopf gelegt einen Zopfkranz und im Nakken ein ‚Chignon'. Doch noch viele andere Einfälle gibt es in dieser Zeit. Die stilistische Besonderheit dieser Figuren beruht vor allem auf der klar erkennbaren Wiedergabe des menschlichen Körpers bei gleichzeitiger Abstrahierung seiner Formen. Wie weit sich die einzelnen Figuren auch jeweils voneinander unterscheiden mögen, das formale Prinzip bleibt immer das gleiche: Der Bildhauer vereinfacht die Figur in der Gesamtheit ihrer diversen Teile auf eine handliche, halb-geometrische Form. Dem könnte man natürlich entgegenhalten, dies geschehe zumindest teilweise erzwungenermaßen aufgrund eines Mangels an technischem Können dieser frühzeitlichen Steinschneider; doch läßt die Kunstfertigkeit der Ausführung im Gegenteil eher darauf schließen, daß sie mehr Wert auf die künstlerische Gestaltung legten, als auf eine möglichst wirklichkeitsnahe Darstellung des Gegenstandes. Einen interessanten Gegensatz dazu bilden die zur gleichen Zeit entstandenen, für den Metallguß modellierten Figuren. In der Phase Frühdynastisch II war die Metallurgie bereits gut entwickelt, was sich an verblüffenden Stücken aus Kupfer ablesen läßt, die unter den Funden in Chafāǧī und Tell Aǧrab erschienen. Hier zielt der Entwurf aufs rein Naturalistische ab und zeigt nicht die Zeichen einer bewußten Stilisierung.

Zum Zweck des Studiums des Frühdynastisch III-Stils suchte Frankfort sich hauptsächlich Beterfiguren aus dem späteren Sîn-Tempel von Chafāǧī aus. Dieser ist aber auch reich unter den Exemplaren aus anderen Fundplätzen vertreten, sowohl in Sumer als auch in den unterworfenen Provinzen Obermesopotamiens (wo sich die Unterschiede der beiden Stilphasen weniger deutlich abzeichnen). Die Bildhauer dieser späteren Periode haben mittlerweile an Selbstvertrauen gewonnen. Sie legen jetzt auf formale Vereinfachung weniger Wert und scheuen sich nicht, auch auf Details der Erscheinung einzugehen. Die Körperkonturen werden subtiler modelliert, Mund und Wangen ausdrucksvoller gestaltet, die Wellung von Haar und Bart wird durch ein steifes Lockenmuster ersetzt, das stellenweise durch unter Anwendung eines Drillbohrers entstandene Löcher geteilt wird. Eine noch auffallendere Veränderung tritt bei der Darstellung der Gewandung ein. Zum ersten Mal taucht der sogenannte *kaunakes* auf: Eine Webart, die den Effekt von blattförmigen, überlappenden Wollzotten auf dem Rock erzielt, verschiedentlich als versuchte Nachbildung des Schaffells gedeutet.[6] Sicherlich wirken sich diese Tendenzen verändernd auf den Charakter der Statuetten aus und treten auch an anderen Formen bildlicher Darstellung jener Zeit in Erscheinung.

In der Tat herrscht nun eine auffallende stilistische Einheit der künstlerischen Konvention in ganz Mesopotamien. Auch Kleidermode und Aussehen unterliegen strengem Brauch, ohne Rücksicht auf regionale Unterschiede der Rasse und Tradition. Die exzentrische Sitte, sich den Kopf kahl zu rasieren, den Bart aber üppig wachsen zu lassen, ist an Figuren aus Chafāǧī und Warka ebenso zu beobachten wie in Mâri am Oberlauf des Euphrat, wo eine überwiegend nichtsumerische Bevölkerung lebte. In der Tat, gerade aus dem Ištar-Tempel und anderen frühdynastischen Heiligtümern dieser nördlichen Fundplätze stammen einige der schönsten und besterhaltenen frühdynastischen Skulpturen; manche tragen sogar Inschriften mit ihrem Namen und Beruf.[7] Andere wieder, wie die berühmte Sitzfigur des Tempelvorstehers Ebichil, werden auf einem Stuhl oder Schemel sitzend dargestellt, – ein Brauch, der sich auch in Chafāǧī und andernorts feststellen läßt. Nur die Frauen tragen bisweilen ‚Polos'-artige Kopfbedekkungen ähnlich einem Barett, und eine ist sogar von oben bis unten in einen *kaunakes*-gemusterten Überwurf gehüllt, der noch über den Polos auf dem Kopf drapiert wurde. Ganz anders die ‚Sängerin' Urnanše: mit gekreuzten Beinen sitzt sie auf einem Kissen und trägt glattes, in der Mitte gescheiteltes Haar.[8]

Gleicherweise selten sind rundplastische Figuren, die nicht menschliche Wesen darstellen, wie beispielsweise die bärtige Kuh aus Alabaster vom Nintu-Tempel in Chafāǧī, die Delougaz für eine Kultfigur hielt.[9] So sollten wir uns nun der Reliefkunst zuwenden, da sie nicht nur in Fülle vorhanden, sondern auch von besonderem Interesse ist.

Reliefs

Für die frühdynastischen Zeiten ist die Steinreliefkunst zunächst am besten durch eine Kategorie von Wandplatten aus Stein oder Schiefer belegt. Diese Platten sind viereckig, in der Mitte mit einem Loch durchbohrt und mit einer Vielfalt von Bildszenen in Reliefdarstellung geschmückt. Welchen Zweck sie einst erfüllt haben mögen, war Gegenstand weitverbreiteter Diskussion, bei der eine Anzahl von einfallsreichen Vorschlägen eingebracht wurde.[10] Die naheliegende Idee, sie seien mit einem Pflock in der Mitte, dessen Kopf möglicherweise ornamentiert war, an der Innenwand angebracht gewesen, bestätigt sich an einigen Exemplaren, die ringsum Ränder aus unbearbeitetem Stein aufwiesen, die offensichtlich unter Putz eingesetzt werden sollten. Die für gewöhnlich in zwei oder drei Streifen aufgegliederte Bildfläche zeigt aufgereihte Figuren, die mit Kulthandlungen oder irgendeinem königlichen Zeremoniell befaßt sind. Manche Darstellungen sollen auch an ein bestimmtes Ereignis erinnern; auf einem gut erhaltenen Exemplar sind Anlaß und Namen der Beteiligten den Inschriften zu entnehmen.[11] Hier ist Urnanše, der ‚Gottesvogt von Lagaš', beim Beginn eines Tempelbaus dargestellt; er trägt einen Korb mit Ziegelsteinen auf dem Kopf und wird von seinen Söhnen und seinem Gefolge begleitet. Doch gab es auch standardisiertere Bildkompositionen, von denen eine um diese Zeit im sumerischen Kunsthandwerk offensichtlich so stereotyp geworden war, daß ein fehlendes Bruchstück einer Platte aus Chafāǧī ohne weiteres durch einen Hinweis auf eine in dem einige hundert Kilo-

67. Sumerische Wandplatte aus Chafāǧī (Frühdynastisch III). Bedienstete warten dem König auf, während unten sein Wagen bereitsteht. Das fehlende Bruchstück (links unten) wurde durch ein anderes Fragment einer gleichen Platte aus Ur ersetzt, – ein Zeichen, wie standardisiert die Entwürfe in dieser Zeit waren. Die Platte mißt 51,5 cm im Quadrat

meter entfernten Ur gefundenen Replik ergänzt werden konnte.[12] Das war die berühmte ‚Bankett'-Szene: Im obersten Streifen ist ein königliches Wesen zu sehen, dem mit Speise und Trank aufgewartet wird, während im untersten Streifen das Gefolge den Wagen für es vorbereitet. Musikanten und Haustiere ergänzen die dekorative Komposition.

Wie schon früher erwähnt, wurde eine wichtige Reihe solcher Platten in Nippur in Schicht VIII und Schicht VIIb des Inanna-Tempels gefunden. D. P. Hansen hat sie sehr sorgfältig untersucht,[13] und hebt hervor, daß bei den ältesten Exemplaren die Figuren lediglich linear eingraviert wurden und erst in späterer Zeit plastisch aus dem eingelassenen Hintergrund hervortreten. In dieser Phase beschränkten sich die Entwürfe noch auf einfache Motive und ähneln denen auf den Rollsiegeln. Erst in der zweiten Phase beginnen sie, eine detailliertere Modellierung und ähnliche Bildmotive wie die oben erwähnten aufzuweisen. Beiläufig sei hier noch erwähnt, daß auf einer der ‚Bankett'-Szenen aus Schicht IIIb in Nippur ein Musikant eine Leier hält, die mit acht Saiten bespannt und deren Resonanzkasten mit einem Stierkopf geschmückt ist und genau jener gleicht, die in den Königsgräbern von Ur (Frühdynastisch IIIa) gefunden wurde.[14]

Die sumerische Steinschneidekunst erreicht in der Endphase der frühdynastischen Zeit (ED IIIb) ein hohes Maß an Vollendung. Großformatige Werke aus dieser Zeit sind leider nur in geringer Anzahl erhalten, und so müssen wir unser Urteil hauptsächlich auf die Reste eines Monuments stützen, das unter dem Namen ‚Geierstele' *(Abb. 69)* Berühmtheit erlangte. Die französischen Ausgräber von Tellō konnten nur noch ein paar Bruchstücke von ihr bergen; sie befindet sich heute im Louvre. Sie war beidseitig in horizontalen Bändern mit Szenen geschmückt, die den Sieg des Eanatum, Herrschers von Lagaš, über den Nachbarstaat Umma verewigen: Der König, – der einen Helm trägt, der dem im Grab

68. Wandplatte in Steinrelief aus Tellō. Urnanše von Lagaš trägt einen Korb mit Ziegelsteinen auf dem Kopf für den Tempelbau herbei. Unten: sitzend von seinen Kindern umgeben. Ungewöhnlich sind die vielen archaischen Beischriften auf dieser Platte. Höhe 40 cm

des Meškalamdug gefundenen Goldhelm gleicht, – führt eine Phalanx von Speerträgern (über die Leichen der gefallenen Feinde hinweg) in die Schlacht, in der unteren Szene fährt er im Kampfwagen seinem Fußvolk voraus und präsidiert bei der zeremoniellen Bestattung der Toten. Auf der Rückseite wird der Sieg symbolisch dem Stadtgott Ningirsu, Kriegsgott und Sohn des Enlil, zugeschrieben: er hält seine Opfer in einem Netz gefangen, das oben mit einem Abbild des Imdugud, des löwenhäuptigen Adlers, versiegelt ist. So gipfelt die gegenständliche Wiedergabe tumultuarischen Geschehens im Ausdruck abstrakter religiöser Vorstellungen. Mit seinem individuellen Stil und seiner genialischen Bildkomposition darf dieses Monument als eines der bedeutendsten Dokumente der Geschichte des Menschen angesehen werden.

Kehren wir für einen Augenblick zur Phase Frühdynastisch II zurück. Dort finden wir andere Arten von Steinskulptur in den Tempeln: Vasen zum Beispiel, oder Vasenhalter, teils in Hochrelief geschnitten. Auf einem reich ornamentierten

69. Fragment der sogenannten ‚Geierstele' aus Tellō, auf dem Eanatum, der ‚Gottesvogt von Lagaš', eine Phalanx von Speerträgern in die Schlacht führend, und (darunter) in seinem Kampfwagen sitzend zu sehen ist. Er trägt einen Helm, der dem im Grab des Meškalamdug in Ur gefundenen gleicht. Höhe 182 cm

Exemplar dieser Gattung aus Tell Ağrab ist ein nackter bärtiger ‚Tierbezwinger' dargestellt, der zwei Löwen am Schwanz packt und der auch auf Rollsiegeln vorkommt *(Abb. 70)*. Auf einem anderen sieht man einen knieenden, ebenfalls nackten Priester, der eine Vase auf dem Kopf trägt. Doch gibt es noch eine weitere Kategorie von Gefäßen, die aufgrund ihrer weiten Verbreitung auch in anderen Ländern außerhalb Mesopotamiens lange Zeit rätselhaft blieben: flachbödige Näpfe mit steil hochgezogenem, fast senkrechtem Rand, die aus einem weichen, früher als ‚Steatit', heute zutreffender als Chlorit bezeichneten Grünstein gefertigt sind. Ihr Reliefschmuck ist einzigartig. Ein typisches Beispiel dafür kommt aus Chafāǧī – heute befindet es sich im British Museum –: Sitzende oder stehende menschliche Figuren sumerischen Typs halten gefleckte oder gestreifte Schlangen oder stilisierte Wasserströme *(Abb. 71)*, die sich in Wellenlinien über die Oberfläche des Gefäßes zwischen mythischen Tieren und Symbolen hinziehen,[15] zu denen auch Löwen, kleine Bären und Leoparden, Raubvögel und gelegentlich Skorpione gehören können. Ebenso auffallend aber ungewöhnlicher sind

70. Fragment eines kompliziert ornamentierten Untersatzes aus Tell Ağrab (Frühdynastisch II). Hochrelief in Steinschnitt, eine auch auf Rollsiegeln häufige Szene: ein ‚Tierbezwinger' packt zwei gefleckte Löwen am Schwanz. Höhe 20 cm

die höckrigen Zebu-Rinder oder Buckelochsen, die in Mesopotamien nicht heimisch sind. Einige dieser Figuren sind sparsam mit Einlagen aus Gipspaste oder farbigem Stein verziert. Am bemerkenswertesten ist jedoch ihre weite geographische Verbreitung: Nahezu identische Exemplare wurden im viel weiter nördlich gelegenen Mâri und noch weit südlich von Sumer in Grabungsplätzen am Arabisch-Persischen Golf und schließlich sogar in Mohanjodaro im Indus-Tal aufgefunden.

Endlich brachten auch Grabungsfunde aus dem außergewöhnlichen Fundplatz von Tepe Jahjā in Belutšistān, – an einer der Hauptrouten gelegen, die von Sumer nach Indien führten, – einiges Licht in die Frage der lokalen Manufaktur. Hier, aus einer auf die Epoche ‚Frühdynastisch II' datierten Schicht, barg C. C. Lamberg-Karlovsky über tausend Bruchstücke dieser ‚Steatitvasen', darunter einige unfertige Gefäße und Ausschußware zusammen mit großen Brocken des Rohmaterials, aus dem sie geschnitten wurden. Später konnte er auch die nahegelegene Quelle ermitteln, aus der das Chlorit gebrochen wurde.[16] Darüber hinaus war er imstande, das qualitative Absinken der Entwürfe – auf simple Darstellung von

71. Sogenannte ‚Steatit-Vase', aus Belutšistān eingeführt. Auf ihr ist eine sitzende Figur sumerischen Typs, eine gefleckte Schlange sowie ein Buckelrind (Zebu) zu sehen, die beide in Mesopotamien nicht heimisch sind. Diese Art Gefäße finden sich in ganz Mesopotamien wie auch in Persien. Höhe 11,4 cm

Schilfarchitektur – in der Phase Frühdynastisch III zu bestätigen.[17] Ihre symbolische Bedeutung indes und die magischen Eigenschaften, denen sie ihre internationale Popularität verdankten, sind noch heute ein Geheimnis.

Architektur

Baumethoden

Wie alle Bewohner Mesopotamiens errichteten die Sumerer ihre Gebäude aus Lehmziegeln, die sie in einem vierseitigen Kasten formten und in der Sonne trockneten *(Abb. 72)*. Bis Ende der Frühgeschichtlichen Zeit scheint man in der Regel flache rechteckige Ziegel (die sogenannten ‚Riemchen') in waagerechten Schichten zum Mauerverband verlegt zu haben. Doch nach einer Frühdynastisch I umfassenden Übergangszeit verschwanden sie restlos, und eine neue Baumethode wurde nun üblich. Man formte die Ziegel etwas größer und gab ihnen eine sogenannte ‚plankonvexe', auf der einen Breitseite gewölbte Form, die oft mit einem Finger- oder Daumenabdruck markiert wurde.[18] Wie Bücher auf einem Bücherbord wurden sie schräg und jeweils in der nächsten Schicht in entge-

72. Auch heute noch stellen die Bewohner irakischer Dörfer Ziegel aus Tonschlamm her; er wird mit Strohhäcksel gemagert und in eine Kastenform ohne Boden gefüllt, an der Oberfläche geglättet und in der Sonne getrocknet

gengesetzter Richtung verlegt, so daß sich ein Fischgrätmuster ergab (leicht erkennbares Kriterium für Phasen Frühdynastisch II und III) *(Abb. 73)*. Im Ofen gebrannte Ziegel der gleichen Form erwiesen sich als besser für Pflasterungen geeignet, sowie für Wandoberflächen in solchen Gebäudeteilen, in denen Wasser benutzt wurde, oder auch für die Bekleidung von Außenfassaden. An einigen Fundstätten, wie Eridu, Ur und Mâri, gab es örtlich etwas Stein von minderer Qualität, der nur für Fundamente oder zum Pulverisieren für die Herstellung von Gipsputz verwandt werden konnte. Im übrigen nimmt man an, daß die frühdynastischen Gebäude aus Palmstämmen, Buschreisig und Ton errichtet und mit Flachdächern gedeckt wurden. Die Türen drehten sich um einen in das Mauerwerk eingelassenen Stein, während die Fenster im allgemeinen sehr klein und hoch oben in der Mauer angebracht waren und durch ein Terrakottagitter abgesichert werden konnten. Da es an geeignetem Holz fehlte, sind das Dach tragende Säulen sehr selten, doch aus segmentförmigen Ziegeln errichtete Rundsäulen kommen an Großbauten öfters vor.[19]

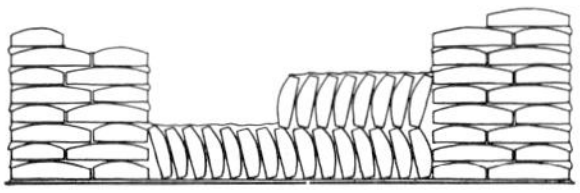

73. Die ausschließlich in den Phasen ‚Frühdynastisch II und III' übliche Bauweise mit ‚plankonvexen' Ziegeln

Tempel

Von Tempelanlagen aus dieser Zeit war schon häufig die Rede. Wir haben gesehen, daß wir wahrscheinlich zwei Kategorien unterscheiden können: den auf einer Ziegelterrasse oder gar auf einer regelrechten Zikkurrat errichteten ‚Hochtempel' und zum anderen den bisweilen von Wohnbauten umgebenen ebenerdigen Tieftempel. Unglücklicherweise ist aus bereits erwähnten Gründen nur wenig über Anlage und Gestalt der Hochtempel bekannt, und wir können lediglich vermuten, daß sie ihren prähistorischen Prototypen ähnelten. Für die Tempel der zweiten Kategorie jedoch gibt es mittlerweile etwa ein Dutzend Beispiele; sie sind in Sumer so weitverbreitet und haben so viel gemeinsam, daß eine allgemeine Analyse ihres Entwurfs und ihrer Funktion gewagt werden kann.

Kernelement der Tempelanlagen war ein rechteckiger Hauptraum mit einer Tür an einer der Längsseiten (‚Knickachsen'-Zugang), an dessen einem Ende sich ein erhöhter Altar aus Ziegeln und hinter ihm eine Wandnische befand, in der die Kultstatue gestanden haben dürfte. An anderen Stellen dieses Mittelraums gab es kleinere Ziegelplattformen oder Postamente, die gemeinhin für ‚Opfertische' gehalten werden, während auf den Ziegelbänken entlang des unteren Wandteils, wie schon erwähnt, die Beterfiguren Aufstellung fanden (Assur). Zu den beweglichen Teilen der Einrichtung gehörten hohe Bodenvasen aus Keramik, die irgendein Blattwerk aufnahmen, Stein- und Kupferfiguren, die als Vasen- oder Weihrauchschalenhalter dienten (Chafāǧī, Ur etc.), Kupferlampen für Lichte mit Binsendochten (Kiš) sowie größere Opfertische aus Stein oder Terrakotta, bisweilen in Form von Miniaturwohnhäusern, sogenannte ‚Tonhäuschenaltäre' (Assur). Sichere Hinweise auf die Ausführung eines regelrechten Rituals gibt allein die Form des Altars: in manchen Fällen ist seine Oberfläche mit einer eingelegten Stein- oder Schieferplatte bedeckt (Asmar), an das sich ein kleines Abflußrohr aus Terrakotta anschließt, das in einen verborgenen Keramikbehälter einmündete (Ağrab). Diese Ausstattung läßt auf Tier- oder Trankopfer, sogenannte Libationen, schließen, die man beide auf Rollsiegeln und anderswo dargestellt findet.

Dieses Heiligtum bedurfte zur Erfüllung seiner religiösen Funktionen einer mit Strebepfeilern verstärkten Außenfassade, zweier kleiner Türme, die den Eingang

74. Grundriß des ‚Šara-Tempel' im Tell Ağrab mit angrenzender Stadtmauer, teilweise rekonstruiert (aufgrund begründeter Vermutungen). Noch erhalten war die kleinere Einheit mit ihren zwei Schreinen *(oben links),* der Hauptraum und die von ihm aus zugänglichen Kammern *(Mitte)* sowie der Wohntrakt des Priesters *(unten).* Der erhöhte Altar war auf zwei Stufen errichtet, die eine Miniaturtreppe schmückte (Aus Delougaz und Lloyd, 1942)

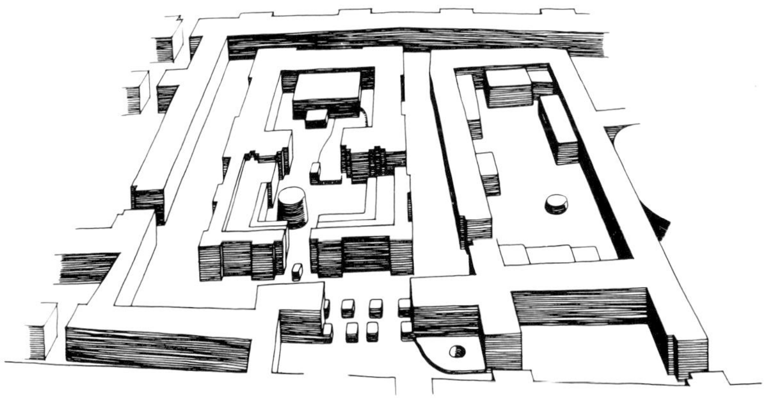

75. Der Doppeltrakt des ‚Ištar-Tempels' in Nippur (Schicht VII, Frühdynastisch II). Der Eingang zum Tempel links lag auf der Mittelachse, wie zu späterer Zeit häufig. An anderer Stelle dieses Komplexes befanden sich einst paarweise angeordnete Ziegelsäulen (Aus Hansen und Dales, *Archaeology,* 1962)

flankierten, und eines bescheidenen Anbaus, in dem sich der Brot-Backofen befand (Asmar, ‚Single-shrine').[20] Als dann im Laufe der Zeit größere und reichere Tempelbauten entstanden, blieb der beschriebene Hauptraum auch weiterhin das Kernelement der Anlage, dem je nach Gestalt und Begrenztheit des Bauplatzes Erweiterungsbauten verschiedener Art angefügt werden konnten. Die erste Hinzufügung (in Fortentwicklung traditioneller Vorbilder) pflegte in beidseitigen Seitenkammerreihen zu bestehen; eine enthielt eine Treppe, die auf das Flachdach führte. Als nächstes konnte ein Vorhof hinzukommen, wenn man den offenen Raum vor dem Haupteingang mit einer Mauer umschloß. Bald wurde auch er mit Nebenkammern umgeben, die einen eigenen Bezirk bildeten, den man durch einen von Türmen flankierten Torweg betrat.

Dieser Prozeß des allmählichen Wachstums ist sehr deutlich am Sîn-Tempel in Chafāǧī zu sehen, der noch in den Endstadien seines Ausbaus auf unregelmäßig geformtem Grundstück und inmitten von Wohnhäusern lag.[21] Im Gegensatz dazu konnten andere Tempelanlagen, die im offenen Gelände lagen, von vornherein geplant und symmetrisch gestaltet werden. Ein unprätentiöses Beispiel in dieser Hinsicht liefert der Square-Tempel in Tell Asmar; um seinen Mittelraum wurden andere Räume in der Weise gruppiert, daß neben dem Hauptraum noch zwei kleinere Räume zur Verfügung standen. Dieser formalistische Anlagetyp erreicht seine Vollendung in dem großen Šara-Tempel von Tell Aǧrab *(Abb. 74),* dessen massive Außenmauern eine Anzahl von in sich geschlossenen Einheiten umfassen, deren Kammern sich jeweils um einen eigenen Hofraum gruppieren.[22] Auch hier sind dem weiträumigen Hauptraum mit seinem zweistufigen Altar und mehreren Reihen von Opfertischen zwei kleinere Räume als Schreine sowie großzügige Wohnräume für die Priester angegliedert.

Eine vergleichende Studie all dieser Baulichkeiten und der ihnen gemeinsamen charakteristischen Merkmale hat es nunmehr möglich gemacht, sich eine Vorstellung von der Funktion dieses typisch frühsumerischen Tempels und dessen Aussehen zu bilden. Nur ein einziger von ihnen scheint von dieser verbreitetsten architektonischen Formel abzuweichen: die Anlage des Inanna-Tempels in Nippur. Neben dem großen Heiligtum mit konventionellem ‚Knickachsen'-Grundriß gab es hier noch einen zweiten, separaten Hofraum mit Schrein *(Abb. 75),* den man durch einen auf der Mittelachse dem Altar gegenüber angelegten Torweg betrat.[23] Ab dem Ende der frühdynastischen Zeit folgten alle weiteren Tempelanlagen in Mesopotamien dem gleichen Prinzip.

Ehe wir das Thema der sumerischen Tempel hinter uns lassen, muß noch etwas zu der auffallenden Diskrepanz zwischen den relativ bescheidenen architektonischen Überresten und der Bedeutung ihres einstigen Zweckes vermerkt werden. Abgesehen von seiner Funktion als Rahmen für die jahreszeitlichen Kultfeiern nämlich diente der Tempel damals zugleich als Verwaltungs- und Wirtschaftszentrum des Stadtstaats. Man würde annehmen, daß diese Bauten schon aus diesem Grund weit prätentiöser hätten ausfallen müssen, als sie es unserer bisherigen Beschreibung nach waren. Werfen wir einen kurzen Blick auf das, was H. W. F. Saggs zur Frage ihres Status und ihrer Rolle im Leben Sumers sagt: „Um diese Zeit (Mitte des 3. Jahrtausends v. Chr.) wurden die sumerischen Stadtstaaten hieratisch regiert ... Stadt und Ländereien sowie sämtliche Einwohner gehörten dem Stadtgott, während dem Herrscher/Priesterkönig (einer deren Prototypen einst Gilgameš war) nur die Verwaltung der Tempelwirtschaft oblag. Die Götter hatten die Menschen dazu erschaffen, ihnen zu dienen; insofern waren alle freien Bürger Gottesdiener."

Ihre primäre Aufgabe war es, „auf den Tempelländereien zu arbeiten, das heißt (was in den Augen der Menschen des Altertums ein und dasselbe war) jenem menschlichen Wesen zu dienen, das in Gottes Auftrag waltete, dem Ensi (Gouverneur oder Stadtfürst) ihrer Stadt. Als Gegenleistung erhielt jeder freie Bürger eine Landzuteilung von des Gottes Gütern: den Tempelländereien."

Fraglos befand sich in jener frühen Zeit der größte Teil des Landes – vielleicht sogar das ganze Land – im Besitz des Tempels und wurde gegen Abgabe eines Ertrags-Anteils an Angehörige des Volkes verpachtet. Der *Ensi,* als Vertreter der Stadtgottheit auch Verwalter der Tempelwirtschaft, wurde unterstützt von einer ganzen Hierarchie von Beamten. Privater Landbesitz blieb so lange eine seltene Ausnahme, bis in der Endphase der frühdynastischen Zeit die *Ensis* dazu übergingen, aus öffentlichem Besitz den ihrer eigenen Familien zu vergrößern. Dies hatte den Aufstieg einer säkularen Macht zur Folge, die keine sakrale Autorität mehr innehatte (und vermutlich auch jene Art von Konfrontation, zu der es zwischen gewissen ‚Herrschern' von Lagaš kommen sollte). Mittlerweile hatten sich diese Herrscher, wie wir sehen werden, große Paläste zugelegt, die ihnen persönlich gehörten. Damit hatte vermutlich die Raumnot der Tempel ein Ende. Doch sollte man sich vor Augen halten, daß die Dienste von Schreibern in der ganzen frühdynastischen Zeit noch sehr kostspielig waren und sich die Menge der schriftlichen Verwaltungsurkunden daher in Grenzen hielt. Deshalb wollen wir uns jetzt dem zuwenden, was über diese Gebäude dank der Ausgrabungen bekannt wurde.

Paläste

Unter den weltlichen Bauwerken spielen die etwas freizügig als ‚Paläste' bezeichneten Gebäude die bedeutendste Rolle. Und wir werden feststellen, daß jegliche Kommentierung ihrer Architektur durch den Mangel an genauer Kenntnis ihrer Funktion und der praktischen Erfordernisse erschwert wird. In der ersten Phase der geschichtlichen Zeit scheint der ‚Tempel' zugleich Sitz des Königs wie auch Verwaltungszentrum der herrschenden Dynastie gewesen zu sein. Später jedoch muß eine effektivere Trennung von religiöser und staatlicher Oberhoheit stattgefunden haben, denn der König verfügte nun über eine eigene Residenz, und vermutlich mußte ihr Stil seiner politischen Funktion und dem damit verbunde-

76. Doppelpalast von Kiš (Frühdynastisch IIIa) mit monumentalem Torweg. Ungewöhnlich sind auch hier wieder die runden Backsteinsäulen (Nach Mackay)

nen Zeremoniell gerecht werden. Daher können wir damit rechnen, entsprechende charakteristische Merkmale an den sogenannten ‚Palästen' anzutreffen. Tatsächlich gibt es vier bemerkenswerte Beispiele, von denen nur drei – Kiš, Eridu und Mâri – genügend Gemeinsamkeiten aufweisen, um auf eine solchen Bauten zugrundeliegende formale Konvention schließen zu lassen. Als viertes Beispiel ist der Nord-Palast vom Tell Asmar zu nennen, der zu dieser Zeit ausschließlich aus Wohneinheiten bestanden zu haben scheint, von denen sich jede um einen eigenen Hof gruppierte.[24]

Der Palastkomplex von Kiš (Frühdynastisch III a) *(Abb. 76)* besteht aus zwei durch eine schmale Straße voneinander getrennten Gebäuden.[25] Das größere dieser Gebäude, das durch einen mit Türmen bewehrten Toreingang betreten werden konnte, war um einen einzigen Innenhof angelegt und außen von einer doppelten Schutzmauer umgeben. Das sich anschließende zweite, weniger dickwandige Gebäude fällt durch die lange Halle mit vier in der Mitte stehenden Säulen am einen Ende und einer Art ‚Loggia', ebenfalls mit Säulen, am anderen Ende auf. Darüber hinaus bieten sich für die Grundrisse beider Gebäude keine weiteren Aufschlüsse. Gleicherweise rätselhaft sind in vieler Hinsicht auch die außerhalb des erhöhten Tempelbezirks von Eridu *(Abb. 77)* gelegenen frühdynastischen Paläste.[26] Auch sie wurden mit doppelten Schutzmauern umgeben, und

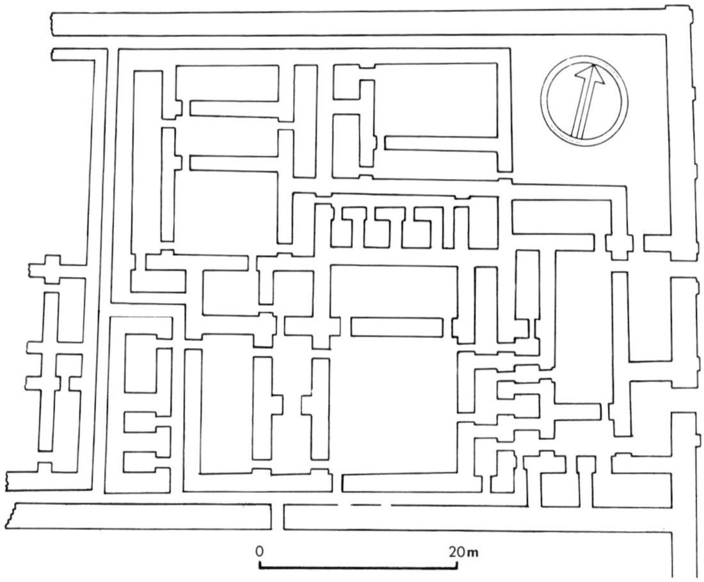

77. Der eine der zwei außerhalb des erhöhten Temenos von Eridu gelegenen, in die frühdynastische Zeit datierten Paläste. Er enthält unter anderem die Haupt-Audienzhalle, an die sich ein quadratischer Hof anschließt, – eine Vorform der Paläste späterer Epochen (Nach Safar, 1950)

wie die Gebäude von Kiš mit Stützpfeilern versehen, wie sie sonst eher einem Tempel angemessen erscheinen. Doch begegnen wir hier der ersten bislang bekannten ‚Audienz'- oder ‚Thron'halle. Sie öffnet sich auf einen quadratischen Hof, – eine Anordnung, die von nun an der ‚Empfangs-Suite', der langen Flucht von Räumlichkeiten, die alle mesopotamischen Paläste kennzeichnet, zugrundeliegt.

Diese Kombination von quadratischem Hofraum mit rechteckiger Thronhalle tritt noch auffallender am ‚Palais Présargonique' in Erscheinung, den französische Archäologen unter der Südost-Ecke der gewaltigen Palastanlage des Zimrīlim in Mâri (18. Jahrhundert v. Chr.) teilweise freilegen konnten.[27] Ob er sich als Teil eines weit größeren Gebäudes erweisen wird oder nicht, seine Bedeutung als in sich geschlossene selbständige Einheit wird durch die Verdoppelung seiner Außenmauern auf allen vier Seiten noch betont. Auch ein anderer Aspekt weist auf sie hin, der die französischen Wissenschaftler dazu veranlaßte, von einer *zone sacré* zu sprechen: Der rechteckigen Halle ist an einem Ende ein kleines Sanktuar angefügt, die Wand des quadratischen Hofes wurde mit dekorativem Risalitenschmuck verkleidet, der Hof selbst mit verschiedenartigen kultischen Einrichtungen ausgestattet. Unter dem Pflaster der innen entlang der Außenwände verlaufenden Korridore fanden sich im Fundament eingemauerte Depots. Mag dies an einem offensichtlich säkularen Zwecken zugedachten Gebäude seltsam anmuten, so sei hier im voraus gesagt, daß die Haupt-Empfangs-Flucht des kolossalen Palastes, den Zimrīlim einige Jahrhunderte später an der gleichen Stelle errichtete, die gleichen Züge aufweist. Wie wir sehen werden, gaben sie Anlaß zu den unterschiedlichsten Deutungen.

Rollsiegel

Der Übergang von einer Phase der frühdynastischen Epoche zur anderen zeichnet sich deutlich in den Entwürfen der Rollsiegel ab.[28] Bereits gegen Ende der frühgeschichtlichen Epoche konnten wir ein Absinken des künstlerischen Niveaus der Siegelschnitte beobachten, und auch im nächsten oder übernächsten Jahrhundert war kaum etwas von einem diesbezüglichen Anstieg zu merken. Jegliches Interesse an mythologischen oder religiösen Symbolgehalten war verschwunden; stattdessen bevorzugte man rein dekorative Kompositionen aus Tier- und Pflanzenformen und füllte die Lücken mit ungegenständlichen Gestaltungen aus, die auf seltsame Weise an Textilmuster erinnerten. Dieser sogenannte ‚Brokatstil' ist der Markstein der ersten frühdynastischen Phase. Mit Beginn der Phase II tritt indes eine Rückwendung zu interessanteren und phantasievolleren Themen ein. Vor allem eines gewinnt bald an Beliebtheit: der Tierkampf. Löwen fallen Viehherden an und werden von menschlichen oder halbmenschlichen ‚Tierbezwingern' abgewehrt. In dieser Rolle tritt nun wieder der bärtige ‚Held' in Erscheinung, der ‚Stiermensch' *(Abb. 78)*, der jetzt einen Gürtel trägt und unter den

Hörnern dekorative Locken zu beiden Seiten des Kopfes.[29] Diese Figuren werden zu komplizierten Mustern verwoben, die manchmal ineinander verflochten oder umgekehrt werden, doch zeigt sich kaum ein Ansatz zur plastischen Wiedergabe, und auch die rein lineare Zeichnung wird noch nicht restlos beherrscht *(Abb. 79)*. Erst in einem späteren Stadium beginnt man sich an Bildgegenständen wie die bekannte ‚Bankett-Szene' zu versuchen, doch kaum mit größerem Erfolg. Eine bemerkenswerte Neuerung besteht indes in der gelegentlichen Einfügung von piktographischen Inschriften.

Schließlich, in der dritten frühdynastischen Phase, hat die Siegelherstellung die volle Meisterschaft des Miniaturreliefschnitts erreicht. Die Figuren beginnen plastischer hervorzutreten und werden geschickt modelliert. Löwen und ‚Tierbezwinger' sind häufig frontal dargestellt *(Abb. 80)*, während die Gattung der Wi-

78. Abrollung eines Rollsiegels, Periode ‚Frühdynastisch II'. Die uns bereits bekannten ‚Tierbezwinger' und ‚Stiermenschen' wehren die Angriffe von Löwen auf Horntiere ab
79. Abrollung eines Rollsiegels, ‚Bankettszene', Periode ‚Frühdynastisch III'. Die Sitzende im oberen Streifen wird durch Inschriften auf freigelassenen Stellen als Pu-abi (früher ‚Šubad') ausgewiesen, jene Königin, die in einem der reichsten Königsgräber von Ur bestattet lag. Ihr gegenüber steht vermutlich ihr Gemahl Abargi

derkäuer zunehmend ornamental gestaltet wird; zwischen den Kampfszenen bleibt Raum für Inschriften frei, und gelegentlich teilt man die Szene durch zwei Horizontale in eine obere und eine untere Hälfte, wobei die dargestellten Figuren auf halbe Größe schrumpfen. Am faszinierendsten sind vielleicht die auf den Siegeln der Periode Frühdynastisch III dargestellten mythologischen oder kultischen Szenen, an denen Menschen und Götter gleicherweise teilhaben. Ihre Deutung blieb stets weitgehend an die sumerische Literatur gebunden, und da wir mittlerweile mehr von ihr kennen, konnte der Sinn vieler Szenen zuverlässig ermittelt werden. So sehen wir zum Beispiel den Sonnengott Šamaš im Boot den Kreislauf von Tag und Nacht zurücklegen *(Abb. 81)*, umgeben von Symbolen, die uns die Texte erläutern. Oder wir sehen den Fruchtbarkeitsgott auf seinem Thron, während Priester ihm aus Libationsgefäßen Trank spenden oder Opferga-

80. Vervollkommnete Darstellung in der Periode Frühdynastisch III. Stiere, deren Köpfe en face wiedergegeben sind, werden von mythischen Gestalten vor Löwen geschützt
81. Sitzende Figur, ausgewiesen als der Sonnengott Šamaš in seinem Boot, begleitet von anderen Gottheiten und den entsprechenden Symboltieren

ben auf einen ornamentierten Tisch häufen. Seltener finden wir die Heilige Hochzeit dargestellt, die am Neujahrsfest zwischen dem Stadtgott (Ningirsu) und der Stadtgöttin (Baba) vollzogen wurde. Eine Abwechslung bilden unter all diesen religiösen Vorgängen die weltlichen ‚Bankette', bei denen bisweilen ein burleskes Ensemble von Tieren aufwartet. Viele dieser Motive finden wir nun in anderer Form auf anderen Objekten wieder, zumal auf solchen aus den Königsgräbern von Ur.

Was die Siegelherstellung betrifft, so wurden sie jetzt aus einer Vielzahl von Halbedelsteinen geschnitten. Das Rollsiegel konnte an beiden Enden mit Silber beschlagen sein oder bestand in seltenen Fällen sogar aus reinem Gold.

Metallurgie und Kunsthandwerk

Die aus den frühdynastischen Schichten sumerischer Fundstätten geborgenen Schätze legen beredtes Zeugnis ab für die kunsthandwerklichen Fähigkeiten der damaligen Zeit auf den verschiedensten Gebieten, und eine ganze Anzahl von unglaublich schönen Kunstwerken beweisen, daß man diese Techniken auch zu kombinieren verstand.[30] Als Klasse für sich kann man die Metallschmiede bezeichnen, deren Fertigkeiten zu dieser Zeit in allen Schichten der Bevölkerung stark gefragt gewesen sein müssen. Ihre Erzeugnisse in Gestalt von Waffen, Gerä-

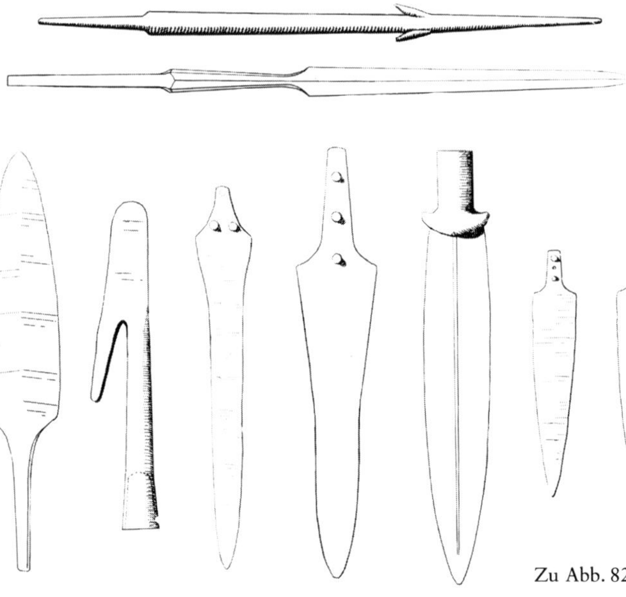

Zu Abb. 82

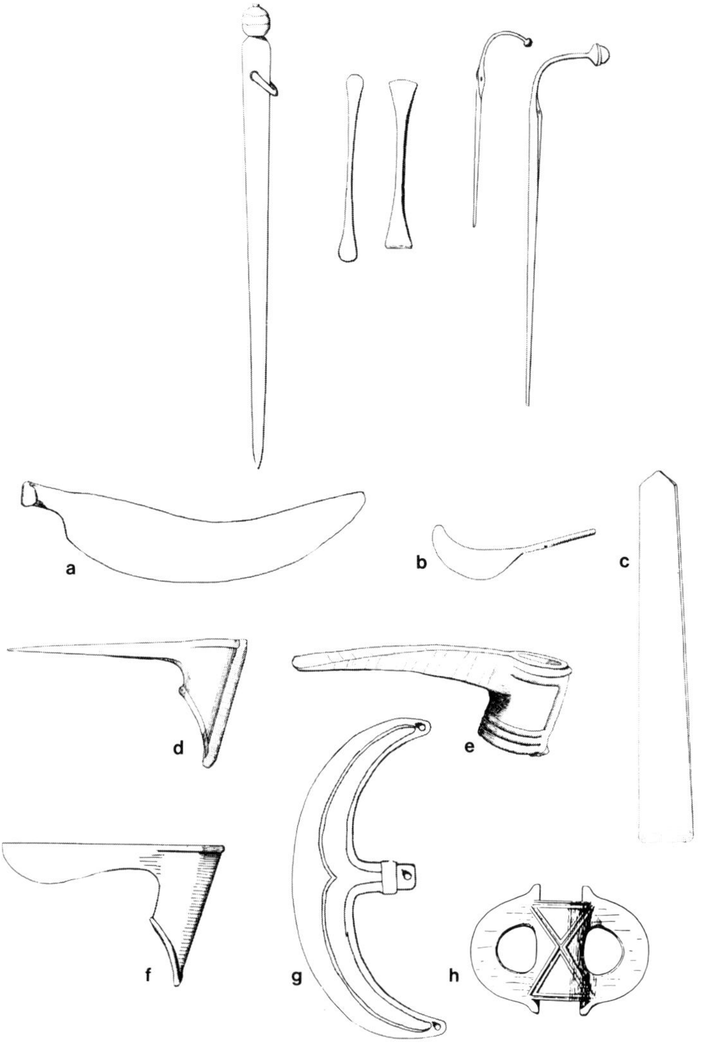

82. Metallwerkzeuge und Waffen aus den Gräbern von Ur. *(S. 160) oben:* Zwei Speerspitzen, die eine mit Dorn, die andere mit Rippe. *Darunter:* Blattförmige Speerklingen, Harpune, Messer und Dolche. *(S. 161)* Drillbohrer, gerade und gebogene Nadeln mit durchbohrtem Stiel. *Unterste Reihen: a* und *b* Schaber; *c* Meißel; *d* und *e* Beile mit Tülle; *f* in einer zweiteiligen Form gegossene Axt; *g* und *h* halbmondförmige Doppelaxt

ten und Werkzeug sind uns in großer Zahl erhalten, – Seite an Seite mit bildlichen Darstellungen, aus denen zu ersehen ist, wozu man sie brauchte. Auf einer berühmten Reliefdarstellung sind Speere, Schilde und Helme aus Kupfer zu sehen, auf einer anderen Streitäxte. Auf Siegelabrollungen schwingen ‚Tierbezwinger' Dolche mit halbmondförmigem Griff, und auf den Schlachtszenen kann man die ‚Zügelringe' mit ihren Maskottchen an den Streitwagen erkennen, während bei einem Bankett kupferne ‚Trinkrohre' benutzt werden.

Zu Votiv- und Kultzwecken fertigte man fein ornamentierte Repliken dieser Objekte aus Edelmetallen an. Die Werke sumerischer Goldschmiede können sich künstlerisch wie handwerklich mit den besten späterer Zeitalter messen, und es gab nur wenige Techniken, mit denen sie noch nicht vertraut waren. Im Treiben und Hämmern, Ziselieren, Gravieren, Granulieren wie im Filigran waren sie wahre Meister. Ihr vollendetes Können zeigt sich besonders an dem ‚Perückenhelm' des Meškalamdug, den Woolley bestaunt: es müsse eines regelrechten Kraftakts bedurft haben, „den Helm aus dem Goldblech zu treiben, ... Haarlokken erhaben herauszuarbeiten und die einzelnen Haare durch fein eingravierte Linien anzudeuten". Gleichzeitig jedoch lassen einfachere Objekte, wie die kannellierten Becher und Vasen aus den gleichen Gräbern, mehr als nur technisches Können erkennen. In der gegenseitigen Ergänzung von Form und Ornament dokumentiert sich eine echte, spezielle Begabung für Eleganz der Ausführung. Das hohe Können der Gold- und Silberschmiede wiederum bekundet sich am Schmuck der Hofdamen in jenen Gräbern von Ur: Am prächtigen Kopfputz aus goldenen Buchenblättern, an den mit goldenen und silbernen Blumen an hohen Stielen geschmückten Kämmen, den Ketten aus kleinen Amuletten in Form von Kälbern oder Böcken, Vögeln oder Fischen, an den riesigen, breiten, halbmondförmigen goldenen Ohrringen.[31] Auf einem anderen Gebiet muß die größte Kunstfertigkeit des Gießens den Kupferschmieden der frühdynastischen Zeit zuerkannt werden. Beispiele ihres Schaffens in der zweiten frühdynastischen Phase traten in Tell Ağrab zutage, unter ihnen eine bemerkenswerte Kleinplastik: ein Gespann von vier Halbeseln zieht einen zweirädrigen Wagen und wird von einem bärtigen ‚König' gelenkt.[32] Technologisch ist diese Arbeit insofern von besonderem Interesse, als sie das früheste Zeugnis der Technik des Gusses mit verlorener Form darstellt. Unter den alltäglichen Funden aus Tempeln im Dijāla-Gebiet befanden sich auch Kupferstatuetten von nackten Priestern (oder ‚Helden') *(Abb. 83)*, mit Befestigungen versehen, so daß man sie als Opferständer verwenden konnte. Eine der drei Figuren, die in Chafāğī gefunden wurden, ist 76 cm hoch, während die Bruchstücke einer anderen, der Phase Frühdynastisch III zuzuordnenden aus Tell Ağrab sogar halbe Lebensgröße hat.

Einlegearbeiten

Ein weiteres Feld, auf dem sich die frühdynastischen Kunsthandwerker hervortaten, war die Intarsien- oder Einlegetechnik aus farbigen Steinen oder anderen

83. Kupferständer für ein Weihrauchbecken in Gestalt eines nackten Priesters. Höhe 55,5 cm. Drei solcher Ständer wurden im Ovalen Tempel von Chafāǧī (Frühdynastisch III) gefunden, kleinere in Tell Aǧrab

Materialien, die sich vermutlich aus der Stiftmosaiktechnik früherer Perioden entwickelte. Ihr Anwendungsgebiet erstreckte sich von der Monumentalform der Bildfriese an den Tempelfassaden bis zur winzigen Minuskel auf kleinen Wertgegenständen. Bei ersterer wurden die aus weißem Kalkstein geschnittenen Figuren in einen Hintergrund aus grauem Schiefer eingefügt. Für kleinformatigere Gegenstände stand eine Menge von farbigen Materialien zur Verfügung, die mit Asphalt auf einen hölzernen Kern aufgebracht wurden. Bei figürlichen Dessins, die in dieser Technik ausgeführt wurden, konnten charakteristische Merkmale in Muscheln, Bein oder Perlmutt gearbeitet werden, eingepaßt in einen farbigen Hintergrund. Ein paar einzelne Figuren dieser Art fand man erstmals im Palast A in Kiš. Doch die vollen Möglichkeiten dieses Mediums offenbarten sich erst in der Fülle von Beispielen unter den oft unbeschädigten Schätzen der Königsgräber von Ur. Hier fand man Spielbretter, Toilettendosen und Schallkästen von Leiern,

84. Modellkopf des Meškalamdug aus dem Irak-Museum, mit dem zeremoniellen Goldhelm (‚Perückenhelm'), den man in seiner Grabkammer in Ur fand. Er war aus einem einzigen Goldblech gehämmert, fein ziseliert, mit Löchern am unteren Rand, die zur Befestigung eines Lederfutters dienten. (ca. 2500 v. Chr.)

85. Modellkopf aus dem Irak-Museum: Die Hofdame aus einem der Königsgräber von Ur trug einen reichen Kopfputz sowie Schmuck aus Gold, Lapislazuli und Karneol. Im ‚Dromos' eines von seinen Ausgräbern als ‚Todesschacht' bezeichneten einzigen Grabes (Nr. 1237) lagen die Überreste von 68 ähnlich gekleideten Frauen

alle mit Intarsien geschmückt, oft auch mit szenischen Darstellungen, die an die der Rollsiegel erinnern. In die einzelnen Figürchen aus Muschel oder Perlmutt waren bisweilen sogar noch Details eingraviert, wobei man in die Vertiefung rotes oder schwarzes Material eingelegt hatte. Aneinander gefügte Lapislazuliblättchen bildeten den mosaikartigen Hintergrund; das Ganze wurde mit einem

86. Kleinplastik aus Kupfer: Ein sumerischer König mit Bart in seinem Streitwagen, vor den vier Halbesel (Onager) gespannt sind. Die Gruppe wurde in der ‚Sakristei' unweit des erhöhten Altars im Šara-Tempel von Tell Ağrab gefunden und ist das bislang früheste uns bekannte Exemplar in der Technik des *cire perdue,* des ‚Gusses mit verlorener Form'. Wagen und Geschirr wurden nach sorgsamer Prüfung geringfügig ergänzt. Höhe 7 cm

andersfarbigen, geometrisch gemusterten Rahmen umgeben. In Ur findet diese Kategorie der dekorativen Kunst ihren Höhepunkt in der berühmten, auf beiden Seiten reihenweise mit agierenden Figuren bedeckten ‚Königsstandarte', deren Vorderseite eine Kriegsszene und deren Rückseite den Frieden darstellt. Manche halten sie für den Resonanzkörper irgendeines Musikinstruments.[33]

Weniger bekannt als die ‚Standarte' von Ur, zum Teil aufgrund seines beschädigten Zustands, ist ein ähnliches, ebenso großartiges, aus Elfenbein-, Muschel-,

87. Die sogenannte ‚Königsstandarte' aus einem der ältesten Gräber von Ur: In den Grund aus Lapislazuli sind die Figuren aus Muscheln eingelegt. Diese Seite der ‚Standarte' zeigt ‚Friedensszenen': ein Trinkgelage und Szenen aus der Landwirtschaft. Höhe 20 cm

88. Rückseite der ‚Königsstandarte' mit ‚Kriegsszenen': der König *(primus inter pares)*, sein Fußvolk mit Helmen sowie Streitwagen im Einsatz. Dieser Kasten mag der Resonanzkörper eines Musikinstruments gewesen sein

Schiefer-, Lapislazuli- und Goldteilchen zusammengefügtes Mosaik-Paneel aus Mâri.[34] Im obersten seiner drei Streifen sieht man eine Prozession konventionell gekleideter Männer bei einer Libationszeremonie mit den entsprechenden Gefäßen. Auf den unteren Streifen hingegen sind ausschließlich Frauen zu sehen, deren Kleidung und Tätigkeit höchst aufschlußreich sind. Im oberen Feld stehen

89. Muschelintarsie vom Ištar-Tempel in Mâri (Frühdynastisch III): ein Krieger mit Streitaxt

sich zwei Frauen am Kopf- und Fußende eines Ruhebetts gegenüber, dessen Beine denen eines Ochsen ähneln, und sind leicht vornüber geneigt damit beschäftigt, seine *kaunakes*-artige Draperie zu arrangieren. Ihnen nähern sich von hinten zwei weitere Frauen mit einem ‚Polos' auf dem Haupt, die Votivgefäße tragen. Weiter unten sieht man Frauenpaare mit fremdartigen Frisuren. Eine der beiden sitzt jeweils auf einem dreibeinigen Schemel, während die andere ihr bei einer Tätigkeit behilflich ist, bei der ein ‚Spinnrocken' von einer Hand in die andere zu wandern scheint. Ausnahmslos tragen die weiblichen Figuren über dem üblichen Untergewand ein mit Fransen besetztes Kleid, das deutlich sichtbar mit einer langen Metallnadel mit rechtwinklig abgebogenem Kopf befestigt ist (ein häufig gefundenes Utensil, dessen Zweck bislang noch unbekannt blieb). Der Nadelkopf ist mit einem Loch durchbohrt, aus dem eine Schnur mit seltsam geformten Amuletten oder Talismanen heraushängt. Darüber hinaus vermehren noch andere Details die Rätselhaftigkeit dieser Darstellungen.

Zusammengesetzte Objekte

Nun bieten sich unserer Betrachtung noch einige Stücke der Kategorie von – aus verschiedenen Materialien – zusammengesetzten Gegenständen an, die unter den Schätzen aus frühdynastischer Zeit auffallen. Da sind zum Beispiel die Musikinstrumente aus den Gräbern in Ur, die Woolley mit so peinlicher Sorgfalt ausgrub. Man hat sie als ‚Harfen' bezeichnet, nicht ganz zutreffend, da nur zwei Instrumente dieser Beschreibung entsprechen. Das gebräuchlichste Instrument war eine Leier mit einem rechteckigen, mit farbigen Intarsien geschmückten Schallkasten aus Holz, dessen zwei senkrechte Arme oben in einer Querstange enden; an ihr wurden die Saiten mit hölzernen Stimmwirbeln befestigt. Die Vorderseite des Kastens schmückte gewöhnlich ein Ornament aus Metall in Gestalt eines Stier- oder auch eines Kuhkopfes. Doch gab es auch eine Leier in Form eines hochbugigen Schiffes, die vorn die kupferne Statuette eines Hirsches ziert. Wie aus den Bildintarsien aus Ur und Mâri zu ersehen ist, wurden diese Instrumente beim Spielen in Brusthöhe gehalten, wobei der Musikant stand, – oder sie wurden auf den Boden zwischen seine Knie gestellt.[35] Außerdem gab es noch eine sogenannte ‚Leierharfe' mit zwölf an einem einzigen Jocharm befestigten Saiten und einem Stierkopf, die Woolley für das British Museum rekonstruierte. Doch mittlerweile hat R. D. Barnett anhand von Woolleys Fotos und Notizen festgestellt, daß es sich bei diesen Überresten um Bestandteile zweier verschiedener Instrumente handelt: um den Schallkasten einer konventionellen Leier und den einzelnen

90. Leier aus dem Grab des Meškalamdug in Ur mit einem goldenen Stierkopf und Ornamentstreifen aus anderen Materialien. Ein solches Instrument ist auf der ‚Friedensseite' der ‚Königsstandarte' (Abb. 87 oben rechts, S. 166) zu sehen. Der stehende Musikant hielt eine solche Leier in Brusthöhe; neben ihm stand ein Sänger. Höhe 122 cm

91. Ziegenbock, aus unterschiedlichen Materialien: Das bearbeitete Gold- und Silberblech, Lapislazuli und andere Materialien überziehen den hölzernen Kern. Dieses Stück ist eines von zwei in einem Königsgrab von Ur gefundenen Exemplaren und gilt als Fruchtbarkeitssymbol für Pflanzen- und Tierreich. Es diente als Ständer für irgendeinen anderen Gegenstand. Höhe 50 cm

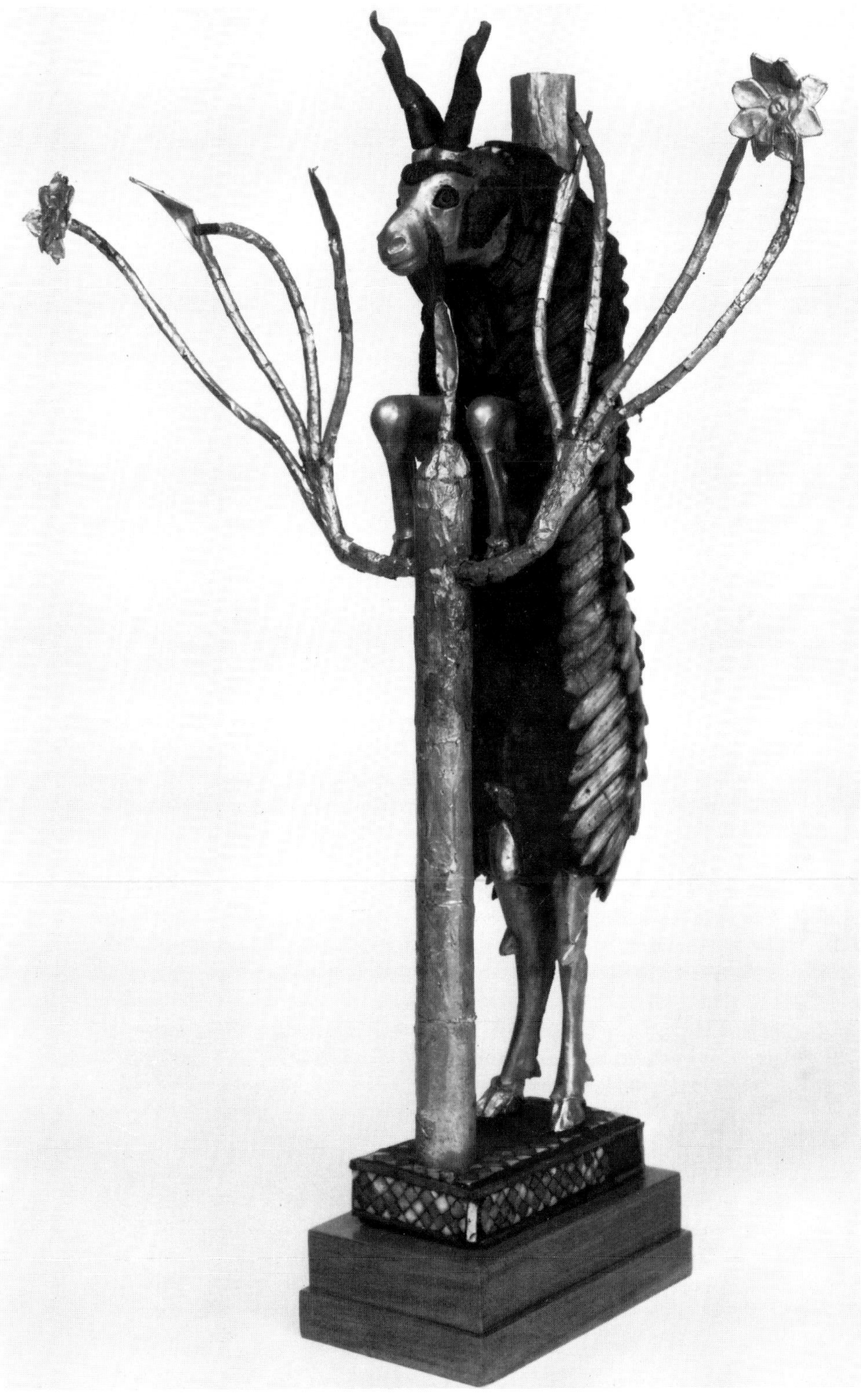

senkrechten Jocharm einer Harfe.[36] In Verbindung mit dem figürlichen Intarsienschmuck ihrer Paneelierung und ihrem mit Gold und Silber bekleideten Stäben verleihen die Stierköpfe im Schmuck ihrer üppigen Bärte aus Gold oder Lapislazuli diesen typisch sumerischen Kunstwerken ein Element der Größe.

Sollten wir noch eines weiteren Beispiels bedürfen, brauchen wir uns nur des ‚Widders, der sich mit den Hörnern verfing' zu erinnern. In Wirklichkeit freilich handelt es sich nicht um einen Widder, sondern um einen Ziegenbock *(Abb. 91),* das Symbol der Zeugungskraft im Tierreich.[37] Kopf und Beine sind aus Gold, der Bauch aus Silber, das Vlies teils aus Lapis, teils aus Muschel. Der stilisierte Baum, auf den er sich stützt, ist ebenfalls mit Goldblech überzogen. Dieses Stück ist nur ein Exemplar von zweien, die, wie man annimmt, als dekorative Opferständer (für ein Kultgefäß oder einen anderen Kultgegenstand) dienten.

Keramik

Mit geometrischen und figürlichen Entwürfen bemalte Keramik tritt letztmals in der Phase Frühdynastisch I überwiegend im Dijāla-Gebiet *(Abb. 92)* in Erscheinung. Es ist dies die sogenannte ‚Scarlet-Ware', die sich noch einige Charakteristika der feinen polychromen Keramik der ihr vorangegangenen Ǧemdet-Nasr-Zeit bewahrte.[38] Technisch ist jedoch ihre Malerei, meist in leuchtendem Rot mit schwarzen Konturen auf einem lederfarbenen oder gelblichen Überzug, weniger vollendet. Die Farbe ist bröckliger, es fehlt ihr der seidige Glanz ihrer frühen Prototypen. Am häufigsten tritt die Form des breitschultrigen Kruges mit flachem Hals und einem oder mehreren dreieckigen ‚Bügeln' oder Henkeln unter dem Rand auf. Die Art der Bemalung ist in mehrfacher Hinsicht ungewöhnlich; ganze Paneele auf der Oberfläche werden mit Menschen- und Tiergruppen gefüllt. Auf einem Exemplar aus Tell Ağrab sieht man drei nackte Frauen einem angebundenen Tier zu Ehren – vermutlich einem heiligen Stier – ihre Tamburine schwingen. Andere Tiere von betont maskuliner Art sehen aus wie Antilopen mit hohen gewundenen Hörnern. Weit ambitiöser noch ist der Entwurf auf einem schönen Exemplar aus Chafāǧī, das heute im Britischen Museum steht: mit sichtlicher Anstrengung wurde auf ihm ein Wagen mit Rädern dargestellt.

Nach diesem kurzen Auftreten der schönen Keramik der Phasen Frühdynastisch I und II verschwindet das gemalte Dekor völlig; auch in Südmesopotamien erscheint sie zu keiner Zeit wieder. Den Platz der Malerei nehmen in den Phasen Frühdynastisch II und III mannigfaltige Kerbschnittverzierungen ein, die in Verbindung mit den wechselnden Gefäßformen sehr dienliche Kriterien für eine Datierung liefern.

Im Südirak beschränkte sich die Produktion der Scarlet-Ware anscheinend auf die sumerischen Provinzen östlich des Tigris, die sich bis an die heutigen Grenzen des Iran erstreckten. Es dürfte nicht uninteressant sein, sich in diesem Zusammenhang zu vergegenwärtigen, daß sich auch im Norden, in einem Gebiet, das

92. ‚Scarlet-Ware' aus der Periode ‚Frühdynastisch I', – eine Fortentwicklung der polychromen Ǧemdet-Nasr-zeitlichen Keramik. Wenn man sich bisweilen auch an figürliche Darstellungen wagte, so ist die Malerei doch technisch von geringerer Qualität

von Ninive bis an die Grenzen Syriens reichte, die Endphase der ‚Epoche der Buntkeramik' durch neue, erstaunlich schöne Formen und Muster auszeichnete. Diese reich dekorierte Ware wurde erstmals von Mallowan bei einem Tiefenschnitt unter dem größten assyrischen Trümmerhügel entdeckt und ist seither unter der Bezeichnung ‚Ninive-V-Keramik' bekannt.[39] Mallowan beschreibt sie: „Fruchtschalen oder Kelche auf hohem Ständer, Vasen mit eckiger Schulter und langem Trichterhals auf Standringen oder -füßen, spitzbodige Näpfe und andere eigenartige Gefäßformen ... Viele sind ganz und gar mit Dekor überzogen, vor allem die größeren; übereinandergestapelt sieht man hier langhalsige, Giraffen ähnelnde Ziegen oder Wasservögel und Fische. Vielfach sind die Gefäße aber auch nur mit einförmigen geometrischen Mustern bedeckt." Zwischen dieser Keramik mit ihrer dunkelroten Malerei auf neutralem Grund und der Scarlet-Ware des Südens, – die, wie man heute weiß, aus der gleichen Zeit stammt, – scheint es offenbar keine Verbindung zu geben.[40] Im Norden wurde sie allmählich von einer unbemalten Keramik abgelöst, deren Vorzüge in der Verwendung feingeschlemmten Tons und einer reich ausgestalteten Kerbschnittornamentik bestehen.

7. Die Dynastie von Akkade und die Erneuerung Sumers

Der Terminus ‚prä-sargonisch', den man bisweilen auf die frühdynastische Periode anwendet, impliziert das Gewicht jenes Ereignisses, das dieser Zeit ein Ende setzte: Der Machtantritt des Sargon von Akkade um 2370 v. Chr. und seine schnelle Unterwerfung der alten sumerischen Stadtstaaten hatte zur Folge, daß erstmals das semitische Element in der Bevölkerung Mesopotamiens vorübergehend die Oberhand gewann.

Der Übergang von der sumerischen zur akkadischen Herrschaft als solcher läßt auf eine Revolutionierung der politischen Vorstellungen schließen, deren Größenordnung sichtbar wird, wenn wir uns vergegenwärtigen, daß sich jahrhundertelang am Muster der sumerischen Geschichte nichts geändert hatte. Dies war den besonderen Konventionen zu verdanken, die dieses Muster festschrieben. Letzteres läßt sich schon aus den formellen Titulierungen der Königsliste ablesen; es sei hier kurz dargelegt: Zunächst einmal dürfen wir davon ausgehen, daß Sumer als Land eine Einheit darstellte, die sich aus einer Reihe von Stadtstaaten zusammensetzte, von denen zu allen Zeiten jeweils nur einer die Oberherrschaft über die anderen ausübte. Diese, sprich das Königtum, hatte der jeweilige Stadtstaat solange inne, bis sie ihm durch Waffengewalt entrissen wurde und an einen anderen überging. Ebenso hatte jede Stadt ihre eigene Schutzgottheit, der die Stadt ‚gehörte', doch wurde die Autorität dieser Schutzgötter ungeachtet der jeweiligen Konflikte zwischen den Stadtstaaten nie angefochten. Ihnen gab man nicht die Schuld für die Rivalitäten der Könige, die ja nur als deren ‚Sachwalter' fungierten; dennoch waren Auseinandersetzungen unter den Göttern ebenso häufig. Und obwohl die Städte ständig miteinander um die Vorherrschaft oder um Grenzbegradigungen im Kampf lagen, bewahrten sie dennoch, voller Stolz auf ihr ‚Land', ein Gefühl der Gemeinsamkeit. Hier muß man daran erinnern, daß sie die Grenzen Sumers als selbstverständlich und endgültig betrachteten. Das runde Dutzend von Stadtstaaten, aus denen es sich zusammensetzte, erstreckte sich über ein relativ begrenztes Gebiet (das kaum größer war als die Republik Irland heute). Im Norden reichte es nicht über Mâri und Assur hinaus, und auch kulturell bildete es eine Einheit. Zu keiner Zeit hatten die Sumerer den Ehrgeiz gezeigt, diese Grenzen zu überschreiten. Ferne Länder waren für sie nur insoweit interessant, als man mit ihnen Handelsbeziehungen knüpfen konnte.

Nach der Gründung eines akkadischen Königreiches im Norden änderte sich dies alles. Mit der dynamischen Staatsführung seines ersten Herrschers Sargon trat ein neuer Faktor auf den Plan. Von sumerischen Traditionen und Vorschriften unbelastet, vermochte er seine eigene Konzeption zu entfalten: die einer absoluten Monarchie. Sargons Ambitionen zielten weit über die Grenzen eines vereinigten Sumer und Akkade hinaus. Ehe wir zu unserem archäologischen Bericht zurückkehren, wäre es daher geraten, uns einen kurzen Überblick über Ursprung und Geschichte der akkadischen Dynastie – soweit bekannt – zu verschaffen.

93. Lebensgroßer Bronzekopf eines akkadischen Herrschers, vermutlich des Sargon selbst (2370–2316 v. Chr.). Einzelfund aus den Ruinen des Ištar-Tempels in Ninive, Ausgräber Campbell-Thompson und Mallowan. Man beachte die für diese Periode charakteristische Feinheit der Modellierung. Höhe 30 cm

Semiten in Mesopotamien

Zunächst muß noch ein Wort zur Frage der semitischen Bevölkerung gesagt werden. Aufgrund linguistischer Merkmale bestimmter überlieferter Städtenamen vermutet man, daß sich Semiten schon in viel früherer Zeit in Sumer niedergelassen hatten.[1] Was ihr Herkunftsland betrifft, müssen wir uns erst einmal von der bisherigen Auffassung trennen, daß die Nomadenwanderungen von der syrischen Wüste ihren Ausgang nahmen, und zwar deshalb, weil diese mit an Sicherheit grenzender Wahrscheinlichkeit seit dem Ende des Paläolithikums bis weit ins 2. Jahrtausend v. Chr. hinein – als man das Kamel als Transportmittel zu nutzen begann – zu ihrem größten Teil unbewohnt war. Die Hirtennomaden jener frühen Tage verfügten noch nicht über die Beweglichkeit der heutigen Beduinen; vermutlich beschränkten sie ihre Bewegungen auf das an die Territorien halbnomadischer, Ackerbau treibender Völker angrenzende Grasland und sickerten erst nach und nach in die fremde Gesellschaft ein. Mit Sicherheit trifft dies für den an die syrische Wüste grenzenden Teil Mesopotamiens zu, denn hier gibt es Zeugnisse dafür, aus welcher Richtung die Infiltration vor sich ging. Im Verlauf der gesamten frühdynastischen Zeit erscheinen in den schriftlichen Dokumenten auch semitische Personennamen, und ihre geographische Streuung läßt darauf schließen, daß der semitische Bevölkerungsteil im Norden anwuchs, während in den meisten Städten Südsumers die Semiten nur eine Minderheit bildeten. In Mâri und Assur waren sie bereits in der Überzahl.

Was die semitischen Akkader betrifft, scheint man ihre nomadische Abstammung (falls sie zutrifft) bald vergessen zu haben; den frühen Texten sind keinerlei Anzeichen dafür zu entnehmen, daß sich die Sumerer ihrem Eindringen widersetzt oder später an ihrer Anwesenheit Anstoß genommen hätten. Schon vor Sargons Machtantritt hatte das ganze mittlere Mesopotamien, vom Gebiet um Nippur in nördlicher Richtung bis zur Hit-Samarra-Linie einschließlich der Dijāla-Region, ‚Land von Akkade' geheißen, und aus diesem Grund wurden schließlich alle nicht-sumerischen Völker Mesopotamiens als ‚Akkader' bezeichnet. Der auffallendste kulturelle Unterschied zwischen Akkadern und Sumerern bestand in der Sprache. Denn die Akkader hatten sich ihre eigene semitische Sprachform bewahrt und waren genötigt, sich beim Schreiben einer unbeholfenen Adaptierung der alten Keilschrift zu bedienen. Nichtsdestoweniger sollte diese schriftliche Form des Akkadischen, was die kommerzielle und diplomatische Korrespondenz betraf, nach ihrer Vervollkommnung die *lingua franca* des Nahen Ostens werden. Im übrigen teilten Sargons Untertanen auch weiterhin die religiösen Glaubensvorstellungen und die sozialen Gepflogenheiten der Sumerer.

Sargon und seine Nachfolger

Die Legende von der niederen Herkunft Sargons *(Abb. 93)* fand schnell Eingang in die Literatur späterer Zeiten: Als Waisenkind von mitleidigen Bauern gefunden und aufgezogen, soll er Mundschenk eines Königs von Kiš geworden sein, den er schließlich vom Thron verdrängte. Dies war nur der Auftakt einer spektakulären militärischen Karriere, die mit einem Sieg über Lugalzagesi von Uruk ihren Anfang nahm, der zu jener Zeit die Oberherrschaft über ganz Sumer innehatte. Nachdem Sargon alle mit ihm verbündeten Städte unterworfen und „seine Waffen im Unteren Meer (Persischer Golf) gewaschen" hatte, gründete er eine neue Hauptstadt unweit eines Ortes, der sumerisch Agade hieß. Unglücklicherweise ist die genaue Lage dieser Stadt – ein wichtiges politisches Zentrum Mesopotamiens – noch heute unbekannt. Auf jeden Fall lag sie wohl ziemlich weit im Norden der sumerischen Enklave, war jedoch für seetüchtige Schiffe über den Fluß zu erreichen. Von diesem Zeitpunkt an gibt es Anzeichen für die Begünstigung der akkadischen Anhänger Sargons: In den übrigen sumerischen Städten wurden akkadische Statthalter eingesetzt, und damit hatte es mit der Benutzung des Sumerischen als offizielle Sprache ein Ende. Andererseits verwandte man viel Eifer und Zeit auf die Restaurierung oder Wiedererrichtung alter sumerischer Kultdenkmäler, und es heißt, daß Sargon sogar seine eigene Tochter als Priesterin des Nanna, Mondgott von Ur, einsetzte.

Wie gesagt, die Unterwerfung Sumers war für Sargon nicht mehr als ein Vorgeplänkel für größere Eroberungszüge über die Grenzen Mesopotamiens hinaus. Sein erstes Wagnis dieser Art führte ihn in östlicher Richtung nach Elam hinein, wo er die vereinigten Streitkräfte von vier Herrschern unter der Führung des Königs von Awan besiegte und ein Vizekönigtum in der Stadt Sūsa errichtete, die von nun an einen neuen politischen Status erhielt. Seine zweite Expedition führte entlang dem Euphrat nach Nordsyrien, wo ihm, seiner eigenen Darstellung zufolge, „der Gott Dagan die Obere Region schenkte". Das könnte heißen, daß er bis zu den Zedernwäldern des Amanus (Libanon) und zu den Silberminen des Taurus vorgestoßen war. Spätere Feldzüge sicherten ihm die Botmäßigkeit der Siedlungen rund um Ninive oder jenseits davon, und in diesem Zusammenhang sei das berühmte Epos des ‚Königs der Schlacht' erwähnt, das den Vorstoß Sargons in das Herz Anatoliens besingt, der seine ‚Kaufleute' vor Bedrängnis durch einen örtlichen Herrscher schützen sollte; er wird als König von Burušchanda angegeben, das irgendwo in der Region südlich des heutigen Kayseri gelegen haben muß. Desgleichen wird von einem – mit Vorbehalt aufzunehmenden – Unternehmen per Schiff berichtet, das ihn bis an das äußerste Südende des Persisch-Arabischen Golfes trug, während seine Behauptung, das ‚Obere Meer' durchquert und Zypern und Kreta erreicht zu haben, Anspruch auf Glaubwürdigkeit hat.

Zumindest das eine steht fest: daß eine Reihe derartiger Kriegszüge schließlich – erstmals in geschichtlicher Zeit – die Errichtung eines Mesopotamischen Reiches und damit die kommerzielle Nutzung anderer bis dahin nahezu unbekannter Länder ermöglichte. Über die Erschließung neuer Rohstoffquellen – Holz und lebenswichtige Metalle – hinaus, die nun über die nördlichen Handelsrouten erreicht werden konnten, sowie den Import vieler Waren via Elam, konnte Akkade seinen Seehandel im Persisch-Arabischen Golf noch erweitern. So wird zum Beispiel berichtet, daß zur Zeit Sargons „Schiffe aus Dilmun, Magan und Meluchcha am Flußhafen von Akkad anlegen" konnten.[2] Dilmun, heute Bahrein, wird bereits in frühdynastischen Texten als Handelszentrum erwähnt. Und wenn man Magan mit Oman oder der Küste von Makran identifizieren kann, muß das noch entferntere Meluchcha als Brücke zur damaligen Zivilisation des Indus-Tals gedient haben. Zumindest auf dem Handelsweg hatte sich das Reich von Akkade bis an die Grenzen der damals bekannten Welt ausgedehnt.

Sargon regierte fünfundfünfzig Jahre, doch ehe er starb, sah er sich genötigt, den ersten einer Reihe von Aufständen niederzuwerfen, die auch noch die Regierungszeit seiner Nachfolger überschatten sollten. Von seinen Söhnen kam Rimuš bei einer Palastrevolution um; doch sein zweiter Sohn Maništūšu, und in noch stärkerem Maße sein Enkel Narāmsîn waren imstande, das Reich von Akkade noch zu vergrößern. Narāmsîn scheint ein Herrscher vom Format Sargons gewesen zu sein und wurde gleich ihm zur Sagenfigur. Seine lange Regierungszeit (2291–2255 v. Chr.) war angefüllt mit einer ganzen Reihe von Kriegszügen, über die er selbst in seinen eigenen Inschriften, soweit erhalten, berichtet. Und sein Feldzug gegen einen Hurriterkönig wurde auf dem Felsrelief von Pir Hussēn unweit von Diyarbekir (heute im Istanbul Museum) verewigt. Eine große, bei Darband-i-Gaur im Nordwest-Iran gefundene Felsskulptur (heute auf die 3. Dynastie von Ur datiert) verherrlicht seinen Sieg über die Lullubi, eines der Bergstämme von Luristan, die ständig die Grenzen Mesopotamiens bedrohten.[3] Ein weiterer, gleichermaßen entscheidender Sieg wird auf der berühmten, in Sūsa entdeckten, heute im Louvre aufbewahrten ‚Narāmsîn-Stele' verewigt. Monumente dieser Art sind, wie wir sehen werden, insofern für uns von besonderer Bedeutung, als sie zu den bedauerlicherweise nur spärlich vorhandenen Überresten akkadischer Skulptur einen wichtigen Beitrag liefern.

Doch zu guter Letzt waren es die Guti oder Gutäer, ein den Lullubi nördlich benachbartes Bergvolk, die das Heimatland der Akkader überrannten. Dies geschah unter der Herrschaft des Nachfolgers von Narāmsîn, Šarkališarri, zeitlich abgestimmt mit einer Massenempörung der alten sumerischen Staaten; das Regierungszentrum von Akkade wurde dabei zerstört, und das Reich zerfiel. Das hieraus resultierende politische Chaos muß beträchtliche Ausmaße gehabt haben: „Wer war König? Wer war nicht König?" Mit dieser Klage mußten sich die Schreiber der Königsliste bescheiden. Tatsache ist, das Mesopotamien nun den längsten Teil eines Jahrhunderts von halb-unbekannten Barbaren regiert wurde, die nur wenige Denkmäler und entzifferbare Inschriften hinterließen.

Archäologie

Schon an früherer Stelle in diesem Kapitel wurde erwähnt, mit welcher Tatkraft sich die akkadischen Könige dem Wiederaufbau von Tempeln und Heiligtümern der alten sumerischen Städte widmeten. In Anbetracht dessen mutet es seltsam an, daß bei Ausgrabungen an Ort und Stelle kaum Spuren ihrer Tätigkeit ans Licht kamen. Eine Erklärung dafür könnte darin bestehen, daß nahezu all diese Stätten ein paar hundert Jahre später von der dritten Königsdynastie von Ur wieder aufgebaut werden mußten, die möglicherweise absichtlich alle Spuren der Errungenschaften ihrer Vorgänger verwischte. Gleichzeitig sollte man sich erinnern, daß ein Teil dieser Stätten die ersten waren, die freigelegt wurden zu einer Zeit, da die Bergung schriftlicher Dokumente und anderer beweglicher Stücke für weit wichtiger gehalten wurde, als die Untersuchung architektonischer Überreste. Auf die Nachteile solchen Vorgehens braucht nicht besonders hingewiesen zu werden. Wie sie sich indes im gegenwärtigen Zusammenhang auswirkten, mag hier an einigen speziellen Beispielen verdeutlicht werden.

Bauten

Bei Grabungen in Nippur im Jahr 1899–1900 entdeckte H. V. Hilprecht, daß die große Zikkurrat der 3. Dynastie von Ur auf Überresten eines früheren, von Narāmsîn von Akkade begonnenen Stufenturms errichtet worden war, doch hielt er eine genauere Untersuchung für undurchführbar.[4] 1893 stieß Vincent Scheil in Sippar (heute Abū Habba) auf einen weitläufigen Temenos, den einst Sargon von Akkad angelegt hatte, konnte jedoch lediglich einen Teil der tausend Jahre später an die gleiche Stelle gesetzten Bauwerke freilegen und beschreiben.[5] Auf der Suche nach Statuen und Tafeln stieß E. H. Banks 1903–1904 in Bismāja (dem antiken Adab) auf einen Palast, sowie auf private Wohnhäuser und einen Friedhof, die alle aus der Akkaderzeit stammten, fertigte aber keinen Bericht darüber an.[6] 1923–33 war es in dieser Hinsicht schon besser bestellt. Bei Grabungsarbeiten am Ingharra-Hügel bei Kiš konnte Ch. Watelin Ausbesserungen und Erweiterungsbauten an einer älteren Zikkurrat aus der Akkaderzeit feststellen und ein Gräberfeld aus der gleichen Zeit, im Begräbnisfeld A, genauestens beschreiben.[7] In Ur lagen die möglicherweise vorhandenen Gebäudereste aus sargonischer Zeit tief unter Ruinen aus späteren Epochen begraben; doch konnte Woolley wenigstens etwa vierhundert akkadische Gräber genau untersuchen und war imstande,

94. Grundriß des ‚Akkader-Palastes' im Tell Asmar. Er enthielt die königliche Residenz, besaß ein gut angelegtes Abwassersystem und einen separaten Trakt für die Frauen. Der angrenzende Abu-Tempel (unten links) wurde ebenfalls in dieser Zeit mit einem Doppelheiligtum (ca. 2350 v. Chr.) wiederaufgebaut (Lloyd 1933)

10 5 0 10 20
SCALE OF
METRES

minutiös über sie Bericht zu erstatten.[8] Es blieb anderen britischen und amerikanischen Ausgräbern vorbehalten, in den 30er Jahren einiges Licht auf die Besonderheiten akkadischer Architektur zu werfen.

Tell Asmar

Wie bereits erwähnt, wurde im Tell Asmar in der Dijāla-Region eine weitläufige, auf Frühdynastisch III datierte Palastanlage entdeckt. Diese wurde wenig später in weit prätentiöserem Rahmen mit mehr als 2 m dicken Mauern und einer Gesamtausdehnung von 73 m wiederaufgebaut.[9] Dieser sogenannte Northern-Palast wurde wie seine Vorgänger auf einem unregelmäßig geformten Grundriß errichtet, der eine Aufteilung in drei unterschiedliche Einheiten erkennen läßt. In der Mitte sieht man eine Flucht von Empfangs- und Wohnräumen, deren Funktion unschwer zu deuten ist. An sie schließt sich im Süden eine durch einen schmalen Torweg zugängliche geschlossene Wohneinheit mit eigenem Mittelhof an; das Inventar der umliegenden Räume (Spiegel, Schmuck und Toilettengarnituren) ließ erkennen, daß hier die Frauen wohnten. Und im Norden, von den zentral gelegenen Wohn- und Empfangsräumen durch eine Reihe von zum Haupteingang hinführenden Höfen getrennt, schloß sich eine dritte Einheit mit Unterkünften für die Dienerschaft an. Auffallend sind an diesem Gebäude indes eine Reihe von unterschiedlich gestalteten Räumen an der Ostseite der Anlage: Sie haben Einbauten aus gebrannten Ziegeln, die für einen mit der Verwendung von Wasser verbundenen Zweck bestimmt gewesen zu sein scheinen; denn aus jedem führte ein Abflußrohr, das in eine mit Ziegeln überwölbte Abwasserleitung mündete, die entlang einer schmalen Gasse außerhalb des Gebäudes verlief. Tatsächlich sieht man an anderen Stellen des Grundrisses, angegliedert an größere Räume, kleine Waschräume oder Toiletten. Doch könnten diese länglichen Kammern an der Ostseite des Gebäudes noch eine zusätzliche Funktion erfüllt haben, was eine wissenschaftliche Autorität gar zu dem Schluß veranlaßte, dieses Bauwerk werde fälschlich als ‚Palast' gedeutet.[10] Aufgrund der Ziegelformen und anderen Fundmaterials ist der Bau chronologisch in die frühere Akkader-Zeit zu datieren.

Chafāǧī und Tell Brāk

Für die ausgedehnten Eroberungen der Akkader-Zeit gab es noch andere Zeugnisse in den Dijāla-Fundorten. Unweit des Northern-Palast im Tell Asmar konnte ein ausgedehntes Wohngebiet freigelegt und genauestens untersucht werden.[11] In Chafāǧī stieß man am Rand des Grabungsfeldes auf eine Gruppe von Gebäudefundamenten aus der Akkader-Zeit, die mit einer Umfassungsmauer umgeben worden waren,[12] während man im Tell Aǧrab die Spuren akkadischer Besetzung unmittelbar unter der Oberfläche fand. Doch eines der eindrucksvollsten und historisch bedeutendsten Gebäude aus dieser Periode entdeckte Mallowan im

Tell Brāk[13] unmittelbar jenseits der heutigen syrischen Grenze Nordmesopotamiens. Auch dieses bezeichnete man wieder als ‚Palast' *(Abb. 95)*, doch wirkte es eher wie eine vorgeschobene Festung oder eine befestigte Niederlage in strategischer Position an der Handelsroute nach Anatolien zur Zeit des Narāmsîn. Dicht an den in einem früheren Kapitel erwähnten prähistorischen ‚Augentempel' angrenzend, blieb nur ein Teil seiner Fundamente erhalten. Doch mit ihrer Hilfe konnte man den Grundriß wiederherstellen: den eines annähernd quadratischen Gebäudes mit enorm dicken Mauern und einer maximalen Ausdehnung von über 100 m. Aus dem Grundriß ließ sich ersehen, daß es vorwiegend aus langen Vorratskammern bestand, die sich um ein System von offenen Höfen gruppierten. Nach dem Fall des Akkader-Reiches geplündert und gebrandschatzt, wurde es zur Zeit des Urnammu (2113–2096) durch ein weniger mächtiges Bauwerk ersetzt.

Skulptur

Die akkadische Skulptur ist leider kaum reichlicher in gut erhaltenen Beispielen repräsentiert als die Architektur jener Zeit, was angesichts ihrer hohen künstlerischen Qualität beklagenswert ist. Jedoch blieben durch günstige Umstände zwei besonders schöne Stücke erhalten: einmal der lebensgroße Kopf eines akkadi-

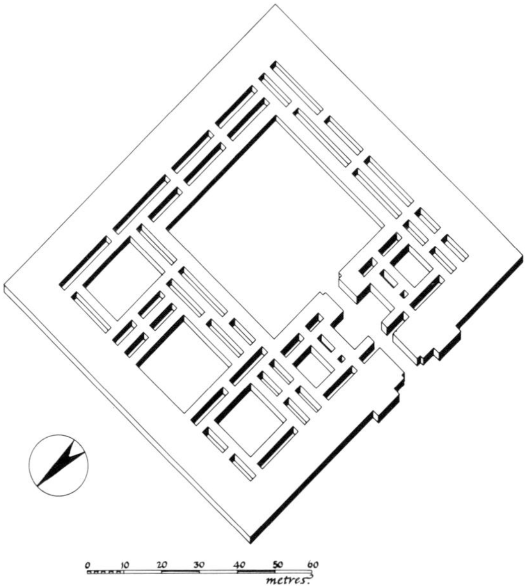

95. Grundriß des Narāmsîn-Palastes im Tell Brāk, eine befestigte Anlage an der Nordgrenze Mesopotamiens (P. P. Pratt nach Mallowan)

schen Herrschers aus Bronze, der ohne jeden Zusammenhang im Schutt des assyrischen Ištar-Tempels in Kujunğik (Ninive) aufgefunden wurde und heute im Irak-Museum steht.[14] Mallowan, der glückliche Finder, deutet ihn provisorisch als Bildnis des Sargon von Akkade, vielleicht eine Stiftung seines Sohnes Maništūsu, dessen Name in der Gründungsurkunde als Erbauer des Tempels erscheint. Die ornamentale Darstellung der Haartracht des Königs erinnert im Stil an den ‚Perückenhelm' des Meškalamdug oder an den des Eannatum auf der ‚Geierstele'. Die eigentümliche Darstellung des gelockten Barts dagegen wirkt bereits viel anspruchsvoller, und auch die Modellierung des Gesichts ist weit gekonnter als bei den sumerischen Werken. Das eine Auge wurde bei der gewaltsamen Entfernung seiner kostbaren Einlage beschädigt.

Das andere hervorragende Monument aus akkadischer Zeit ist die Siegesstele des Narāmsîn, die von J. de Morgan in Sūsa entdeckt wurde, wohin sie einst der elamische König Šutruk-Nachchunde „als Anteil der Beute aus Sippar" entführte.[15] Dieses Relief soll an den Sieg der Akkader über den Stamm der Lullubi erinnern: Geschickt deutet die Komposition einen Kampf im bewaldeten Bergland an und lenkt den Blick auf die beherrschende Figur des Königs, der hoch über seiner Truppe stehend von den Symbolen seiner Schutzgötter behütet wird. Er trägt eine Kopfbedeckung mit Hörnern, die seine eigene Göttlichkeit versinnbildlicht, in der Hand Pfeil und Bogen, und zerstampft den Feind unter seinen Füßen. Dieser großartige Entwurf könnte allein schon die schöpferischen Fähigkeiten der akkadischen Künstler hinreichend dokumentieren. Wer auf weitere Beweise nicht verzichten will, wird sie unter den Bruchstücken aus Sūsa und anderen Orten finden. So ist zum Beispiel im Louvre noch eine Stele aus Diorit mit Darstellungen der schrecklichen Folgen der Triumphe Sargons über noch unbekannte Feinde zu sehen.[16] Wäre sie nicht bereits gesichert datiert, würde man sie stilistisch einer früheren Entwicklungsstufe der akkadischen Steinbildnerkunst zuordnen. Die in horizontalen Streifen angeordneten Figuren haben manches Charakteristische ihrer sumerischen Prototypen beibehalten; mag auch der zottige Fellrock fehlen, verrät doch die Reliefdarstellung der nackten Leiber der Besiegten eine auffallende anatomische Beobachtungsgabe. Deutliche Fortschritte in der Bewältigung solcher Darstellungen hat man jedoch anscheinend erst in der Zeit nach Sargon gemacht. Im Irak-Museum findet man Fragmente einer ähnlichen Stele *(Abb. 97)*, deren Steinschnitt sich durch höchste Verfeinerung auszeichnet, die mit ziemlicher Sicherheit in die Zeit Narāmsîns datiert werden kann. Einem Vergleich mit der kontemporären ägyptischen Skulptur hält dieses Werk in jeder Hinsicht stand.[17]

96. Die Siegesstele des Narāmsîn, Königs von Akkade (2291–2255 v. Chr.) zur Verherrlichung seines Triumphes über die Lullubi; sie wurde von einem elamischen Herrscher als Beutegut nach Sūsa entführt. In bewaldetem Bergland sieht man den Monarchen an der Spitze seiner Truppen unter den Symbolen seiner Schutzgötter stehen. Die expressive Kühnheit der Komposition und die verfeinerte Bearbeitung des Steins sind verglichen mit den frühsumerischen Reliefs ein gewaltiger Fortschritt. Höhe 198 cm

Rollsiegel

Einen gewissen Ausgleich für den Mangel an akkadischer Skulptur verschafft uns der Reichtum an Rollsiegeln der akkadischen Zeit, die aus Gräbern und Wohngebäuden einiger der bereits erwähnten Fundplätze zusammengetragen werden konnten. Die Geschicklichkeit der akkadischen Siegelschneider wie auch ihr kompositorisches Talent setzten der Glyptik in Mesopotamien neue Maßstäbe.[18] Zunächst einmal fällt die veränderte Motiv- und Themenwahl auf; doch wichtiger noch ist der grundlegende stilistische Wandel in Komposition und Schnitt. Die früheren Künstler waren bestrebt gewesen, handlungsbezogene Figuren zu einem fortlaufenden Fries dicht nebeneinander zu setzen. Hierauf wird jetzt verzichtet. Die neuen Entwürfe sind so angelegt, daß sich bei der Siegelabrollung einzelne in sich geschlossene Bilder ergeben, die häufig durch eingefaßte Inschriften gegeneinander abgesetzt werden. Auch die Figuren selbst haben sich stark verändert. Sie sind größer und reihen sich nicht mehr so eng aneinander, während ein tieferer Schnitt dem Abdruck mehr Plastik verleiht; auch widmet man den Details größere Aufmerksamkeit. Freigelassene Zwischenräume lassen die Reinheit der Umrisse klarer hervortreten und bilden zur reich modellierten Ornamentik der Muster einen lebhaften Kontrast.

Von den Sagengestalten früherer Epochen haben der ‚Tierbezwinger' und sein Gefährte, der ‚menschenköpfige Stier' überlebt; noch immer kämpfen sie gegen Horntiere und Löwen *(Abb. 99)*. Doch die Streiter erscheinen nun getrennt voneinander, während die Tiere oft symmetrisch angeordnet wie die ‚Wappenhalter' in der Heraldik auftreten, zwischen sich das zentrale Motiv. Mythische und religiöse Szenen sind ebenfalls noch immer beliebt, müssen indes jetzt einem statischeren Rahmenwerk eingepaßt werden. Es gibt zahlreiche, höchst interessante Variationen; von den konventionelleren Themen der Götterverehrung und ihres Rituals abgesehen, drängen sich Bezüge zu den altbekannten Sagen der sumerischen Literatur auf. Wieder erscheint der Sonnengott in seinem Schiff oder der Wassergott, dem Ströme von Wasser den Leib herabfließen. Da ist der Vogelmensch Zu, der die ‚Schicksalstafeln' stahl, und Etana, der auf dem Rücken eines schwarzen Adlers bis in den Himmel zu fliegen versuchte und viele andere Mythengestalten, die im Lauf ausgedehnter Untersuchungen identifiziert werden konnten.[19] Einmalig ist ein Exemplar, das in die Zeit der akkadischen Besetzung des Abu-Tempels im Tell Asmar datiert und dessen Metaphorik, die charakteristisch für die Kultur des Indus-Tales ist, eine der ersten chronologischen Bindeglieder zu den zeitgenössischen Städten Mohanjodaro und Harappa bildet.[20]

97. Akkadisches Relieffragment unbekannter Herkunft. Gefangene werden nackt nach siegreicher Schlacht abgeführt, – eines der wenigen Beispiele für die hohe Kunst der mesopotamischen Steinbildner jener Zeit

Gasur/Nuzi

Schließlich sollte noch eine weitere Fundstätte erwähnt werden, aus der eine amerikanische Expedition Ende der 20er Jahre wichtiges Material der akkadischen Epoche bergen konnte: Nuzi, nicht weit von Kerkūk (an einem östlichen Nebenfluß des Tigris). Unter den hurrischen Herrschern erlangte diese Stadt im 15. Jahrhundert v. Chr. einige Bedeutung. Ausgrabungen unter der Palastanlage der Hurriter erbrachten Beweise für eine kontinuierliche Okkupation durch das ganze dritte und den Anfang des zweiten Jahrtausends hindurch; damals hieß dieser Ort, wie es scheint, noch Gasur. Schon in der frühdynastischen Zeit hatte es hier einen Tempel gegeben, der wie das zeitgenössische Heiligtum von Assur, dem er sehr ähnelte, der Göttin Ištar geweiht war. Zu den wichtigen Funden im Umkreis dieses Gebäudes gehörten eine große Sammlung von Tafeln, die in die Handelsbeziehungen der Akkader-Zeit Einblick geben. Die Texte enthielten auch Hinweise auf Handelsposten in Anatolien, die den sargonischen Legenden in dieser Hinsicht zusätzlich Substanz verleihen. Andere Funde leisteten Beiträge zur bis dato unbekannten Typologie der häuslichen und militärischen Ausstattung jener Zeit. Metallgegenstände, Rollsiegel und Keramik traten in Mengen zutage und konnten später mit denen aus Schichten derselben Epoche im Tell Brāk verglichen werden, mit denen sie mehr Gemeinsamkeiten aufwiesen, als mit ihren Gegenstücken im Süden.[21]

Lagaš und die Guti

Die Geschichte Mesopotamiens während des langen Interregnums, das auf den Einbruch der Guti oder Gutäer folgte, bleibt durch das Fehlen schriftlicher Urkunden in Dunkel gehüllt. Doch ist es zumindest nicht unwahrscheinlich, daß eine systematische Kontrolle über ganz Mesopotamien aufrechterhalten werden konnte. Diese Zwischenzeit fand, wie wir wissen, Anfang des 22. Jahrhunderts v. Chr. durch eine militärische Erhebung unter Führung eines Herrschers von Ur ein Ende. Doch etwa sechzig Jahre vor diesem Ereignis wird unsere Aufmerksamkeit auf die Stadt Lagaš gelenkt. Hier hatte sich ein sumerischer Herrscher noch halten können, der wohl zuvor genügend Unabhängigkeit und Wohlstand zu erlangen vermochte, um ihre Tempel wiederaufbauen und das Bewässerungssystem seines Gebietes wieder herstellen zu können. Dies war der Stadtfürst Urbaba, dessen Nachfolger, Gudea, sich einen prominenten Platz in der Geschichte Mesopotamiens sicherte, erstens durch die Vielzahl der erhaltenen Inschriften, die seine Leistungen rühmen, zum anderen durch die Förderung einer Schule von Steinbildhauern, die der Nachwelt einige der hervorragendsten Meisterwerke der mesopotamischen Skulptur hinterließen. Aus den Aufzeichnungen Gudeas erfahren wir von seinem erfolgreichen Feldzug gegen Elam und der Weihgabe in Gestalt seiner Beute an seinen Gott Ningirsu, dessen Tempel Eninnu er ausschmückte, was er in allen Einzelheiten beschrieben hat.[22]

Erneste de Sarzec

Die ‚Funde' aus Lagaš, die in unseren Tagen ausgegraben wurden, befinden sich heute im Louvre. Sie sind das Ergebnis der im letzten Viertel des vorigen Jahr-

98. Abdruck eines akkadischen Rollsiegels. Das ornamentale ‚Kampf'motiv steht vereinzelt zwischen vertikalen Schilfornamenten und eingefaßten Inschriften. Komposition und Modellierung erreichen hier ein hohes Niveau

99. ‚Stiermensch' und ‚Tierbezwinger', beide mit Wildstieren kämpfend in symmetrischer Anordnung, dazwischen ein Berg/Baum-Symbol

hunderts unternommenen Grabungen an einem Ort namens Tellō unter Leitung des französischen Gelehrten und Forschers Erneste de Sarzec.[23] Will man begreifen, warum diese Funde in Paris bei ihrer Ankunft eine Sensation hervorriefen, muß man sich vor Augen halten, daß sie die ersten greifbaren Zeugnisse einer Kultur aus vorassyrischer Zeit darstellten und bis zur Wiederaufnahme der Ausgrabungen im Südirak nach dem Ersten Weltkrieg auch die einzigen blieben. Ein kurzer Überblick über de Sarzecs Entdeckungen mag hier angebracht sein.[24]

Tellō

Tellō ist ein sehr ausgedehnter Fundort unweit vom Šatt el-Hai; sein größter Durchmesser beträgt annähernd 1,5 Kilometer. Die wichtigsten, um sein Zentrum liegenden Ruinenhügel wurden von den französischen Ausgräbern alphabetisch bezeichnet. Die ergiebigsten waren: Hügel A (‚Palais'), Hügel K (‚Maison des fruits') und Hügel V (‚Tell des Tablettes'). Durch auf den Markt gelangte Stücke aus Raubgrabungen auf die Stätte aufmerksam geworden, begann de Sarzec dort selbst zu graben. Er sah seine Vermutungen nach den ersten beiden Wintern (1877–1878) in den Hügeln A und K vollauf bestätigt: „un superbe fragment de statue" war es, das er entdeckte, sowie Horte in den Grundmauern, die Steintafeln und Bronzestatuetten bargen, zwei große, mit Inschriften versehene Tonzylinder, ein Fragment der ‚Geierstele' und eine Kolossalstatue; letztere ließ er freilich an Ort und Stelle. Anfang 1879, während seines Heimataufenthaltes, schaltete sich H. Rassam im Auftrag des Britischen Museums ein und begann mit eigenen Sondierungen, scheiterte indes an Schwierigkeiten mit Arbeitskräften. Im Jahr darauf kam de Sarzec zurück und startete eine dritte Kampagne, indem er seine Arbeit in Hügel A wieder aufnahm, diesmal mit phänomenalem

100. Mythische Szene: Ištar zieht einen ‚Fruchtbarkeits'gott ‚aus dem Berg' hervor, daneben ein Wassergott und anderes göttliches Gefolge

Erfolg: Er entdeckte „eine ganze Sammlung von Statuen des Gudea und Urbaba, weitere Teile der Geierstele, Steinstatuetten und Bronzefigurinen von Vasen und Inschriften in großer Zahl, – eine enorme Ausbeute, die im Mai 1881 in Frankreich eintraf".

Bis dahin, wie auch während seines vierten Grabungswinters hatte de Sarzec es mit Relikten der post-akkadischen Phase von Lagaš zu tun gehabt. Bei seiner fünften und sechsten Kampagne, als er seine Tätigkeit auf den Hügel K verlegte, stieß er auf Hinterlassenschaften aus einer weiter zurückliegenden Periode: Inschriften, in denen die Namen frühdynastischer Herrscher von Lagaš – Urnanše, Eanatum, Entemena, Urukagina – erwähnt wurden. Exzeptionell war zu dieser Zeit der Fund der berühmten, mit einem zart eingravierten Muster aus Symbolen überzogenen ‚Silbervase des Entemena'. Vier weitere Unternehmen sollten bis de Sarzecs Todesjahr 1901 noch folgen; doch ab 1893, nachdem man nun wußte, welcher Quelle die Unmengen von illegal geborgenen Keilschrifttafeln (Hügel V) entstammten, waren die französischen Ausgräber in erster Linie darauf bedacht, die totale Plünderung des Grabungsfeldes zu verhindern. Dennoch blieb zum Unglück der Fundort infolge von de Sarzecs geschwächter Gesundheit und anderen mißlichen Umständen über lange Zeit unbewacht, und die Räuber hatten freie Bahn. Die Zahl der Tafeln, die im Verlauf jener Jahre ihren Weg auf die Baghdader Märkte fanden, wird auf 30000 bis 40000 geschätzt, während die Franzosen 3800 bergen konnten.

Gudea

Die manchmal halb lebensgroßen sitzenden oder stehenden Figuren des Gudea und seines Sohnes Urningirsu sind alle durch ihre Inschriften ausgewiesen. Diese Statuen und Statuetten sind aus harten Dioritsteinblöcken gemeißelt, die auf Schiffen aus Magan oder vom Südende des Persisch-Arabischen Golfes herbeigeschafft wurden. Die unbekleideten Körperteile weisen eine Feinheit der Modellierung auf, die diesem Material sehr gemäß ist, während die Behandlung des Bildgegenstandes den Eindruck in sich ruhender Kraft vermittelt *(Abb. 101/102)*. Bartlos, bisweilen kahl sitzt der Kopf tief zwischen den Schultern, während der Ausdruck der Augen durch das Fehlen der farbigen Einlage gewonnen hat.[25] Angesichts der Vollendung dieser Skulpturen muß man bedauern, daß der Tempel unterging, in dem sie einst standen, zusammen mit anderem reichen Ausstattungsmaterial, das Gudea, wie er selbst berichtet, seinem Schutzgott Ningirsu weihte. De Sarzec hatte bei seiner Grabungstätigkeit den architektonischen Überresten nur geringe Bedeutung beigemessen. Nach seinem Tod wurde die Arbeit in Tellō jedoch unter der Leitung von Gaston Cros wieder aufgenommen und bis 1909 mit Unterbrechungen fortgesetzt. Dieser eignete sich anscheinend bald zumindest elementare Kenntnisse in der Technik des Aufspürens der Grundmauern an. A. Parrot legt in einer Zusammenfassung seiner Berichte über diese Arbeiten dar, das Cros zur Klärung der Topographie dieses Fundplatzes wesentlich beigetragen hat. Unter den Ruinen eines von einem aramäischen Herrscher im 2. Jahrhundert v. Chr. erbauten Palastes im Hügel A lokalisierte er Überreste, die er für Ruinen des Ningirsu-Tempels hielt, desgleichen im Hügel K eine von Gudea erbaute Festungsanlage. Außerdem fand er an anderer Stelle eine kopflose Statue, der man später im Louvre das bis dahin als ‚Tête-au-Turban' bekannte Fragment, den Kopf einer Statue des Gudea, aufsetzte.

101. Fragment einer Dioritstatue, vermutlich aus Tellō, heute im British Museum. Der plastische Stil ist der Beschaffenheit des Materials gut angepaßt. Der kahle Kopf ist an diesem Fundort ziemlich häufig anzutreffen. Höhe etwa 73 cm

El-Hiba

1972, mehr als siebzig Jahre nach de Sarzecs Tod, machten Jacobsen und Safar bei Vermessungsarbeiten seltsame Feststellungen, die eine vom Metropolitan Museum und der Universität von New York in Auftrag gegebene Ausgrabungsaktion unter Leitung von V. A. Crawford an dem 24 km südlich von Tellō gelegenen Fundplatz El-Hiba zur Folge hatten. Hier fand man sumerische Inschriftentafeln in Mengen, gestempelte Ziegel und andere Objekte (von denen manche zu einer Tempelanlage gehört zu haben schienen). Dies alles bewies unwiderleglich, daß die archaische Stadt Lagaš in Wirklichkeit in El-Hiba gelegen haben

102. Dioritstatue, gefunden bei Tellō. Nach dem typischen Kopfschmuck zu urteilen, stellt sie Gudea selbst dar. Die Qualität dieser Skulpturen ist zum Teil durch die Härte des Steins bedingt, der gut den Glanz einer Polierung verträgt. Höhe 105 cm

mußte *(Abb. 103)*. Künftige Ausgrabungen mögen diese paradoxe Situation einst in ein anderes Licht rücken. Doch zunächst bleibt uns nichts anderes übrig, als davon auszugehen, daß jene Stadt, die de Sarzec bei Tellō entdeckte und die mittlerweile als das antike Girsu identifiziert werden konnte,[26] ein sekundäres politisches oder sakrales Zentrum des Staates Lagaš gewesen sein muß.

Die 3. Dynastie von Ur

Die sumerische Erneuerung muß etwa um 2120 v. Chr. eingesetzt haben, – nach einer allgemeinen Rebellion gegen die Stammesfürsten unter der Führung Utuhengals, des Königs von Uruk. Ihm schlossen sich die sumerischen Regenten einer Reihe von anderen Städten an, und einer von diesen, Urnammu, war es, der ihn offenbar nach seinen ersten militärischen Erfolgen verdrängte. Der eigentliche Befreier Sumers und der Gründer der Dritten Dynastie von Ur war Urnammu, der damit die sogenannte ‚neusumerische' Periode einleitete. Für mehr als ein Jahrhundert war Ur, wie früher Akkade, unter diesem König und seinen vier Nachfolgern die Hauptstadt des Großreiches, und hier, wie auch anderswo, war man sehr eifrig in der Durchführung ehrgeiziger Bauprojekte in Gestalt monumentaler Stufentürme, Tempel und Paläste, die den Städten ihr Gepräge gaben. Für unsere Zwecke wird es von Vorteil sein, sich auf Ur selbst zu beschränken, das Woolley in den Jahren 1922 bis 1934 im heutigen Tell el-Muqējjir weitgehend freilegte.[27]

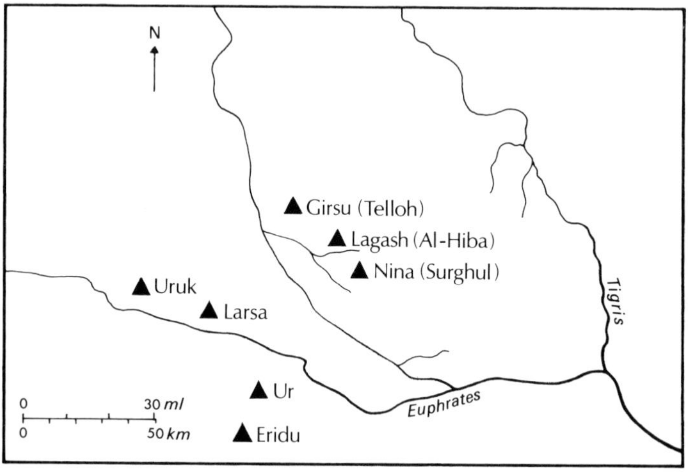

103. Geographische Darstellung der Lage von Tellō und El-Hiba innerhalb des damaligen Staates Lagaš (S. Ebrahim nach W. S. Thomas)

Bauten in Ur

Woolley zeigt in seinem Werk einen Plan der Stadt Ur und der sie umschließenden, teilweise ausgebesserten Befestigungsanlage, so wie er sie vorfand.[28] Es handelt sich hier natürlich um die von neubabylonischen Königen im 6. Jahrhundert v. Chr. wiederaufgebaute Stadtmauer, doch besteht kein Anlaß anzunehmen, daß ihr Verlauf von der eintausendfünfhundert Jahre früher zur Zeit Urnammus errichteten wesentlich abweicht. Die Stadt, die sie umschließt, hat die Form eines unregelmäßigen Ovals. Ihre maximale Länge beträgt genau 1200 m, und zu Lebzeiten Urnammus war sie bereits von einer Mauer und einem Wall umgeben. Woolley beschreibt sie wie folgt: „Der Wall war aus ungebrannten Ziegeln erbaut und hatte eine steil abfallende Außenfläche. In seinem unteren Teil bildete er in Wirklichkeit eine Verkleidung des Hügels, der aus den Ruinen der älteren Stadt entstanden war. Der obere Teil dehnte sich jedoch einwärts über die höchste Erhebung der Ruinen aus und bildete eine massive Plattform ... Auf diesem Wall verlief die eigentliche Mauer aus gebrannten Ziegeln ... Diese gewaltige Befestigungsanlage wurde noch dadurch verstärkt, daß der Euphrat (wie man an der Spur seines alten Bettes sehen kann) an der Westseite des Walles vorbeifloß, während 45 Meter vom östlichen Wall entfernt ein breiter Kanal gegraben war, der unmittelbar am Nordende der Stadt vom Fluß abzweigte, so daß Ur auf drei Seiten von Wallgräben umgeben und nur von Süden her auf trockenem Wege zu erreichen war."

Vermutlich von dieser Seite aus ging das Heer der Elamiter im Jahr 2006 v. Chr. zum Angriff auf die Stadt vor und konnte sie restlos zerstören. Denn Woolley fährt fort: „Von Urnammus Mauern ... blieb nicht eine Spur erhalten. Wir fanden zwar Beispiele der sehr großen, besonders für die Mauer angefertigten Ziegel mit dem eingestempelten Namen und den Titeln des Königs, die für irgendein späteres Gebäude wieder verwendet worden waren, aber nicht ein Ziegel wurde *in situ* gefunden. Eben weil die Verteidigungsanlagen Urs so stark gewesen waren, hatte der siegreiche Feind sie systematisch geschleift und keinen Stein auf dem anderen gelassen." (Übers. G. Steigerwald)

Die Zikkurrat

Eine zweite, schwer befestigte Umfassungsmauer umgab den im Nordwesten der Stadt gelegenen Temenos oder Heiligen Bezirk. Auf Woolleys Plan sieht man deutlich, daß er zu Nebukadnezars Zeit beträchtlich erweitert wurde: Die neuen Mauern führte man quer über die Ruinen des Mausoleums der 3. Dynastie hinweg, das unmittelbar außerhalb des alten Temenos, unweit der früheren Königsgräber gelegen hatte. Unter den innerhalb der ursprünglichen Umfassungsmauer befindlichen Gebäuden hob sich vor allem die kolossale, von Urnammu begonnene und von seinem Sohn Šulgi vollendete Zikkurrat *(Abb. 104)* ab.[29] Dieses eindrucksvolle Monument – es ist besser erhalten als alle anderen seiner Art in

Mesopotamien – wurde von Woolley mit größter Sorgfalt untersucht und beschrieben und seine berühmte perspektivische Rekonstruktionszeichnung der Zikkurrat hat ihre teilweise Wiederherstellung seitens der irakischen Regierung wesentlich erleichtert. Der massive Bau wurde in Form einer dreistufigen Pyramide hochgezogen. Der Kern besteht aus ungebrannten Ziegeln, die offenbar rund um und über die Überreste eines früheren Stufenturms geschichtet wurden. Außen war er mit einer etwa 2,4 m dicken Verkleidung aus gebrannten, in Asphalt verlegten Ziegeln versehen. Die am besten erhaltene Stufe ist an der Basis 61 m lang und 45,7 m breit; in der Höhe beträgt sie etwa 15 m. Zur ersten Terrasse der Zikkurrat gelangte man zunächst über drei rechtwinklig zusammenmündende Treppenfluchten. Die sich zwischen diesen Treppen ergebenden Winkel füllten die Erbauer mit massiven, oben abgeflachten Stütztürmen aus. An der Plattform, wo die Treppen auf der ersten Terrasse zusammentrafen, waren noch Überreste von vier Ziegelpfeilern zu sehen, die auf einen ehemals vorhandenen Torbau schließen lassen. Woolley versah ihn hypothetisch mit einem Kuppeldach. Höhe, Länge und Breite der beiden oberen Turmstufen ließen sich ebenfalls noch feststellen, doch waren sie erheblich verwittert.

Woolley fielen drei Eigentümlichkeiten an der Konstruktion der Zikkurrat auf, für die er zwei vorsichtige Erklärungen vorschlägt. Das Baumaterial bestand aus luftgetrockneten Ziegeln, die in Abständen von 6–8 Lagen mit dicken Schichten

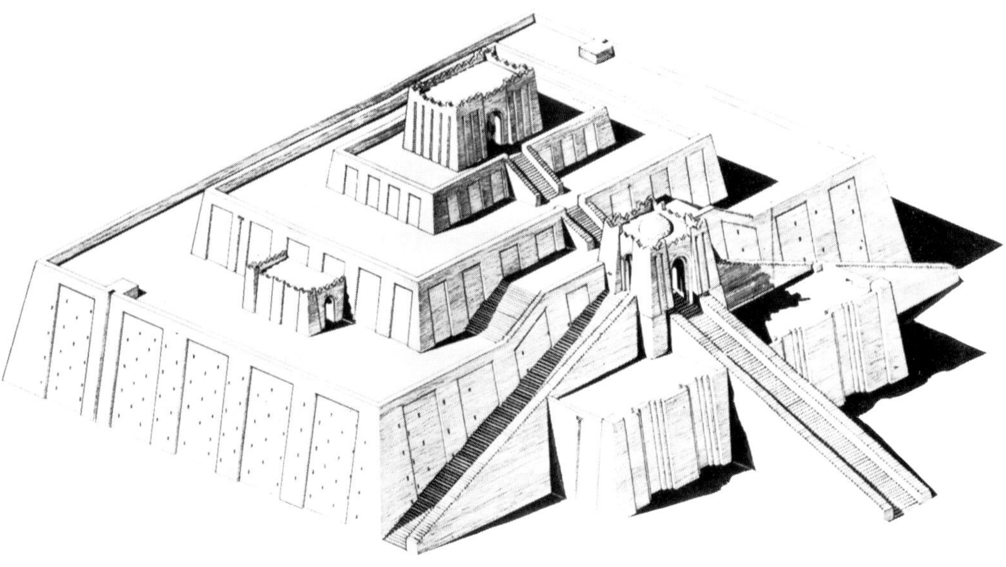

104. Die Zikkurrat der 3. Dynastie des Urnammu in Ur. Überzeugende Rekonstruktion nach Woolley. Der Tempel auf der obersten Stufe ist hypothetisch. Das Bauwerk bedeckt eine Grundfläche von 61 × 45,7 m

von Schilf-Flechtwerk verstärkt worden waren. Zum Kern des Bauwerks vordringend stellte er fest, daß Ziegel wie Mörtel gleichermaßen gehärtet und wie von Feuer verfärbt waren, eine Erscheinung, die er auf – vermutlich während vorübergehender Verfallszeiten – eingedrungene Feuchtigkeit und daraus resultierende innere Verbrennung durch den Verfallsprozeß des pflanzlichen Materials zurückführte. Im Gegensatz dazu setzte ihn die Vielzahl der schmalen länglichen Abflußlöcher, die das Mauerwerk der Außenwände der untersten Stufe durchbrachen, in Erstaunen und er fragte sich, ob nicht die Terrasse mit Bäumen bepflanzt gewesen sein mochte, die der Bewässerung bedurften. Tatsächlich hatte er verkohlte Baumstümpfe in der Nähe der Basis des Turmbaus gefunden.[30] Und schließlich stellte er fest, daß die Mauern der Fassaden des Bauwerks eine ganz leichte Wölbung nach außen aufwiesen, was ihn zu einem Vergleich mit dem von griechischen Tempelbaumeistern fünfzehn Jahrhunderte später entwickelten optischen Kunstgriff der minimalen perspektivischen Verzerrung verführte. In Anbetracht des großen Gewichts des Turms und der Nachgiebigkeit des Lehmziegelunterbaus äußerten andere Gelehrte an dieser Erklärung für das Phänomen ihre Zweifel.

Die Terrasse

Mit Ausnahme des bereits erwähnten Mausoleums lagen alle ursprünglich von den Königen der Dritten Dynastie errichteten Gebäude innerhalb des alten Temenosareals in seiner damaligen Ausdehnung. In der Mehrzahl waren sie so viele Male wiederaufgebaut und im Grundriß abgewandelt oder ausgestaltet worden, daß die Analyse der Trümmerschichten sehr viel Geduld und Geschick erforderte. Tatsächlich, sie wäre nicht möglich gewesen, hätte nicht seit akkadischer Zeit der Brauch geherrscht, Ziegel mit königlichen Inschriften zu versehen. Urnammu errichtete seinen Stufenturm auf einer erhöhten Terrasse, die von doppelten Mauern mit eingelassenen Kammern umgeben war *(é-temen-nî-gùru).* Daran fügte er einen zweiten Hof, den er durch einen monumentalen Toreingang mit dem übrigen Temenos verband und dem Schutzgott Nanna von Ur weihte. Südöstlich der Zikkuratterrasse befand sich ein gewaltiger befestigter Bau, *Gi-pár-u* genannt; dieser war der Ningal, der Gemahlin des Nanna geweiht und enthielt eine Reihe von kleineren Heiligtümern, die ihm erst später im Lauf seiner langen und verwickelten architektonischen Geschichte eingegliedert wurden. Er ist allem Anschein nach als Tieftempel oder ebenerdig errichtetes Heiligtum anzusehen. Ein weniger großes, im Winkel zwischen beiden Höfen liegendes quadratisches Gebäude, das sogenannte *E-nun-maḫ*, wird unterschiedlich als Palast, Tempel oder ‚Schatzhaus' gedeutet.

Der Hauptzugang zur Terrasse bestand zur Zeit Urnammus in einem relativ unauffälligen Torbau in der Ostecke, dem *é-dub-lal-mah.* In seinem äußeren, nach Süden zum weltlicheren Teil des Heiligen Bezirks sich öffnenden Bogen stand einst eine Statue des Nanna; dieser Torgang diente dem König als ‚Ort der

Urteilsverkündung'. Spätere Herrscher schlossen den Torgang rückwärts von der Terrasse ab und benutzten ihn als Gerichtshof, um den sich eigene Nebenräume gruppierten. Dennoch nennt ihn der kassitische König Kurigalzu fast siebenhundert Jahre später noch immer ‚das Große Tor, das Alte Tor'. Von den übrigen Bauwerken der Dritten Dynastie blieben nur zwei in ihrer ursprünglichen Form erhalten. Das eine in einem Winkel an der Südostseite des Bezirks gelegen, ‚Ehursag', war offensichtlich die Residenz des Urnammu und seiner Nachfolger, das andere das Mausoleum, von dem noch mehr zu berichten sein wird.[31] Unter diesem dichten Gebäudekomplex befanden sich auch Urnammus eigenes Grab sowie die Gräber zweier unmittelbarer Nachfolger. Die Grabkammern mit ihren Gewölbebauten und langen Treppenfluchten, die zu ihnen hinab führten, lagen unterhalb des damaligen Bodenniveaus. Über ihnen fanden sich Überreste reich ausgestalteter ‚Grabkapellen'.

Das Mausoleum

Vorweg sollte man gleich sagen, daß die bereits im Altertum erfolgte Plünderung dieser Grabstätten eine wirkliche Tragödie ist. Der erstaunlich reichen Ausstattung älterer, an sich in weit bescheidenerem Maßstab konzipierter Königsgräber nach zu urteilen, dürften die ersten großen Monarchen mit unvorstellbar reichen Grabbeigaben versehen und mit weit komplizierterem Zeremoniell beigesetzt worden sein. Heute sind nur noch die nackten Ziegelmauern mit den noch teilweise intakten Gewölben erhalten, so daß Woolley lediglich ‚Blattgoldfragmente' vorfand, die davon zeugten, welche Schätze man aus ihnen entfernt hat. Die Grüfte späterer Herrscher über Mesopotamien sind fast ausnahmslos unauffindbar geblieben.

Zu den Grabkammern mit ihren aus Backsteinen gemauerten Kraggewölben führten lange Treppenfluchten hinab *(Abb. 105)*. Als Woolley die Deckenhöhe der Kammern abzuschätzen versuchte, fiel ihm etwas Seltsames auf: Im Grabschacht Urnammus schien ihm an der Pflasterung, die etwa auf gleicher Höhe mit den Auflagern des Gewölbes angelegt war, etwas nicht zu stimmen: zwischen ihm und dem Gewölbe, das so niedrig war, daß nur in der Mitte ein Mann aufrecht stehen konnte, klaffte ein Spalt. Dann stellte er fest, daß die Treppen unter dem Fußboden weiterliefen und zwar mehrere Meter tief bis zum eigentlichen Pflaster der Kammer, das in fünf Schichten aus gebrannten Ziegeln in Asphalt verlegt worden war. Vermutlich aus folgendem Grund: Beim Bau des Grabes – damals bespülte noch der Euphrat die Stadtmauern von Ur – hatte man nicht an das Ansteigen des Wasserspiegels bei Flut gedacht. Als der König starb und das Grab benutzt werden sollte, stand es voll eingesickerten Wassers. Es blieb keine andere Möglichkeit, als es bis in Höhe des Wasserspiegels mit Geröll aufzufüllen und dann noch einmal zu pflastern. Mittlerweile war das Wasser zurückgegangen; Woolley konnte alle Grabkammern bis hinab zum eigentlichen Pflaster freilegen, und nachdem er die Gewölbe mit Holzpfosten abgestützt hatte,

105. Eingang zur Grabkammer des Urnammu mit abgestütztem Ziegelgewölbe, Mausoleum von Ur

war es möglich, in ihnen umherzugehen. Heute, nachdem man sie stabil rekonstruiert hat, sind sie eine Attraktion für Touristen geworden.

Was das Mausoleum von Ur betrifft, ging Woolley bei der Untersuchung der erhaltenen Überreste wie gewöhnlich mit besonderer Gründlichkeit vor. Er brachte es sogar fertig, gewisse Besonderheiten der Bestattungszeremonie aus dem Charakter eines provisorischen Oberbaus abzulesen, der aber später durch endgültige Monumente ersetzt worden war.

Tempel und Skulptur

Die sumerische Erneuerung scheint sich zeitlich mit einer auffallenden Veränderung des Tempelgrundrisses zu decken. Auf den früheren Knickachsentyp wurde nunmehr zugunsten einer ausgeprägteren Symmetrie verzichtet, – eine Grundrißform, die man mit geringfügigen Abwandlungen fortan für die ganze geschichtliche Zeit Babyloniens beibehielt. Ihre einfachste Gestalt fand sie in Tell Asmar (in der Antike Ešnunna), wo ein unterworfener Fürst dem vergöttlichten König von Ur, Sūsîn, einen Tempel weihte.[32] Der von Türmen flankierte Eingang, Vorhalle, Vorcella und inneres Heiligtum wurden an entgegengesetzten Seiten eines Mittelhofs so aneinander gereiht, daß sie den Durchblick auf die Kultstatue selbst freigaben. Die Zellen konnten verdoppelt, die Nebenräume vervielfacht werden, – der Kern des Grundrisses blieb stets gleich. Was die Kultstatue betrifft, die im

106. Tell Asmar (in der Antike Ešnunna). Schnitt durch eine Rekonstruktion des dem vergöttlichten Sūsîn, König von Ur, geweihten Tempels (A), und des angebauten Statthalter-Palastes mit Hausaltar aus der Zeit Ilšuilijas (2317–2283 v. Chr.). Möglicherweise war die ‚Große Halle' zu dieser Zeit überwölbt (Zeichnung R. Leacroft). 1. Allerheiligstes; 2. Altar; 3. ‚Große Halle'; 4. Thronsaal; 5. Hof; 6. Privathof; 7. Waschraum; 8. Kultraum; 9. Vorraum; 10. Allerheiligstes; 11. Toilette

107. Detail der Urnammu-Stele, gefunden in Ur, aus Bruchstücken wieder zusammengesetzt. Sitzende Gottheiten weisen den König an, einen Tempel (möglicherweise die Zikkurrat) zu errichten. Das Wiederaufleben Sumers war weitgehend der Initiative des Urnammu zu verdanken. Höhe der Stele 304 cm

Mittelpunkt des sumerischen Tempelrituals stand, so können wir uns an Hand der Götterdarstellungen auf den Steinreliefs ein ungefähres Bild von ihr machen. Eines der raren Beispiele liefert die sogenannte ‚Urnammu-Stele', deren Bruchstücke Woolley mit anderem Reliefschmuck unter den frühesten Ruinen vor dem *è-dub-làl-mah,* dem Gerichtshof entdeckte. Dieses Monument war 3 m hoch und auf der Oberfläche in horizontale Streifen mit szenischen Darstellungen des Tempelbaus aufgeteilt. Auf dem einzigen unbeschädigten Streifen ist der König gleich zweimal abgebildet; einmal steht er einem Gott, das andere Mal einer Göttin (möglicherweise Nanna und Ningal) gegenüber und bringt ihnen ein Trankopfer dar, indem er eine seltsame Pflanze damit begießt. Bruchstücke von Terrakotta-Gefäßen, die den hier dargestellten gleichen, wurden neben dem Altar des Sūsîn-Tempels gefunden. Im Gegensatz zu der weltlichen Dynamik der sargonischen Reliefs, zeichnen sich die sakralen sumerischen Darstellungen durch statische Ruhe aus. Das gleiche trifft auch für die Rollsiegel dieser Zeit zu.

8. Das zweite Jahrtausend v. Chr.

Zu Beginn des 2. Jahrtausends v. Chr., als das Sumererreich in eine Reihe von neu gebildeten, sich unabhängig machenden Staaten zerfiel, setzte eine Ära der Veränderungen der politischen Landschaft Mesopotamiens ein, die noch einmal eine kurze Abschweifung ins Historische rechtfertigt.[1]

Rivalisierende Staaten

Zwei Völker waren es, die gemeinsam den Sturz der 3. Dynastie von Ur verursachten: die aus Syrien stammenden Amoriter, die sich in Babylon und anderen Städten des Nordens niederließen, und die Elamer, die über das Zagros-Gebirge wieder in den Osten zurückkehrten, nachdem sie in Ešnunna im Dijāla-Staat einen Statthalter ihrer Wahl eingesetzt hatten, der ihre Interessen in Mesopotamien wahren sollte. In Sumer läßt sich für das 20. Jahrhundert die Existenz zweier Staaten feststellen: Isin (heute Išān el-Bahrījāt) und Larsa (heute Senkere), die sich die Herrschaft über die alten Städte und ihre Heiligtümer streitig machten. Zuerst gelangte Isin zur Vorherrschaft, doch fehlte es ihm nicht an Feinden, zu denen nicht nur Larsa sondern auch Ešnunna mit seinen elamischen Verbündeten gehörten. Darüber hinaus traten gegen Ende des Jahrhunderts zwei neue mächtige Staaten aus dem Dunkel, um eine prominente Rolle auf der politischen Szene zu spielen: Mâri (heute Tell Harīrī) und Assur (Qal'at Šergāt), jeweils am Mittellauf des Euphrat bzw. des Tigris gelegen. Auch wurde etwa um 1900 v. Chr., als Larsa die Oberhand zu gewinnen schien, in Babylon eine neue Dynastie gegründet, deren sechster Herrscher, Hammurabi, dazu ausersehen war, das ganze politische Gefüge umzugestalten.

Von den oben erwähnten nördlichen Städten ist es Mâri, die wir uns näher anschauen sollten. Die Ruinen der Stadt liegen, wie bereits erwähnt, am Westufer des Euphrat, nur wenig nördlich der heutigen syrischen Grenze. Die sumerische Königsliste spricht ihr den Status einer Stadt mit einer Herrscherdynastie zu; und in der Tat, als eine französische Expedition unter der Leitung von A. Parrot 1933 dort zu graben begann, traf sie als erstes auf einen frühdynastischen Tempel, der ebenso wie der Tempel in Assur, dem er ähnelt, der Göttin Ištar geweiht war. Anfang des 2. Jahrtausends v. Chr. hatte sich dieser Ort eine besondere Bedeutung als Station einer großen Handelsroute erworben, auf der Bauholz und Metall aus Syrien oder von den Bergwerken des Taurus herbeigeschafft wurden. Zur Zeit der Gründung der Ersten Dynastie von Babylon waren seine Herrscher infolgedessen reich und erfolgreich. Parrot hatte das Glück, ihren Palast zu finden und die Möglichkeit, ihn auszugraben: er war ein riesiges Bauwerk, das sogleich beschrieben werden soll; es enthielt ein Archiv mit mehr als 20000 Tafeln. Ihm können wir die Geschichte der Stadt Mâri vor ihrer Zerstörung durch Hammurabi um 1760 v. Chr. entnehmen.[2]

Das Archiv von Mâri macht uns zunächst mit einigen vergessenen semitischen Königen bekannt, dann mit dem schon historischen Herrscher Jachdunlim, unter dessen Herrschaft die Stadt in der Anfangszeit ihre Unabhängigkeit einbüßte; sie wurde vom Staat Assur annektiert. In diesem Zusammenhang wird der erste wahrhaft bedeutende assyrische König, Šamši-Adad I., erwähnt, über den aus dem Mâri-Archiv noch eine Menge zu erfahren sein wird. Die Stadt Assur lag in strategisch wichtiger Position auf einem Felsrücken, von wo aus man den Tigris von weit jenseits der Grenzen der alluvialen Tiefebene überblicken konnte.[3] Wie Mâri war auch Assur ein wichtiger Handelsknotenpunkt, der mit den südlichen Städten wie mit den Rohstoffquellen Anatoliens direkt in Verbindung stand. Von 1940 bis 1800 v. Chr. unterhielt die Stadt sogar eine Handelskolonie (kārum) im weit entfernten Kappadokien, in Kaniš (heute Kültepe). Unter Šamši-Adad schloß das assyrische Territorium im Norden auch die Stadt Ninive und das umliegende Hochland mit ein; im Westen dehnte es sich bis an den Euphrat aus und bildete ein gewaltiges großräumiges Königreich. Aus dem Archiv von Mâri erfahren wir recht genau, auf welche Weise es von Šamši-Adad und seinen beiden Söhnen, von denen er einen, Išmegadan, als Statthalter von Mâri einsetzte, verwaltet wurde. Er selbst zog es vor, von einer kleinen Stadt in die andere zu reisen; einen Großteil seiner Zeit verbrachte er vermutlich in Šubat-Enlil, dem ‚Sitz des Enlil', wahrscheinlich im Quellgebiet des Chābūr gelegen. Nach Meinung mancher Gelehrter ist diese Stadt mit der Ruine von Šāghir Bāzār identisch, wo Mallowan Tafeln entdeckte, die über das Finanzgebaren des Königs Aufschluß geben.[4] Andere Korrespondenz aus jener Zeit, in der auf Mitglieder der assyrischen Königsfamilie Bezug genommen wird, fand man in neuerer Zeit in Tell Rimah im Singăr-Gebiet, wo einst eine Provinzmetropole lag. Aus dem Inhalt all dieser Texte ergibt sich ein außerordentlich klares (und bisweilen unterhaltsames) Bild von der öffentlichen Verwaltung wie von den persönlichen Beziehungen der Herrscherfamilien untereinander. Allein schon aus diesem Grund sind diese Dokumente von unschätzbarem Wert.

Das Ende der Herrschaft Šamši-Adads läßt sich weniger leicht rekonstruieren. Anscheinend wurden seine südlichen Garnisonen von den Heeren Ešnunnas und Elams überrannt, die dann westlich bis an den Euphrat vordrangen, und es mag sein, daß der Assyrerkönig im Kampf gegen die Eindringlinge den Tod fand. Als man schließlich wieder klarer sieht, ist Išmegadan zum Nachfolger seines Vaters auf dem Thron geworden (1781 v. Chr.); Mâri hat seine Unabhängigkeit wiedererlangt und wird von Jachdunlims Sohn Zimrīlim regiert, der aus dem Exil in Aleppo heimgekehrt ist. Und zur Zeit Zimrīlims war es auch, daß noch letzte Verbesserungen an der – von Parrot freigelegten – Palastanlage vorgenommen wurden.

Zimrīlims politische Beziehungen zum Süden, die durch ephemere Bündnisse mit Babylon und Ešnunna bestimmt wurden, waren eine Zeitlang recht gut. Die nordwestlich gelegenen syrischen Staaten, Jamchad mit seiner Hauptstadt Halep (Aleppo), Alalach und sogar Qatna in der Ebene des heutigen Homs gelegen, hielten ihm weiter die Freundschaft. Nur östlich des Euphrat wurde der Frieden im Land durch die Ankunft neuer Einwanderer (ca. 1800 v. Chr.) aus dem Hochland des (heutigen) Azarbēǧān gestört, – Leute unbekannter Abstammung, die weder Semiten noch Indoeuropäer waren. Schon während der Dritten Dynastie von Ur hatte es in Nordmesopotamien kleinere Zentren gegeben, deren Herrscher hurrische Namen trugen. Zur Zeit Zimrīlims waren sie bereits im Karkemiš und später sogar in Alalach sowie in der Ebene des Orontes anzutreffen. Unsere nichtsdestoweniger dürftigen Informationen über sie verdanken wir hauptsächlich den Ausgrabungen der Amerikaner in Nuzi bei Kerkūk.

Die zu jener Zeit uneinigen Hurriter stellten für die Städte Obermesopotamiens keine ernsthafte Bedrohung dar. Letztendlich war es der Machtantritt eines einzigen großen Mannes, der den Thron von Babylon bestieg und dem friedlichen Zwischenspiel ein Ende setzte; 1759 v. Chr. besiegten die Heere Hammurabis die miteinander verbündeten Städte Larsa, Ešnunna, Elam und Mâri. Zwei Jahre darauf empörte sich Mâri gegen Hammurabi, woraufhin er es restlos zerstörte. Und das mittlerweile geschrumpfte Assyrien wurde zum Vasall Babyloniens. Wie zur Zeit des Sargon von Akkad war nun das ganze Gebiet wieder unter einem einzigen Herrscher zusammengefaßt, was ein entsprechendes Verwaltungssystem notwendig machte. Was dies betrifft, fanden Hammurabis Leistungen in seinem berühmten Gesetzeskodex ihren Niederschlag, den er in Keilschrift in eine 3 m hohe Basaltstele einmeißeln ließ *(Abb. 108)*. Heute kann man sie im Louvre bewundern.

Unter der Herrschaft der Nachfolger Hammurabis warf die Auflösung seines Imperiums bereits ihren Schatten in Gestalt dreier unerwarteter Vorgänge voraus: Im Süden bemächtigte sich ein im sogenannten ‚Meerland' am oberen Ende des Persischen Golfes beheimatetes Volk der alten sumerischen Stadtstaaten und schuf aus ihnen ein neues Königreich. Zweitens brach im Nordosten eine Schar von Kassiten ein, die aus ihrem Heimatland durch die gleiche Wanderbewegung indoeuropäischer Völker verdrängt worden war, die auch die Hethiter nach Anatolien vordringen ließ. Und schließlich, 1595 v. Chr., stießen die Hethiter unter ihrem König Muršili I., nachdem sie Karkemiš und Mâri geplündert hatten, sogar den Euphrat hinab bis nach Babylon vor, das sie brandschatzten. Damit setzten sie der Dynastie Hammurabis ein Ende.

Der Einfall der Hethiter nach Babylonien gehört zu den seltsamsten Geschehnissen in der Geschichte des Nahen Ostens; denn Muršili wurde fast unverzüglich wieder nach Haus beordert, da seine eigene Hauptstadt in Anatolien durch Feinde bedroht war. Am meisten zogen die Kassiten daraus Nutzen, die nunmehr auf friedliche Weise die Regierung in Babylonien übernehmen konnten. Sie machten sich die Religion und Kultur Mesopotamiens so gründlich und unange-

108. Oberteil einer Basaltstele mit dem Gesetzeskodex des Hammurabi. Sie wurde bei einem Raubzug der Elamer entführt und befindet sich heute im Louvre. Der König steht vor der sitzenden Gestalt des Gottes der Gerechtigkeit, Šamaš. Unterhalb des Bildfeldes sieht man 16 senkrecht angeordnete Reihen von Keilschrifttexten, die eine endgültige Neuformulierung der überlieferten babylonischen Gesetze beinhalten. Höhe des Bildfeldes 71 cm

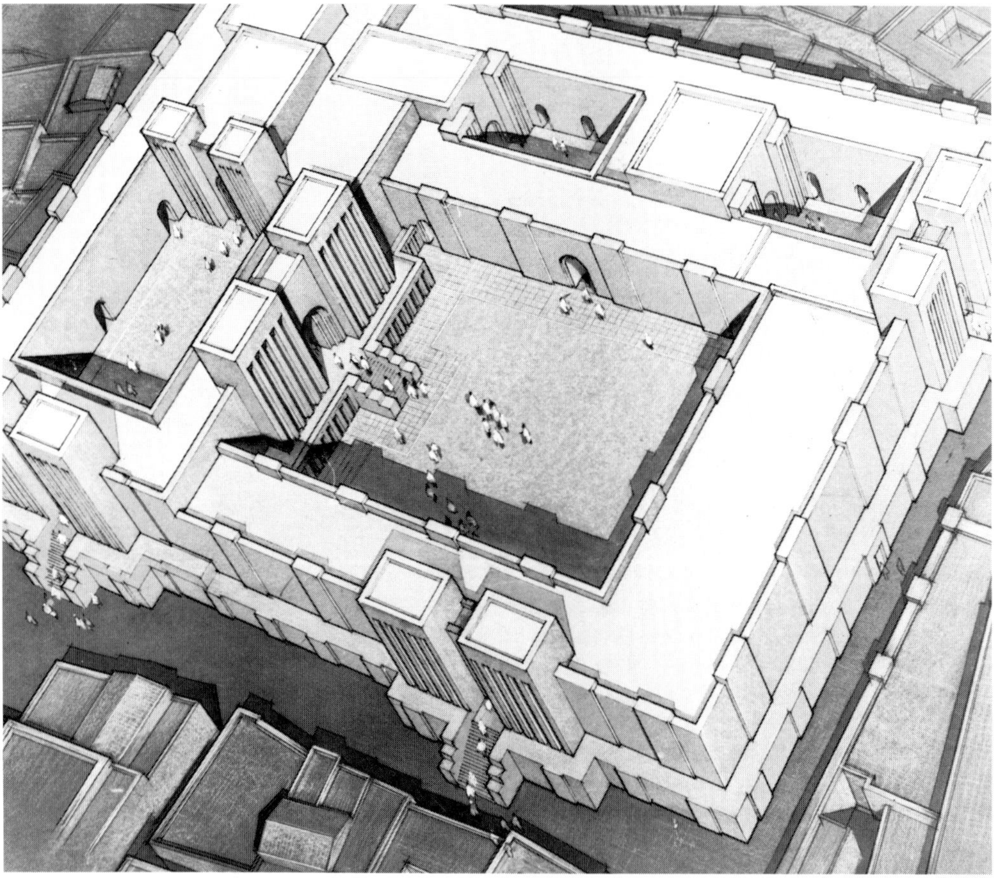

109. Der Tempel der Ištar-Kitītum in Iščali (das antike Neribtum im Reich Ešnunna). Auf erhöhter, außen mit gebrannten Ziegeln verkleideter Terrasse errichtet, überragte er die umliegenden Gebäude. Er enthielt drei verschiedene Heiligtümer, dessen größtes auf abermals erhöhtem Bodenniveau lag. Ein grandioses Beispiel mesopotamischer Architektur der Isin-Larsa-Zeit (2017–1794 v. Chr.). (Aquarell von W. Suddaby)

fochten zu eigen, daß sich das Land in den nächsten 360 Jahren kaum der Tatsache bewußt wurde, daß es jetzt einer völlig fremden Dynastie unterstand. Weitgehend die gleiche Situation war im Norden, im Bergland jenseits von Ninive, sowie westlich des Euphrat entstanden. Hier war die hurrische Herrscherschicht von einer neuen indoeuropäischen Aristokratie verdrängt worden, deren politisches Geschick sie in den Stand setzte, ihrem Volk endlich eine nationale Identität zu verschaffen: Zwischen Assyrien und dem Hethiterreich bildete sich ein mächtiges Königreich, das Reich der Mitanni, dessen westlich von Nisibin gelegene Hauptstadt Waššukanni bis heute noch nicht lokalisiert werden konnte.[5] In den ersten Jahren des 14. Jahrhunderts entsprachen seine Könige etwa den ägyptischen Pharaonen der 18. Dynastie.

Auch Assyrien mit seiner Hauptstadt Assur trat in diesem Jahrhundert erneut als Großmacht in Erscheinung. Da eine Reihe von fähigen Herrschern aufeinander folgten, festigten sich seine südlichen Grenzen, während sich der Griff der Mitanni auf Nordmesopotamien unter dem Druck der Hethiter bald zu lockern begann. Durch interne Auseinandersetzungen schließlich geschwächt, verlor ihre Dynastie an Autorität, so daß ihr Heer dem der Assyrer nicht mehr gewachsen war. 1250 v. Chr., nach einer Reihe von Niederlagen, wurde der letzte Mitannerkönig von Salmanassar I. erschlagen und sein Land dem assyrischen Staat als Provinz einverleibt. Salmanassars Nachfolger Tukulti-Ninurta I. (1244–1208) eroberte Babylon, und so zeichnen sich im Verlauf des restlichen 2. Jahrtausends die Anfangsstadien der Erschaffung eines Assyrischen Reiches ab.

Hält man sich diese historischen Entwicklungen vor Augen, wird die archäologische Unterteilung des 2. Jahrtausends in vier Hauptphasen verständlich. Jede dieser Phasen ist nach Lage der Dinge durch die Befunde mindestens einer bedeutenden Ausgrabung belegt: Als erste die ‚Isin-Larsa'-Zeit (ca. 2020–1763 v. Chr.), die mit der Vereinigung Mesopotamiens unter Hammurabi endet. Diese Periode ist in den Fundplätzen der Dijāla-Region, in Tell Asmar (Ešnunna), Iščali (Neribtum) und Tell Harmal (Šaduppum) gut vertreten. Auf sie folgt die altbabylonische Zeit, die Herrschaft Hammurabis und seiner Nachfolger, die mit dem Fall Babylons im Jahr 1595 v. Chr. endet. Sie wird durch Parrots großartige, umfassende Funde in Mâri belegt. Drittens folgt im Süden die Zeit der kassitischen Dynastie (1595–1235 v. Chr.), in erster Linie dokumentiert durch die Ausgrabungsresultate der irakischen Regierung in Dūr-Kurigalzu ('Aqr Qūf). Im Norden deckt sich diese Periode teilweise mit einer Zeit hurrisch-mitannischer Herrschaft, deren Zeugnisse wir in Nuzi und andernorts begegnen. Und schließlich setzt das Anwachsen der Macht der Assyrer ein: mit dem sogenannten mittelassyrischen Reich, – was uns veranlassen wird, uns mit den Ausgrabungen der Deutschen in Assur selbst zu befassen.

Architektur der Isin-Larsa-Zeit

2027 v. Chr. hatte die Abhängigkeit Ešnunnas von Ur ein Ende, und schon wenige Jahre darauf errichtete Ilšuilija, der erste unabhängige Statthalter von Ešnunna, einen Palast, den er an einen Tempel anbaute, den einer seiner Vorgänger dem vergöttlichten König Sūsîn von Ur geweiht hatte.[6] Dem Palast wiederum fügte er einen kleineren Kultbau hinzu, den er vermutlich dem Lokalgott Tišpak weihte. Wie der ältere Tempel hat auch diese ‚Schloßkapelle' den allgemein in Babylonien übernommenen Grundriß: Eingang, Hof, Antecella und Allerheiligstes liegen alle auf einer Achse. Interessanter ist die Palastanlage, die einer langen

Reihe von weltlichen, zum gleichen Zweck geplanten Bauten zuzuordnen ist.[7] An den Hof schließt sich eine rechteckige Thron- oder Audienzhalle an mit einer Treppe, die zu einem am einen Ende gelegenen Flachdach hinaufführt. Kleinere Räume trennen ihn von einer ‚großen Halle' (oder Hof *bitanu*), die für Versammlungen gedient haben mag. Ähnlichen Grundrissen werden wir in Mâri und mehr als tausend Jahre später in den ‚Empfangs-Hallen' der spätassyrischen Paläste begegnen. Im Treppenschacht des Ešnunna-Palastes fand man Reste eines Staatsarchivs; doch die wichtigsten historischen Daten verdanken wir den gestempelten Ziegeln, die bei den verschiedenen Wiederaufbauten des Gebäudes verwandt wurden und so eine komplette Genealogie der örtlichen Herrscher ermöglichen.

Auf diese Weise erfahren wir auch, daß ein späterer Herrscher, Ibiqadad II., der Ešnunna ausbaute, eine weit größere Palastanlage errichtete, die den älteren Gebäuden an einer breiten Straße gegenüber lag.[8] Von ihr sind nur die Fundamente erhalten, und es mag sein, daß sie unvollendet blieb. Doch auch hier kann man wieder den Standardgrundriß von Hofraum, Thronhalle und ‚großer Halle oder Hof' erkennen, nur daß diese sehr viel größer gewesen und sogar verdoppelt worden sind. An einem anderen Ort im Norden errichtete Ibiqadads Sohn (verwirrenderweise hieß er ebenfalls Narāmsîn) noch eine gesonderte Audienzhalle in Abweichung vom üblichen Schema, – vermutlich hatte er sich „die Hoheitsrechte der Göttlichkeit" zugelegt.

Näher am Dijāla-Fluß selbst liegt Iščali (früher Neribtum), wo Ibiqadad „im Jahr, in dem Rapīqum geplündert wurde", einen Tempel errichten ließ, der vielleicht als das schönste Baudenkmal der Isin-Larsa-Zeit *(Abb. 109)* zu bezeichnen ist.[9] Der große Bau auf rechteckigem Grundriß mißt etwa 100 × 60 m und umschließt drei verschiedene Heiligtümer, dessen größtes der Ištar-Kitītum, einer lokalen Variante der Göttin, geweiht war. Der gesamte Gebäudekomplex wurde drei Meter über Bodenhöhe auf einem Sockel *(kisū)* errichtet, dessen Fassade man mit in Asphalt verlegten gebrannten Ziegeln verkleidete. Backsteine wurden auch an anderen Stellen großzügig verwandt, zum Beispiel bei der Konstruktion einer breiten Treppe, die vom Außenhof zum inneren Hof vor dem Hauptheiligtum hinaufführt, wo sich auf abermals erhöhtem Bodenniveau das Heiligtum der Ištar-Kitītum erhebt. Auch für die drei von Türmen flankierten Torwege hat man Backsteine benutzt. Ungewöhnlich ist die Anordnung der beiden anderen Allerheiligsten entlang der Mittelachse (sogenannte Langraumanlage), die später bei den assyrischen Tempelbauten übernommen wurde. An anderen Orten behielt man die Breitraumanlage bei. Eine eindrucksvolle, häufig veröffentlichte Rekon-

110. Wohnviertel in Ur im 20. Jahrhundert v. Chr. Ein Gewirr von engen Gassen mündet auf die breiterenStraßen. Reichere Häuser hatten zwei Stockwerke, deren Zimmer ihr Licht vom offenen Innenhof erhielten. Sie waren den Häusern der älteren Städte des heutigen Irak sehr ähnlich (Nach Woolley)

mag. N

struktionszeichnung dieses Tempels von Iščali fertigte der verstorbene Gelehrte Harald Hill an. Der Tempel bildet einen interessanten Kontrast zu Šaduppum (Tell Harmal), einem kleinen, schwer befestigten Verwaltungszentrum, heute am Rand des modernen Baghdad gelegen.[10] Doch selbst diese kleine Stadt hatte man mit nicht weniger als vier – wenn auch relativ bescheidenen – Tempeln ausgestattet, deren größter mit einem inneren und einem äußeren Torweg versehen war, die von zwei annähernd lebensgroßen Löwen aus Terrakotta bewacht wurden. In den Verwaltungsgebäuden stieß man auf Tontafelarchive, in denen sich unter anderen aufschlußreichen Texten ebenfalls ein Gesetzeskodex – aus der Zeit vor Hammurabi – befand.

Privathäuser

Es scheint mir an dieser Stelle nötig, noch kurz auf die üblichen Wohnbauten der Isin-Larsa-Zeit einzugehen. Sie sind in den gleichzeitigen Schichten der Dijāla-Fundstätten gut vertreten, vielleicht aber noch besser in Ur, wo Woolley südöstlich des Temenos ein Wohnviertel *(Abb. 110)* freilegte.[11] Es setzte sich aus einem Gewirr von engen Gassen mit bescheidenen Behausungen zu beiden Seiten zusammen; gelegentlich, an wichtigen Kreuzungen, wo mehrere Straßen aufeinander trafen, befanden sich kleine Wegkapellen auf besonderem Grundstück. Die Häuser selbst ähnelten denen aller Kleinstädte des Irak zu Anfang unseres Jahrhunderts so sehr, daß sie hier kaum beschrieben zu werden brauchten: kahle Mauern zur Gasse oder Straße hin und zwei Stockwerke mit Zimmern, die sich auf einen nicht überdachten Innenhof öffnen. In einem von ihnen – Woolley verdanken wir eine bekannte Rekonstruktionszeichnung davon – hatte es in Höhe des oberen Stockwerks eine überdachte mit Pfosten abgestützte Holzgalerie gegeben.[12] Zu den wenigen abweichenden Charakteristika gehören die Gräber der Bewohner der Häuser, deren sterbliche Überreste oft unter dem gepflasterten Fußboden beigesetzt wurden.

Der Palast von Mâri

Zweifellos hat der Palast von Mâri *(Abb. 111)* einst Zimrīlims Vater Jachdunlim und später während des assyrischen Zwischenspiels Šamši Adads Sohn als Residenz gedient. Da aber ein großer Teil des Bauwerkes aus Ziegeln errichtet wurde, die den Stempel Zimrīlims trugen, muß dieser ihn beträchtlich erweitert und umgebaut haben. Er wurde schließlich, wie wir wissen, im 35sten Regierungsjahr Hammurabis (1757 v. Chr.) zerstört, als auch die Stadtmauern von Mâri dem Erdboden gleichgemacht wurden. Nichtsdestoweniger standen seine 4 m dicken Mauern an manchen Stellen noch 5 m hoch, als Parrot ihn entdeckte, und die Türstürze der Tore waren noch immer intakt und an Ort und Stelle.[13] Die ge-

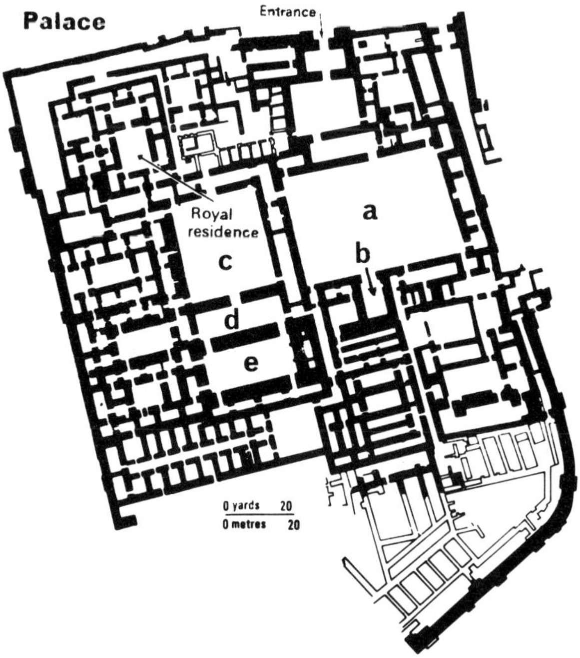

111. Der große Palast in Mâri, der von Zimrīlim (1779–1761 v. Chr.) vollendet wurde. Die königlichen Archive wurden in zwei Räumen unweit des Zugangs zum Wohntrakt des Königs aufgefunden, wo auch die Schreibstube (eine Schreibschule?) untergebracht war (Nach Hawkes, 1974). *a* Außenhof; *b* Audienzhalle mit Wandgemälden; *c* Kulthof (mit Wandgemälden); *d* Thronhalle; *e* inneres Allerheiligstes und Halle

samte Anlage bedeckt eine Fläche von etwa 200 × 120 Metern, war also doppelt so groß wie der Ištar-Kitītum-Tempel. Zum großen Teil besteht sie aus einer Vielzahl von Räumlichkeiten, die nichts anderes als den Grundriß des babylonischen Wohnhauses ergeben, – eine Anzahl von Gemächern, die sich um einen offenen Hof gruppieren; doch sind sie hier dem System der zentralen Empfangs- und Kulträume untergeordnet.

Vom Haupteingang mit Räumen für die Wachen gelangte man in einen riesigen Außenhof (a), der durch den angegliederten dreiseitigen Audienzraum auffällt, zu dem eine Reihe von Stufen hinaufführen (b), die manche für den Überrest eines früheren Gebäudes halten. Doch es ist der innere, etwas kleinere Hof (c), auf den sich die Räume der Hauptempfangshalle öffnen. Sie setzt sich aus mittlerweile traditionellen Elementen zusammen: aus einem Thronraum (d) mit einem Podium gegenüber dem Eingang, dem durch Vestibüle von ihm getrennt ein größerer Raum folgt, der der ‚großen Halle' (e) entspricht. Doch dieser hat eine unverkennbar sakrale Funktion; denn an seinem einen Ende führen Stufen zu einer Cella hinauf, der gegenüber am entgegengesetzten Ende der Halle noch der Unterbau eines Throns zu sehen ist. Wie Parrot bemerkte, verleiht dies der gesamten zentralen Halle einen sakralen Charakter und wie wir sehen werden, wird er durch die begleitenden Fragmente von Skulptur und Malerei bestätigt.

Weniger aufwendig ist der Wohntrakt der königlichen Familie in der Nordwestecke des Gebäudes ausgestattet, dessen Außenmauern an beiden Seiten enorm verstärkt wurden *(Abb. 112)*. Das Zimmer des Königs und ebenso das der Königin waren noch zu erkennen, und auf dem dazwischen gelegenen Hof wurde irgendein Spiel gespielt, das auf der Pflasterung markiert ist. Relativ nahe an diesem Wohntrakt, näher als man annehmen würde, befanden sich Räume mit Reihen von Tonbänken, die man als Schule oder Büros für die Schreiber identifizieren konnte. Von hier aus gelangte man zu zwei Magazinen, in denen die Archive gelagert wurden, – ursprünglich waren die Tafeln auf Wandborden geordnet. Zwischen Innen- und Außenhof lag, möglichst leicht zugänglich, der Raum mit den wichtigsten Archiven. Auch an anderer Stelle des Gebäudekomplexes, unter den 200 oder mehr sich an den Mitteltrakt agglutinierenden Räumen, waren Reihen von anderen Lagerräumen zu erkennen, die sich ihrerseits um einen Raum zentrierten und von den Ausgräbern als *Cercle des officiers* bezeichnet wurden. Er zeichnete sich durch bemalte Wände aus. Weiter gab es nahe der Nordostecke des Palastes zwei Räume, die zusammen ein mit der großen Audienzhalle durch eine ‚Prozessionsstraße' verbundenes ‚kleineres Heiligtum' bildeten.

Wandmalerei

Nun möchte ich hier noch auf die Wandmalerei eingehen, die Gegenstand vieler spezieller Untersuchungen gewesen ist.[14] Wie Parrot selbst bemerkte, besteht ihre besondere Bedeutung darin, daß sie „den Geist der Synthese widerspiegelt, der die Künstler des mittleren Euphrat in jener Epoche beseelte", – jene seltsame Mischung aus altüberliefertem sumerischen Hieratismus und dem ausgeprägten Naturalismus der semitischen Kunst. Diese Einflüsse hätten zur Entstehung einer neuen Schule der dekorativen Malerei geführt, und wäre ihr Zeit zu reifen vergönnt gewesen, hätte dies die Entfaltung einer der größten kunstgeschichtlichen Epochen des Nahen Ostens zur Folge haben können. Die Malerei wurde direkt auf eine dünne Schicht von Gipslehm bzw. ‚Stuck' in einer Weise aufgetragen, die erkennen läßt, daß diese Künstler schon damals die echte *al fresco*-Technik beherrschten.

Die Investitur-Szene (des Königs) von Mâri, die größte und anspruchsvollste Komposition, die wir bisher kennen, wurde noch an ihrem alten Platz, auf der an den Hauptzugang zum Thronsaal angrenzenden Außenwand aufgefunden, in einem Teil des Hofes (c), der durch das Dach oder durch ein auf Pfosten ruhendes Vordach gegen Wettereinwirkungen geschützt war. Der Mittelteil des Wandbildes ist in ein oberes und ein unteres Feld gegliedert. Auf dem oberen sieht man den König in einem mit Fransen besetzten Gewand, den *polos* auf dem Haupt, das Emblem entgegennehmen oder berühren, das ihm die Göttin Ištar darreicht und deren rechter Fuß auf einem Löwen ruht. Andere Götter und Göttinnen wohnen der Zeremonie bei. Auf dem unteren Feld stehen zwei gleiche Figuren jener ‚Göttin mit dem wassersprudelnden Gefäß' einander gegenüber. Sie tragen Faltengewänder und halten ein *aryballos*-Gefäß, aus dem sich Wasser, in dem viele Fische schwimmen, in Form eines gewellten Bandes ergießt und die Gestalten umrahmt. Rechts und links wird der Mittelteil von hohen Paneelen eingefaßt, auf dem Palmen und andere stilisierte Bäume dargestellt sind; dazwischen sieht man Vögel, Fabeltiere und Gottheiten. Ein Gelehrter hält das Ganze für die

112. Palast des Zimrīlim in Mâri; Toilette und Badewannen aus Terrakotta im Wohntrakt des Königs

113. (oben) Wandmalerei auf einer Außenwand des Kulthofes im Zimrīlim-Palast von Mâri (auf *Abb. 111* = *c*). Auf ihrem oberen Feld sieht man eine ‚Investitur-Szene': Der König legt vor der Göttin Ištar in Gegenwart anderer Gottheiten stehend den Eid ab und berührt dabei mit der Hand das göttliche Emblem. Auf dem unteren sind zwei Figuren der Göttin mit dem ‚Gefäß, aus dem Wasserströme fließen' dargestellt. Zu beiden Seiten ergänzen ‚heilige Bäume' und andere Symbole das Bild. Diese Szene erinnert an den plastischen Schmuck am Eingang eines assyrischen Tempels in Chorsābād, der aus Figuren, die ebenfalls wassersprudelnde Gefäße halten, sowie künstlichen Palmen bestand (unten). (S. Ebrahim nach Parrot, 1958)

Darstellung eines Rituals, das in Cella oder Antecella eines jener Tempel abgehalten wurde, deren Zugang später in assyrischer Zeit mit ähnlichen Standbildern, mit Vasen, aus denen tatsächlich Wasser floß, und mit künstlichen Palmen ausgestattet wurde[15] *(Abb. 113)*. Mag dies zutreffen oder nicht, die dekorative Wirkung dieses Wandbilds mit seinen leuchtenden Farben und seiner ornamentierten Umrandung muß großartig gewesen sein.

Eine Malerei gleicher Art schmückte eine Wand der Audienzhalle am Außenhof, die wie sie älteren Datums sein mag. Sie stellt eine Anbetungs- und Libationsszene in Anwesenheit von Fabelwesen aus der sumerischen Mythologie dar, der die Ausgräber den Namen *Le sacrifice de l'eau par le feu* gegeben haben, – die Gottheiten Tiāmat und Šamaš, ‚der hinter dem Berg aufsteigt und die Sterne zerstreut', aus dem *Enuma eliš,* dem babylonischen Schöpfungsepos. Der König (Šamši Adad I.?), wieder im Fransengewand, ist auch auf dem erhaltenen Fragment einer ‚Opferszene' zu sehen, doch ließ sich noch nicht feststellen, wo im Gebäude es seinen Platz hatte.

An früherer Stelle wurde bereits festgestellt, daß es schon zu frühdynastischer Zeit im Stadtzentrum von Mâri am südöstlichen Zugang zum Palast eine Menge kleinere Tempel gab, die Gottheiten wie Ninchursag oder Lokalgöttern wie Ištarat und Nini Zaza geweiht waren.[16] Einige von ihnen blieben bis ins 18. Jahrhundert erhalten. Doch wirkten sie mittlerweile wie Zwerge, nachdem man Dagan einen Tempel errichtet hatte (einem dem Getreide verbundenen Gott, den man am mittleren Euphrat verehrte), dessen Allerheiligstes eine Zeitlang eine kleine Zikkurrat angefügt war. Weihplatten ist zu entnehmen, daß dieser Tempel in Wirklichkeit von Ištup-Ilum, einem Statthalter von Mâri aus der Larsa-Zeit (ca. 1890 v. Chr.) errichtet wurde, von dem man – nicht im Tempel, sondern im ‚großen Kulthof' des Zimrīlim-Palasts – eine schöne Porträtstatue fand. Auf sie wie auf andere Statuen aus Mâri soll gleich nachher mit den anderen Erzeugnissen der Isin-Larsa-Zeit und der altbabylonischen Epoche eingegangen werden.

Tell Rimah

Während der Ausgrabung der Gebäude, von denen bisher die Rede war, konnte nur sehr wenig Aufschluß über die Art des Fassadenschmucks oder der Überdachung gewonnen werden. In den 60er Jahren brachte eine britische Expedition, die unter der Leitung von David Oates in Tell Rimah westlich von Mōssul im Singăr-Gebiet ans Werk ging, neues Licht in diese Fragen.[17] Hier, wo bereits ein großer Hügel die Überreste früherer Siedlungen bedeckt hatte, baute sich ein lokaler Herrscher aus der Zeit des Šamši-Adad I. eine Stadt, die er mit Befestigungsanlagen umgab; den Hügel nutzte er, um einen auffallend schönen Tempel auf ihm zu errichten. Dieses Gebäude *(Abb. 114)* wurde, wie der Ausgräber selbst beschreibt, „über eine Freitreppe, die auf Bogen ruhte, betreten. Von seinem Dach führten weitere Treppen oder Rampen hinauf auf eine hohe Terrasse,

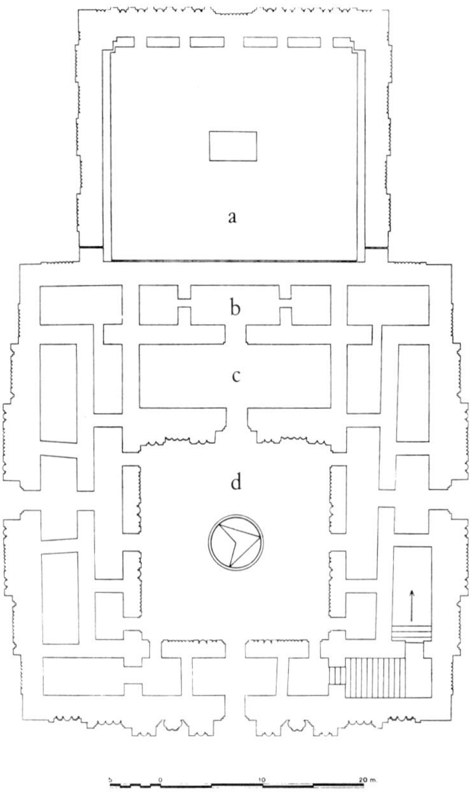

Abb. 114

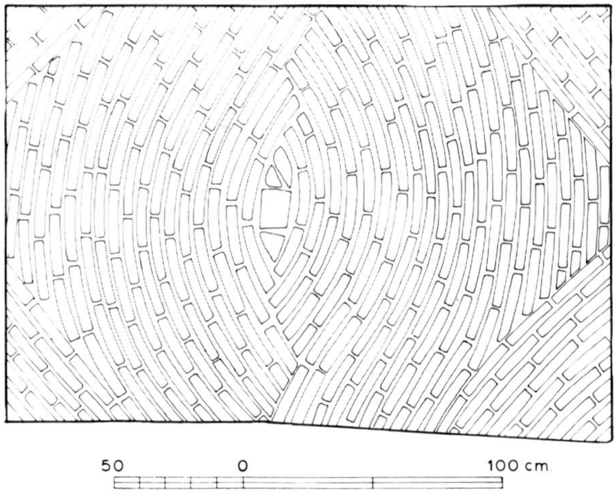

Abb. 115

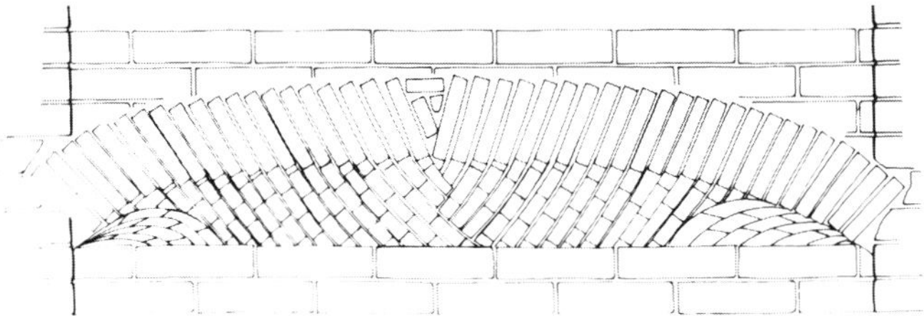

Abb. 115

114. Grundriß eines Tempel von Tell Rimah im Singār-Gebiet, der von einer kleinen Zikkurrat überragt wurde (Ende des 3. Jahrtausend v. Chr.). Seine Fassaden sind reich mit Halb- und Dreiviertelsäulen aus Lehmziegeln geschmückt, von denen manche aufgrund ihrer Musterung spiralig gewunden oder wie Palmstämme aussehen. Hier sind auch noch Überreste von komplizierten Gewölbekonstruktionen aus Lehmziegeln erhalten. (Nach D. Oates, 1964)
a Zikkurrat; *b* Altarraum; *c* Vorraum; *d* Hof

115. Verlegungsmuster und Schnitt eines Pendentiv- oder Zwickelgewölbes aus Ziegeln in Tell Rimah. Eine einfachere Pendentivkonstruktion dieser Art erscheint 2000 Jahre später im großen *iwân* hinter dem Bogen des Ktesiphon. (Nach D. Oates, 1973)

auf der vielleicht ein Heiligtum stand. In seiner Gänze muß das drei- bis vierstufige Bauwerk Ähnlichkeit mit einer Zikkurrat gehabt haben. Der Tempel selbst, auf seiner Plattform erhöht über der Stadt gelegen, erhob sich über babylonischem Grundriß, und auch für seine stilistische Ausgestaltung gibt es südliche Parallelen. Dennoch ist das dieser Anlage zugrunde liegende System einmalig. Sämtliche Innen- und Außenfassaden waren mit insgesamt 277 einzeln stehenden oder gruppenweise angeordneten eingelassenen Säulen geschmückt; 50 große Säulen hatte man aus zurechtgeschnittenen Backsteinen errichtet, die man zu komplizierten Mustern verlegte, damit sie den Eindruck spiraliger Windungen oder von Palmstämmen hervorriefen.[18]

Das Außergewöhnlichste war die vorherrschende Verwendung von Lehmziegelbögen und -gewölben *(Abb. 115)* in der Konstruktion, selbst für triviale Zwecke, wo Holz die gleiche Funktion erfüllt hätte.[19] Kompliziierteste Gewölbeformen, ja sogar Pendentivkonstruktionen wurden mit einer Selbstverständlichkeit beherrscht, die auf eine lange und weit verbreitete Bautradition dieser Art schließen lassen."

Skulptur

Nur eine der in Mâri zutage getretenen Skulpturen entstammt zweifelsfrei der Zeit des Zimrīlim-Palastes: jene Göttin mit dem wassersprudelnden Gefäß, deren Bruchstücke in der ‚Thronhalle' wie im Hof draußen gefunden wurden. (Sie muß einmal zu einer Wasservorrichtung gehört haben, denn dank eines Rohrsystems konnte sie tatsächlich Wasser spenden.) In stilistischer Hinsicht ist sie indes von geringer Bedeutung, da ihre Gestaltung in nahezu allen Einzelheiten eine traditionelle Darstellung dieses speziellen Gegenstands verrät. Charakteristischer sind die verschiedenen Standbilder der lokalen Fürsten, – die des im großen Kulthof gefundenen Ištup-Ilum *(Abb. 116)* und des Idi-Ilum aus dem südöstlichen Heiligtum wie die des Puzur-Eštar, die zu einer selbst zusammengetragenen ‚Antiquitätensammlung' *(Abb. 117)* eines spätbabylonischen Königs gehörten (und heute

116. Statue des Ištup-Ilum, Statthalters von Mâri, aus schwarzem Stein, gefunden im Zimrīlim-Palast (ca. 2200 v. Chr.). Höhe 152 cm

117. Statue eines vergöttlichten Königs, die Puzur-Eštar, Statthalter von Mâri, einem Tempel stiftete. Gefunden in einem ‚Palastmuseum', 6. Jahrhundert, in Babylon. Wie Ištup-Ilum trug auch er ein Toga-artiges Gewand, das auch zeitgenössische Standbilder aus Ešnunna aufweisen, die in Sūsa gefunden wurden und heute im Louvre stehen. Höhe 175 cm

118. Bemalte Terrakottaplatte, die Göttin Lilith, ‚die Todesbringerin' darstellend. Sie ist geflügelt und hält die Symbole der Gerechtigkeit in der Hand. Auch im Gilgameš-Epos und im Alten Testament erscheint sie von Eulen begleitet (Jesaja 34,14). Höhe 50 cm

119. Türhüterfiguren: Löwen aus Terrakotta vor den Tempeltoren in Tell Harmal (das antike Šaduppum), einer kleineren ummauerten Stadt im Staat Ešnunna. Aus einigen hundert Bruchstücken wieder zusammengesetzt (ca. 1900 v. Chr.). Höhe ca. 63 cm

im Museum in Istanbul steht). Interessant ist es, sie mit den Statuen der beiden Ešnunna-Statthalter zu vergleichen – eine davon eine Sitzfigur –, die als Beute nach Sūsa verschleppt wurde. Aus einer Welt stammend, die sich des groben Kaunakes-Zottenrocks kaum noch erinnerte, lassen diese Plastiken erkennen, daß man eine Toga-ähnliche Gewandung aus feinem Gewebe trug, die, zurückhaltend modelliert, wirkungsvoll mit der lebhaften Ornamentik der Fransen und der formellen Barttrachten kontrastierte. Keineswegs fehlte es den hier dargestellten Männern an Würde.[20]

Skulpturen aus dieser Periode sind äußerst selten und oft von geringer Qualität; was die Reliefkunst angeht, dürfte das Oberteil der ‚Gesetzesstele' Hammurabis einmalig sein. Der König, dessen Profil und Kopfschmuck uns von den Bruchstücken anderer Skulpturen bekannt ist, steht einem sitzenden Gott gegenüber, der die Embleme der Göttlichkeit (Gerechtigkeit?) in der Hand hält, – wie die Ištar der ‚Investitur'-Szene des Wandgemäldes. Mit den Worten Henri Frankforts: diese Darstellung „vermittelt nicht nur den Eindruck der Konfrontation sondern auch der Kommunikation zwischen dem Herrn der Gerechtigkeit und dem Gesetzes-Geber". Zu jener Zeit kannte man indes noch eine andere Form des Reliefs: das modellierte Terrakotta-Relief. Hierfür ein schönes Beispiel ist die (in Privatbesitz befindliche) Wandplatte mit der nackten Göttin Lilith *(Abb. 118)* und den ihr beistehenden Tieren, den Löwen und Eulen.[21] Häufiger noch sind die in offener Form gegossenen Weihplatten aus gebranntem Ton, die vermutlich im Tempel an die Tempelbesucher verkauft wurden. Ihre Sujets wechseln von der allgegenwärtigen ‚Muttergöttin', mittlerweile in grotesker Weise konventionalisiert, bis zu sensitiv modellierten Figuren von Musizierenden oder Tempeldienerinnen oder trivialeren Motiven wie eine ihre Jungen säugende Hündin. Zu den prachtvollen Terrakotta-Löwen vor den Tempeltoren in Tell Harmal gibt es ein künstlerisches Gegenstück *(Abb. 119)* in Gestalt ähnlicher Raubtierfiguren aus Bronze mit eingelegten Augen, die das Heiligtum des Dagan-Tempels in Mâri bewachten.[22]

Die Kassiten

Angesichts der Tatsache, daß Babylonien mehr als vierhundert Jahre von den Kassiten beherrscht wurde, ist es überraschend, daß sich an den materiellen Hinterlassenschaften ihrer Okkupation kaum etwas von ihrer nationalen Eigenart beobachten läßt. Daraus geht deutlich hervor, daß sie sich die jahrtausendealten mesopotamischen Konventionen zu eigen machten und getreulich weiterpflegten und die Tempel und Heiligtümer der sumerischen Gottheiten wieder aufbauten. Die einzige Ausnahme in dieser Hinsicht macht der Tempel von Karaïndaš in Uruk, der sich auf den ersten Blick mit seinen vier Eckbastionen von den umliegenden Bauten zu unterscheiden scheint. Wie dem auch sei, seine reich gegliederte Fassade zeigt ein Motiv, das uns bereits vertraut ist: In hohe Nischen zwischen vorspringende Pfeiler sind abwechselnd männliche und weibliche babylonische Götterbilder gestellt, die mit beiden Händen das traditionelle ‚wassersprudelnde Gefäß' halten *(Abb. 120)*. Im übrigen sehen wir hier ein sehr frühes Beispiel für das ‚Formziegel'-Relief, das später von assyrischen und neobabylonischen Kunsthandwerkern vervollkommnet wurde.[23]

Die großartige, von den Kassiten selbst gegründete Hauptstadt Dūr-Kurigalzu *(Abb. 121)* unterschied sich von anderen babylonischen Städten durch die Natur des gewählten Lageplatzes: Sie wurde auf einem niederen weichen Kalksteinplateau am äußersten Nordende der Alluvialebene westlich des heutigen Baghdad errichtet. Hier steht der erodierte Kern ihrer großen Zikkurrat (heute teilweise restauriert) noch immer als unübersehbares Wahrzeichen. Bei den Ausgrabungen der irakischen Regierung in den Jahren 1942–45 wurde am Fuß des Turmes ein ganzer Komplex von Tempeln freigelegt, und weiter draußen auf einer sich in das benachbarte Überschwemmungsgebiet erstreckenden Halbinsel die Überreste von mindestens vier Palästen.[24] Eine Besonderheit der Tempelareale war in den rechteckigen, mit Backsteinen verkleideten Plattformen oder Unterbauten zu sehen, auf denen die Haupttheiligtümer standen. Die mit Inschrif

120. Fassadenornament des Karindaš-Tempels, Uruk: eines der seltenen Beispiele kassitischer Architektur (14. Jahrhundert v. Chr.). Höhe des Ziegelmauerwerks 198 cm

121. Die erodierten Überreste einer großen Zikkurrat in 'Aqr Qūf westlich des heutigen Baghdad. Einst lag hier die kassitische Hauptstadt Dūr-Kurigalzu. Der Lehmziegelkern wurde mit Schilflagen und starken Schilfseilen verstärkt (Kassitische Dynastie, 15.–13. Jahrhundert v. Chr.)

ten versehenen Torangelsteine und Tafeln zeigten überwiegend Datierungen aus der Regierungszeit eines Königs mit Namen Kurigalzu; doch läßt die Schichtung der hier häufiger und in kürzeren Intervallen wiederaufgebauten Paläste darauf schließen, daß es vorher noch zwei andere Könige gleichen Namens gegeben hat.

Einer dieser Paläste (‚H')[25] – infolge der Verwitterung des Hügels leider zum Teil schlecht erhalten – wies indes Zeichen einer architektonischen Gliederung auf, die vielleicht als typisch kassitisch bezeichnet werden kann: Rings um den Mittelhof gab es mehrere Durchgänge, die auf lange, an Kreuzgänge erinnernde Korridore führten. Die Laibungen dieser Durchgänge waren bis in etwa 1 m Höhe mit Wandmalereien geschmückt, die lange Reihen schreitender Hofbeamte darstellen.[26] Sie trugen ein kurzärmeliges Gewand mit Fransengürtel und eine Art Fez auf dem Kopf mit dem nach assyrischem Brauch langen Haar. Man glaubte, in dieser wie ein Wandsockel wirkenden figürlichen Ornamentierung eine Vorform der reliefierten steinernen Wandplatten späterer assyrischer Paläste vor sich zu haben. Doch in kassitischer Zeit beschränkte sich die Reliefskulptur hauptsächlich auf die Kudurru oder Belehnungssteine, die mit den Emblemen der zu

122. Kassitischer *kudurru* oder Grenzstein (Belehnungsstein), mit dem einem Beamten namens Marduk-nasir Land übertragen wurde. Oberhalb der bewaffneten Figur – ein König? – sieht man Göttersymbole aufgereiht. Höhe 53 cm

Zeugen der Landübertragung angerufenen Götter oder mit denen des Königs, der die Belehnung verfügte, geschmückt wurden.[27]

In einem viel früheren Palast (‚A') gab es einen langen, weiß gestrichenen Korridor mit Dreierreihen von kleinen verputzten Postamenten. Die vielen Stückchen von Goldblech und anderem kostbaren Material, die auf dem Pflaster dazwischen verstreut lagen, lassen den Schluß zu, daß er als Schatzkammer diente. In späterer Zeit wurde er, vermutlich zum gleichen Zweck, durch mit Ziegelgewölben gedeckte Magazine in Reihenform ersetzt.[28] Hier wie in den Treppenschächten, die zum Dach hinauf führten, fand man noch andere Wertgegenstände verstreut, – vermutlich war der Palast einst geplündert worden. Unter einer großen Menge an beschädigtem Goldschmuck und Perlen fand sich auch ein gut erhaltenes Armband aus Gold, das mit Granulationen und Einlagen aus blauem Glasfluß geschmückt war. Auch entdeckte man viele Bruchstücke von farbigen Glasmosaiken. Diese müßten mindestens aus der gleichen Zeit stammen oder sogar älter sein als das Glas aus der 18. ägyptischen Dynastie, das man in Tell-el-Amarna fand. An das Kunsthandwerk der Ägypter aus jener Zeit *(Abb. 123)* erinnern auch der bemalte Terrakottakopf eines bärtigen Mannes und eine gleicherweise hervorragend gestaltete Löwin[29] *(Abb. 124).*

Mitanni

Nuzi

Wir müssen uns nun der Besetzung Nordmesopotamiens durch das Reich Mitanni zuwenden, die sich zum Teil zeitlich mit der Herrschaft der kassitischen Dynastie in Babylonien deckte. Die Herrschaft der von ihrer Hauptstadt Waššukanni im Quellgebiet des Chābūr-Flusses aus regierenden mitannischen Könige dauerte von etwa 1500 bis Mitte des 14. Jahrhunderts v. Chr.; dann verfiel dieses Königreich wieder. Einer seiner südlichsten Vorposten war die heutige Stadt Nuzi, 20 km südwestlich von Kerkūk (das antike Arrapcha), die Ende der 20er und Anfang der 30er Jahre von Amerikanern aus Pennsylvania unter Leitung von R. F. S. Starr und anderen freigelegt wurde.[30] Wer nach Kriterien der mitannischen Kultur sucht, wird die Ergebnisse dieser Ausgrabungen zugleich lohnend und enttäuschend finden. Man traf auf einen Palast und einen Tempel wie auch auf eine Vielzahl von aufschlußreichen Privathäusern. Während es an spektakulären Kunstwerken fehlt, vermitteln doch zahllose Kleinfunde einen Eindruck von diesem Volk, dessen Leben durch Handel und enge Verbindungen mit den Ländern der Levante und sogar mit Ägypten kulturell sehr bereichert wurde. Die wichtigste Entdeckung der Expedition bestand indes in einer Fülle von Tafeln mit insgesamt 5000 Texten, darunter in manchen Fällen das gesamte Archiv einer einzelnen Familie, deren Ergehen man über einen Zeitraum von fünf Generationen hinweg verfolgen kann.[31]

Unter dem Haupthügel, Jorgan Tepe genannt, lag die eigentliche ummauerte Stadt mit Palast und Tempel,[32] doch gab es außerhalb davon weitere Hügel, die noch Überreste anderer palastartiger Residenzen bedeckten. Den Tempel habe ich bereits an früherer Stelle erwähnt, da seine erste Anlage in frühdynastischer Zeit entstand, als der Ort noch Gasūr hieß. Zuletzt wurde er in mitannischer Zeit wiederaufgebaut, diesmal als Doppeltempel, dessen Reste an Hand eines Briefes des Mitannerkönigs Saušsattar (ca. 1460 v. Chr.) unschwer datiert werden konnten. In einem der Heiligtümer waren die Innenwände mit Holzpaneelen vertäfelt gewesen, die mit Pflöcken direkt auf dem Ziegelmauerwerk angebracht worden waren. An anderer Stelle hatte man die Wände mit nagelkopfförmigen Buckeln aus glasierter Terrakotta geschmückt, an denen ein leichtes, mit Perlen ge-

123. Terrakottakopf eines bärtigen Mannes aus Dūr-Kurigalzu. Stilistisch erinnert er an die ägyptische Kunst der 18. Dynastie. Höhe 4 cm

schmücktes Gewebe aufgehängt wurde. Mit solchen buntfarbenen Glasuren, wie sie damals auch in Ägypten üblich waren, wurden auch andere Objekte verschönt, zum Beispiel Türhüterfiguren in Form von kleinen Löwen und ein Mauerornament in Form eines Wildschweinkopfes. Was die Skulpturfunde betraf, mußten die Ausgräber sich mit den Augeneinlagen einer lebensgroßen Statue begnügen.

Der Palast war wie üblich rings um die offenen Breitraumhöfe angelegt. Im größten dieser Höfe, am Zugang zu den Hauptaudienzräumen, scheinen die Mauern mit bemalten Vertäfelungen unter dem Dachvorsprung versehen gewesen zu sein, und vor dem Eingang zum Thronsaal mögen zwei freistehende Ziegelpfeiler einem Portikus oder einem ornamentierten Baldachin als Stütze gedient haben. Überall war für sorgsam angelegte Abflüsse und andere sanitäre Einrichtungen gesorgt, darunter zumindest für eine regelrechte Toilette mit Wasserspülung aus einem Rohr von oben. Den königlichen Gemächern waren ein luxuriöser Baderaum und ein Waschraum angegliedert, und das Vestibül, das zu ihnen hinführte, hatte man mit eindrucksvollen Wandmalereien ausgestattet, in die auch ausländische Motive wie Guilloche- und Akroterionornamente, Palmetten, Bukranien und Hathor-Köpfe eingearbeitet waren.[33] Die Haupttore waren mit Angelsteinen versehen, von denen einer noch in seinem bronzenen Sockel steckte. Die größere Stärke der Wände in den Hauptaudienzhallen könnte auf eine größere Höhe der Räume schließen lassen, die die Anbringung eines Lichtgadens ermöglichte. Die Ausgräber jedoch zogen es vor, darin eine reine Schutzvorkehrung zu sehen.

Gegenstand spezieller Untersuchungen waren einige große Wohnsitze im nördlichen Vorort, darunter der des ‚Kronprinzen' (des ‚Statthalters der Stadt Arrapcha'). Die Häuser zweier Brüder namens Tehiptilla und Surkitilla erbrachten insgesamt 1000 Tafeln, während das Haus eines Mannes namens Zigi eine gewaltige Sammlung von Kupferobjekten barg, darunter Speerspitzen, Pfeilspitzen, Messer und viele Bronzeplättchen von Rüstungen, die zu schweren Klumpen verschmolzen waren. Doch nicht nur Waffen sondern auch Geräte waren in dieser Sammlung vertreten: Sicheln, Punzen, Meißel und Beile, die vermutlich nach einem Brand zurückgelassen worden waren.

Unter den Kleinfunden aus diesen Palastgebäuden in Nuzi zeichnete sich eine ungewöhnliche Keramik ab[34] *(Abb. 125)*. Diese fein geformten Gefäße waren mit prächtigen, in weißer Farbe auf den dunklen Grund aufgetragenen Mustern dekoriert. Die häufigste Form war der sogenannte ‚Knopfbecher', ein hoher Becher auf kleinem Ringfuß. Ihre Musterung, für gewöhnlich horizontal und in Streifen verlaufend, enthielt bis dahin in Mesopotamien unbekannte Motive, wie zum Beispiel fortlaufende Spiralen, Flechtband und Rosetten wie auch stilisierte Vögel und Pflanzen. Obwohl diese Ware weit unten im Süden in der kassitischen Hauptstadt Dūr-Kurigalzu wie auch im Norden in Tell Billa jenseits von Mōssul gefunden wurde, ist sie doch der nordsyrischen verwandt, die auch in Fundplätzen wie Tell Açana (das antike Alalach) zutage trat und von Woolley (vielleicht

124. Der fein modellierte Kopf einer Löwinnen-Figur aus Dūr-Kurigalzu. Unsere Kenntnis kassitischer Kunst stützt sich in erster Linie auf Kleinplastik dieser Art. Höhe ca. 5 cm

fälschlicherweise) für kretischen Ursprungs gehalten wurde. Auch die mitannischen Rollsiegel haben mehr mit den nordsyrischen und sogar mit den kappadokischen gemein. Das Dekor ist oft überladen und wirr; doch haben bestimmte Motive, wie der stilisierte ‚heilige Baum' und der geflügelte Greif im Repertoire der spätassyrischen Ornamentik überlebt.[35]

Schließlich ist noch die berühmte Textsammlung von Nuzi zu erwähnen. Bei den Ausgrabungen kamen nicht weniger als 4000 Keilschrifttäfelchen ans Licht, davon fast 1000 allein im Haus des Tehiptilla. Ihr Inhalt vermittelt ein außerordentlich detailliertes Bild vom täglichen Leben dieser zum Teil hurritischen Bürger. Die vielen hier aufgezeichneten Rechtsurkunden und Kaufverträge sind schon an sich von Interesse; doch sind es die dabei erwähnten Personen, Orte und Dinge, die uns den sozialen oder umweltlichen Hintergrund enthüllen, vor dem diese Aufzeichnugen entstanden, und die aus archäologischen Funden herrührenden Zeugnisse vermehren.

Im Anhang zu R. F. S. Starrs Bericht über die Ausgrabungen von Nuzi (1939) gibt E. R. Lachemann eine interessante Zusammenfassung der den Texten zu entnehmenden ‚Zeugnisse der materiellen Kultur', – eine sehr willkommene Ergänzung für eine archäologische Publikation dieser Art. Schon die verschiedenen Überschriften lassen die Mannigfaltigkeit und den Reichtum an darin enthaltenen Informationen erkennen:

Da stellt sich zunächst heraus, daß Nuzi eine ummauerte Stadt mit Bastionen und Toren war; auch deren Namen werden erwähnt. Der Palast bietet sich als gewaltiger Gebäudekomplex mit Anbauten dar, der den verschiedensten Zwekken diente und auf eine lange architektonische Geschichte zurückblicken konnte. Der Tempel, auf den die Ausgräber gestoßen waren, war einer von mehreren Heiligtümern, die von den führenden Familien pietätvoll durch entsprechende Opfergaben und geschenkte Sklaven erhalten wurden. Berichte vom Bau oder von Reparaturen an Privathäusern liefern ein ganzes Glossar an architektonischen Termini und bautechnischen Details. Die Straßen werden häufig mit Namen angeführt, während das topographische Bild seine Ergänzung durch Bemerkungen über die Wasserversorgung erhält: ein kleiner Fluß dient einem Netz von ebenfalls sorgsam namentlich aufgeführten Kanälen, Reservoiren und Brücken.

Darüber hinaus gab es, unabhängig davon, noch Brunnen. Kaufverträge über Grundbesitz oder Landübertragungen geben Einblick in die landwirtschaftlichen Praktiken einer reich bewässerten, ringsum von unberührten Steppen umgebenen Provinz; es gab diesbezüglich sogar ein allgemein gebräuchliches präzises Voka-

125. Zerbrechliche bemalte Keramik im Stil der sogenannten ‚Nuzi-Ware' mit weißer Musterung auf dunklem Grund. Diese Art von Gefäßen datieren in die Zeit des Königreiches Mitanni (ca. 1475–1350 v. Chr.) dessen Hauptzentrum in Nordostsyrien lag. (Aus Starr, 1938)

bular. Man erfährt auch etwas über die Verbreitung der verschiedenen Feldfrüchte: Am häufigsten wird Gerste angebaut; es folgen Weizen, Emmer, Sesam, Mohn und Flachs. Gärten und Obstgärten mit ihren Früchten, Gemüsen und Blumen werden gesondert aufgezählt. Genauestens wird Inventur gemacht, und für besondere Zwecke werden bestimmte Obstbaumhölzer empfohlen. Eine Menge von Aufschlüssen mehr technischen Charakters erhält man aus anderen Rubriken unter ‚Streitwagen und Lastwagen', ‚Mobiliar' oder ‚Kleidung' sowie aus einem Abschnitt über Geräte, Waffen und Rüstungen.

Angesichts dieses reichen in den Nuzi-Texten enthaltenen Themenkatalogs bedauert man um so mehr, daß Angaben über politische Vorgänge und den Ablauf der zeitgenössischen Geschichte fast gänzlich fehlen. Das einzige inschriftliche Zeugnis, aufgrund dessen man die Nuzi-Kultur tatsächlich zu datieren vermag, ist eine Urkunde, die in einem Zimmer des großen Hauses des Šilwe-Tesup entdeckt wurde: jener berühmte Brief des Saušsattar, Königs von Mitanni, der im letzten Teil des 15. Jahrhunderts v. Chr. regierte.

Die mittelassyrische Zeit

Unser archäologisches Wissen über die mittelassyrische Periode verdanken wir nahezu ausschließlich der Tätigkeit deutscher Ausgräber in Assur (Qal'at Šergāt) am Westufer des Tigris. Die Entscheidung, dieses große Unternehmen zu starten, fiel im Jahr 1903, als Robert Koldeweys Expedition im Süden bereits vier Jahre mit den Problemen rang, die das große Ruinenfeld von Babylon mit sich brachte. Mittlerweile hatten ihre Mitglieder den Lageplan weitgehend ermittelt, die meisten der wichtigsten Gebäude identifiziert und waren sich des Erfolges ihrer Bemühungen, die Überreste der Hauptstadt Nebukadnezars wiederaufzubauen, recht sicher. Doch stellte sich in jenem Jahr heraus, daß der unerwartet hohe Stand des Grundwasserspiegels wahrscheinlich jede Erforschung von Besiedlungsschichten, die vor das 7. Jahrhundert v. Chr. datierten, unmöglich machen würde. Daher nahm man zusätzlich eine Ausgrabung an einem Ort in Aussicht, wo solche Überreste leichter zugänglich sein mochten, und als man sich für Assur entschied, betraute man Walter Andrae mit dieser Aufgabe. Von nun an bis zum Jahr 1913 wurden beide Ausgrabungen gleichzeitig an den 560 km von einander entfernten Stätten fortgesetzt. Die Leistung dieses Teams in der Beibringung historischer Informationen und der Vervollkommnung der Ausgrabungsmethoden wird seitdem weltweit anerkannt.[36]

Die Stadt Assur

Wie bereits erwähnt, lag Assur auf einer zu beträchtlicher Höhe ansteigenden Kalknase in einem Winkel zwischen dem Tigris und seinem Seitenarm, den beide dort bildeten *(Abb. 126/127)*. Dadurch hatte die Stadt nach beiden Seiten natürlichen Schutz, während sie landeinwärts durch mächtige, halbkreisförmige Mauerringe abgeschirmt war, die ein Areal von etwa 1 km Breite umschlossen.[37] Andrae grub hauptsächlich im erhöhten nördlichen und nordwestlichen Teil der Stadt, wo sich die Tempel und Paläste befanden. Daß dem so war, dessen hatte er sich mit Hilfe der mittlerweile standardisierten deutschen Methode vergewissert: in Abständen von 100 Metern legte er auf der Grundlage der zuvor von ihm vorgenommenen Vermessung quer über das Areal von Ost nach West ‚Suchgräben' an. Gleichzeitig stellte er den Gesamtumfang des Befestigungsgürtels fest, wobei die Haupttore, die Kaimauern am Flußufer und andere Bauwerke freigelegt werden konnten. Die größte Tiefe erreichte er mit einem Sondierungsschnitt, bei dem die prä-sargonischen Fundamente des Ištar-Tempels zum Vorschein kamen. Die jüngsten architektonischen Überreste hingegen, die er entdeckte, konnten in die ausgehende Partherzeit auf etwa 256 n. Chr. datiert werden.

Andrae und Koldewey waren Architekten, und in Babylon hatte dies zur Folge, daß sie in ihrem Bestreben, die offensichtlichen Fehler früherer Ausgräber zu korrigieren, dazu neigten, sich mehr auf die Untersuchung der Bauten zu konzentrieren als auf die der Schriftzeugnisse.[38] In Assur gewann nun die Tätigkeit der philologischen Berater Andraes zunehmend an Relevanz, und zwar aus Gründen, die sich bald zeigen sollten: Über einen Zeitraum von etwa 2000 Jahren hinweg hatten sämtliche Könige einen Beitrag zur Wiederherstellung und Vermehrung der öffentlichen Gebäude und Befestigungsanlagen geleistet, und so konnte die chronologische Abfolge der jeweiligen Bauschichten nur mit Hilfe der begleitenden Inschriften bestimmt werden. Aus diesen ging hervor, daß viele der Gebäude erst von spätassyrischen Königen wiederaufgebaut worden waren, zu einer Zeit, da die Stadt längst nicht mehr als Regierungszentrum diente. In den folgenden Abschnitten wird sich zeigen, daß bestimmte Königsnamen richtiger einem späteren Kapitel zugeordnet werden.

Befestigungen

Die Befestigungsmauer, die landeinwärts das Stadtinnere umschloß, wurde von einer ganzen Reihe von Königen errichtet bzw. wiederaufgebaut, darunter von Šamši-Adad I., einem Zeitgenossen Hammurabis. Tukulti-Ninurta I. (1244–1208) versah ihn außen noch mit einem 20 m breiten Trockengraben. Einer Gründungsinschrift zufolge baute Salmanassar III. (858–824) die Mauer vollkommen neu auf und fügte eine parallel verlaufende Außenmauer hinzu, die aber am südlichen Ende in einem großen Bogen abwich, um eine Stadterweiterung, die sogenannte „Neustadt", mit einzuschließen. Etwa um 1300 v. Chr. hatte Adad-Nirari I. entlang der östlichen Flußuferfront eine große Kaimauer aus Backsteinen angelegt, und diese wiederum war von späteren Königen mehrmals zusätzlich zum Schutz gegen Überschwemmungen verstärkt worden. In einer Beschreibung der Stadt aus der Zeit Sanheribs (704–681 v. Chr.) werden drei-

126. Die Stadt Assur am Tigris in mittelassyrischer Zeit von Nordwesten gesehen. Diese Zeichnung fertigte Walter Andrae gegen Ende seiner zehnjährigen Grabungstätigkeit selbst an

zehn Tore in den Befestigungsmauern erwähnt, doch vermochten die Ausgräber nicht mehr als acht Torgebäude zu lokalisieren (im Plan durch Nummern gekennzeichnet). Das Haupttor, das die nach Norden Reisenden benutzten, wurde von den Assyrern *Gurgurri*-Tor (1 & 2) genannt. Zwischen ihm und dem westlichen Flußufer lag eine Art Zitadelle (von den Deutschen als ‚Außenhaken' bezeichnet) mit einem Tor an jedem Ende (3 & 4), durch das zur Zeit des Neujahrsfestes eine lange Prozession ins Freie zog (siehe unten). Dann gab es noch Tore in der Nordmauer, im Westen das *Illat*-Tor und schließlich noch kleinere Tore am äußersten Südende der Wohnstadt und der später hinzugekommenen Neustadt (7 & 12).

Tempel und Paläste

Wenn man sich der Stadt Assur auf dem Fluß von Norden her näherte, dürfte die Silhouette des Gebäudemassivs einen imposanten Anblick geboten haben. Dies kann man an der bekannten, von Andrae selbst gezeichneten Rekonstruktion erkennen.[39] Die Tempel erreichten auf dem nördlichsten Teil der Felsplatte ihre maximale Höhe *(Abb. 126)*; hinzu kamen drei Stufentürme. Der größte verdankte Šamši-Adad I. seine endgültige Gestalt; er maß 60 m im Quadrat und war ursprünglich dem sumerischen Gott Enlil geweiht gewesen, der als Schutzpatron von Assyrien später durch den Stadtgott Assur ersetzt wurde. In seiner exponierten Position, den Witterungseinflüssen besonders ausgesetzt, war der Turm stark erodiert, und so blieb von seinen Treppenfluchten und Nebengebäuden nichts mehr erhalten. Von 38 in Inschriften erwähnten Tempeln wurden nur 4 völlig freigelegt; den größten der Tempel hatte Šamši-Adad wieder dem Gott Assur geweiht. Er nahm den am weitesten vorgeschobenen Platz an der Nordostspitze am Rand des Steilabfalls ein, während der umschlossene Heilige Bezirk sich südwärts erstreckte. Ihm, wie auch späteren Wiederaufbauten des alten Ištar-

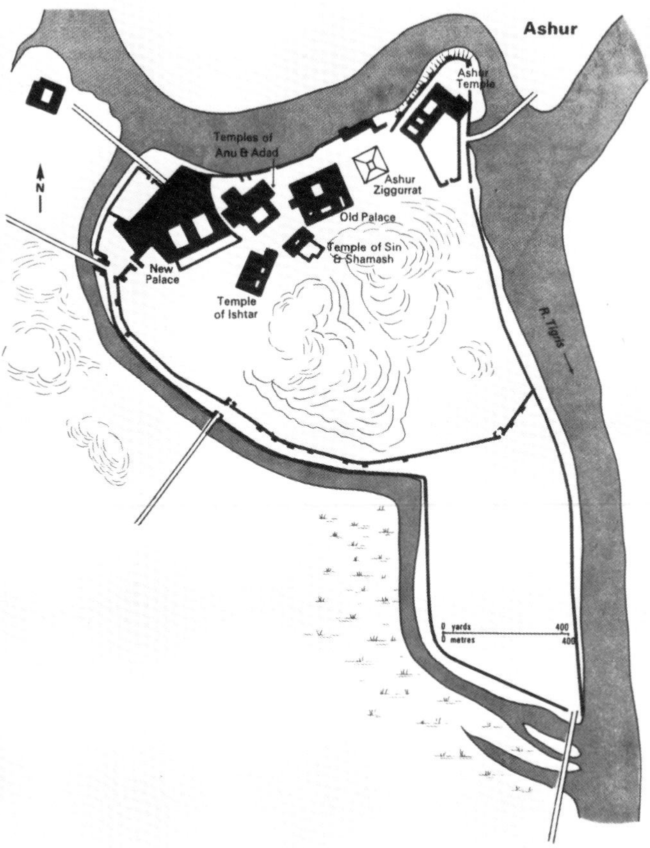

127. Stadtplan von Assur, auf einer Kalknase zwischen zwei Tigrisarmen gelegen. Außerhalb der Stadt sieht man im Nordwesten den *bīt akītu* (Aus Hawkes, 1974)

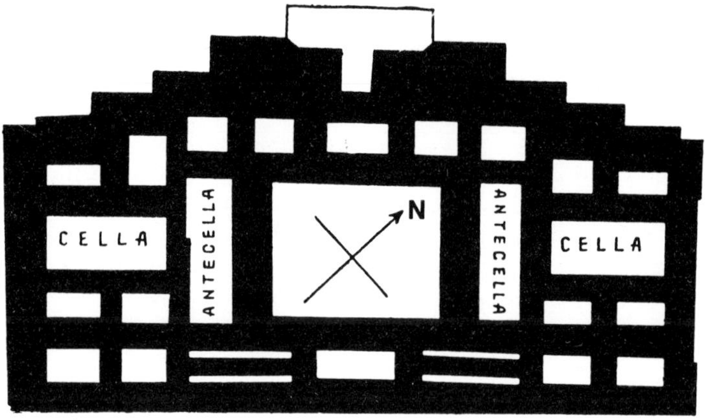
CELLA
ANTECELLA
N
ANTECELLA
CELLA

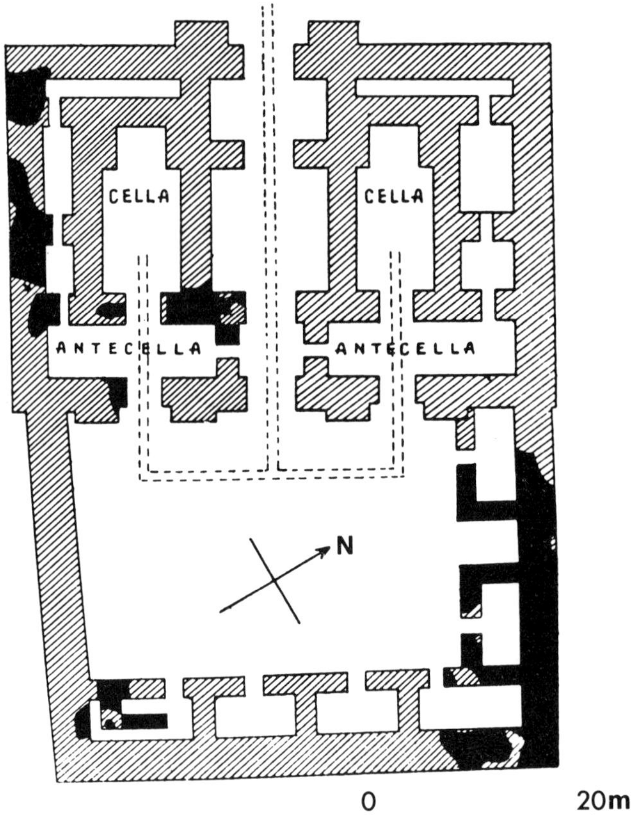
CELLA
CELLA
ANTECELLA
ANTECELLA
N
0
20m

Tempels, können wir einiges über die sich wandelnden Konventionen entnehmen, die für die Planung sakraler Anlagen bestimmend wurden. Der Assur-Tempel, wie ihn Šamši-Adad erbaute, scheint zwei Kulträume gehabt zu haben, von denen zumindest der eine dem seinerzeit in Babylonien übernommenen Breitraumschema entsprach. Viele Jahrhunderte später erfährt der Tempel durch Sanherib eine entscheidende Umgestaltung: er fügt ihm im Osten einen Vorbau an, dessen Cella nach assyrischer Art längs der Hauptachse angeordnet ist. Für die Zeit nach der Zerstörung des ‚archaischen' Heiligtums konnten die Deutschen nicht weniger als sechs Erneuerungen des Ištar-Tempels aufspüren, in deren Verlauf sogar die Gottheit wechselte, der er geweiht war. Dennoch blieb Ištar stets eine Nebencella in einem Anbau erhalten, wo sie weiterhin verehrt werden konnte und wo auch die alte Langraumform mit Knickachsenzugang nach sumerischer Tradition fortbestand.

Die anderen beiden großen Tempel hatten eine zweifache Funktion und standen auf ungewöhnlichem Grundriß: Der eine, der Anu-Adad-Doppeltempel besaß zwei Tempeltürme, an die sich nach assyrischer Art völlig gleiche Tieftempel anschlossen, sowie einen von hohen Mauern umfriedeten Vorhof, die alle miteinander zu einer geschlossenen architektonischen Einheit verbunden wurden. Das andere, dem Mondgott Sîn und der Sonnengöttin Šamaš geweihte Doppelheiligtum hatte Assur-Narāri I. (ca. 1500 v. Chr.) *(Abb. 128)* errichtet, doch baute es Sanherib auf anderem Grundriß wieder auf. Beide haben die typisch assyrische Grundrißform mit Zwillingszellen, die man durch Breitraum-Antecellae betrat. Ein fünfter, kaum als Tempel zu bezeichnender Kultbau, assyrisch *bīt akītu,* diente zur Aufnahme der Kultstatuen, die man während des Neujahrsfestes in feierlicher Prozession in dieses ‚Festhaus' überführte. Er lag 400 m nordwestlich der Stadt und bestand aus einem großen quadratischen Hof mit seitlichen Säulengängen und einem auf der Mittelachse gelegenen, mehr einem Thronraum ähnelnden Kultraum.

Hier sollte noch etwas über das ‚Neujahrsfest', *akītu,* gesagt werden, das in den ersten Jahrhunderten des 1. Jahrtausend v. Chr. zu seiner vollendeten zeremoniellen Form ausgestaltet wurde. Zu dieser Zeit war es an die Stelle des frühsumerischen ‚Frühlingsfestes' getreten oder mit ihm verschmolzen, an dem die ‚Heilige Hochzeit' von Gott und Göttin, die den ewigen Kreislauf von Zeugung und Fruchtbarkeit symbolisierte, vollzogen wurde. Nunmehr fand das Neujahrsfest zur Zeit der Frühjahrs-Tag-und-Nachtgleiche statt und dauerte elf Tage, wobei jeder Tag einen bestimmten Abschnitt eines langen und komplizierten Rituals markierte. Für den Höhepunkt dieser Zeremonie bot das ‚Festhaus', das *bīt akītu,* den besonderen Rahmen. Hierhin wurden auf Wagen oder Booten die

128. Der Sîn-Šamaš-Tempel in Assur, *oben:* Frühester Grundriß aus der Zeit Assur-Narāris I. (1500 v. Chr.); *unten:* Grundriß aus der Zeit Sanheribs (704–681 v. Chr.). Die langräumigen, auf oder entlang der Achse angelegten Kulträume sind in den meisten assyrischen Tempeln anzutreffen. (Nach Parrot, 1946)

Statuen der Götter geschafft, die man vorübergehend aus ihren Tempeln holte, damit sie der Zelebrierung eines Rituals, der sogenannten ‚Bestimmung des Schicksals' beiwohnten, bei dem der König selbst die entscheidende Rolle spielte. Viele Einzelheiten dieses Rituals wurden uns aus den erhaltenen Schriftzeugnissen bekannt, während die Archäologen es waren, die in Assur den gepflasterten Weg freilegten, auf dem sich die Prozession auf ihrem Gang aus der Stadt bewegte.

Anders als bei den Tempeln ist zu den Profanbauten von Assur nur wenig zu sagen. Der unmittelbar an der großen Zikkurrat gelegene Alte Palast enthält ein Labyrinth von rechteckigen Kammern und Reihen von Vorratsräumen, die von einer Reihe von ungedeckten Höfen zugänglich waren, von denen sie auch ihr Licht erhielten. In dieser Hinsicht erinnert er an die Paläste der Larsa-Zeit in Ešnunna, und seine Urfundamente stammen tatsächlich aus der gleichen Zeit. Hier wie dort, wie in den Palästen in Mâri und Ur, gab es Privatheiligtümer im selben Gebäude. Zur Zeit von Tiglatpilesar I. (1115–1077 v. Chr.) diente der Palast von Assur noch seiner Bestimmung. Doch in spätassyrischer Zeit scheint das, was von ihm noch erhalten war, in ein Mausoleum umgewandelt worden zu sein. Assurnasirpal II. (883–859 v. Chr.) verschönte eines der Tore mit Skulpturen geflügelter Stiere und legte darunter vornehme Grüfte an. Die deutschen Archäologen fanden hier riesige Monolithen-Sarkophage vor, die bereits im Altertum geplündert worden waren, jedoch noch die Namensinschriften, unter anderen von Assurnasirpal und Šamši-Adad V. (823–811 v. Chr.), aufwiesen.

Mittlerweile hatte Tukulti-Ninurta I., nach seinem Sieg über Babylon, auf einer künstlichen Terrasse im nordöstlichen Winkel der Stadtmauer einen Neuen Palast errichtet, von dem uns nur noch die Steinfundamente erhalten blieben. Damit nicht zufrieden, legte er eine weitere Residenz 3 km nördlich der Stadt auf dem Ostufer des Tigris an und nannte sie ‚Kār-Tukulti-Ninurta'. Auch hier errichtete er eine Miniaturzikkurrat mit anschließendem Tieftempel im babylonischen Breitraumschema, dessen Kultnische buchstäblich in die Fassade des Tempelturms hineinragte. Andrae glaubte, daß hier der Zugang zu den oberen Terrassen der Zikkurrat durch den Bau einer Brücke über die dahinterliegende Straße erfolgte. Die interessantesten Entdeckungen in Kār-Tukulti-Ninurta bestanden übrigens in den figürlichen Ornamenten aus farbigen glasierten Terrakottakacheln, die bisweilen die Form senkrechter Wandplatten, sogenannter Orthostaten, annehmen, sowie ein Paneel aus vielfarbigen glasierten Ziegeln.[40]

129. Ein Altar des Tukulti-Ninurta I. (1244–1208 v. Chr.) aus Assur. Auf der Reliefdarstellung sieht man Figuren dem Symbol eines Gottes huldigen – hier dem des Nabū. Das Symbol steht auf einem Altar, der seinerseits ein Ebenbild des hier abgebildeten Altars des Tukulti-Ninurta I. ist. Höhe 53 cm

130. Beispiel der ‚Einführungsszene' aus der Ur III-Zeit. Der Inschrift zufolge gehörte das Siegel dem Statthalter Hašhamer von Iškun-Sîn, der dem vergöttlichten König Urnammu von Ur (21. Jhdt. v. Chr.) von einer geringeren Gottheit vorgestellt wird

Einige der Funde von Assur

Wir sollten jetzt einige Fundstücke aus Assur betrachten, und zwar nach dem Gesichtspunkt, wie weit gewisse Ideen oder Neuerungen als typisch assyrisch angesehen werden können. Henry Frankfort sagt in diesem Zusammenhang: „... im 14. Jahrhundert bildete sich eine Kunst heraus, die bei allen Abweichungen einen individuellen Charakter besaß, und dies nicht nur in stilistischer sondern auch in thematischer Hinsicht. Dargestellt wurden weltliche Gegenstände mit einer Vorliebe für Aktualität, der kein Geschehen zu trivial war. Handelte es sich hingegen um religiöse Angelegenheiten, legte man distanzierte Formalität an den Tag: Der Mensch durfte den Gottheiten nicht von Angesicht zu Angesicht gegenüber treten, sondern lediglich vor ihren Standbildern und Emblemen die etablierten Riten vollziehen."[41]

Als Beispiel für diese Tendenz wird häufig auf ein Steinrelief an einem von Tukulti-Ninurtu I. errichteten Altar verwiesen. Wer sich der unmittelbaren Gegenüberstellung von Mensch und Gott auf der berühmten Stele des Hammurabi erinnert, dem wird der Kontrast augenfällig: Der Assyrerkönig ist einmal stehend und einmal kniend vor einem Altar abgebildet, der genau demjenigen Altar gleicht, der mit diesem Relief geschmückt ist. Auf ihm steht nicht eine Statue, sondern das tradierte Symbol eines bestimmten Gottes, in diesem Fall des Nabū. Vielleicht spiegelt sich diese Einstellung zur Gottheit gleichermaßen in der Grundrißplanung der soeben beschriebenen assyrischen Tempelanlagen wider, wo das Kultbild ans äußerste Ende eines verlängerten Allerheiligsten gerückt ist. Was den Gott Assur selbst betrifft, tritt auch er öfter in symbolischer als in menschli-

131. Rollsiegelabrollung. Ein König oder Genius jagt Strauße (12.–11. Jhdt. v. Chr.)

132. Ein anderes mittelassyrisches Sujet: der edle Pegasus verteidigt sein ungeflügeltes Fohlen gegen einen Löwen

133. Entwurf aus der Übergangszeit vom mittel- zum spätassyrischen Stil (ca. 900 v. Chr.). Könige und hilfreiche Genien neben einem heiligen ‚Lebensbaum', darüber das gefiederte Symbol des Gottes Assur (s. auch Abb. 148)

cher Gestalt in Erscheinung. Sein Bild bekommt, wie die Sonnenscheibe des ägyptischen Gottes Horus, Flügel und Scheibe, zusätzlich einen Vogelschwanz.

Eine weitere Entwicklung jener Zeit zeigt sich im Schnitt der Rollsiegel, der ein erneutes Interesse an der künstlerischen Formgebung erkennen läßt.[42] In der Larsa- und der altbabylonischen Zeit hatten die üblichen Rollsiegel mit ‚Einführungsszenen' einen solchen Grad von Uniformität erreicht *(Abb. 130),* daß sie meist mit einer Inschrift versehen werden mußten, die den Namen des Besitzers trug. Diese Konvention wird nun fallengelassen; an ihre Stelle treten klar umrissene kleinformatige Kompositionen. Einigen der berühmten ‚Kampfszenen' begegnet man noch immer, doch ebenso einer Fülle von neuen Sujets: ein König auf der Straußenjagd, ein geflügeltes Pferd, das sein Fohlen vor einem Löwen schützt oder äsende Hirsche unter stilisierten Bäumen und Bergen *(Abb. 131, 132).* Hinzu kommen bislang fremdländische Motive, wie wir ihnen in Nuzi begegneten, die durch die Mitanni aus Syrien eingeführt wurden: der ‚heilige Baum' *(Abb. 133)* und der ‚geflügelte Greif'. Weitere mediterrane Schmuckformen sind auf den glasierten Paneelen von Kār-Tukulti-Ninurta zu sehen.

Bauformen

Aus naheliegenden Gründen mußte sich unsere Darstellung der Bauwerke von Assur weitgehend auf die Grundrisse und ihre Varianten beschränken. Über ihr Aussehen und die Gestaltung ihrer Fassaden erhält man indes aus Siegelbildern der gleichen Zeit gelegentlich einigen Aufschluß, vor allem was den wehrhaften Charakter der Profan- wie auch der Sakralbauten betrifft *(Abb. 134).* Wir nehmen an, daß man etwa um diese Zeit erstmals die Mauern nach ägyptischem Vorbild mit Zinnen versah: Auf einem Siegel aus Assur aus dem 13. Jahrhundert ist eine doppelte Festungsmauer mit oben abgerundeten Zinnen zu sehen,[43] während die uns heute vertrauten gestuften Mauerzinnen erstmals auf zwei anderen, hundert Jahre später datierten Siegelbildern vom gleichen Fundplatz erscheinen.[44] Das eine Siegel ist insofern von besonderem Interesse als das hier zu erkennende Symbol der Hundegöttin Gula beweist, daß es sich bei diesem Gebäude um einen Tempel handelt und nicht um eine Festung, was bedeuten würde, daß die Zinnen hier wahrscheinlich rein ornamentale Funktion erfüllten. Darüber hinaus sind auf dem Siegelbild verschiedene architektonische Einzelheiten wie Türme auf der Mauerkrone, Türeingänge und rechteckige Paneele zu sehen, die wohl in Wirklichkeit Fenster gewesen sein mögen.

Schließlich sind auf Siegeln aus dieser Periode bisweilen auch Genien nach Art der sogenannten *apkallu* zu sehen: Seltsame Mischwesen *(Abb. 133)* mit zwei Flügelpaaren, geflügelte Untiere mit Falkenköpfen oder bärtige, in eine Fischhaut gezwängte Männer. Häufiger noch begegnet man ihnen auf Terrakottaplaketten oder in Form von Unheil abwehrenden Figurinen, wie man sie verschiedentlich unter den Fußböden der Häuser vergraben fand. Auch sie gehören zum Bild der spätassyrischen Zeit.

134. Befestigungsanlagen einer assyrischen Stadt, nach einem Relief der Zeit Tiglatpilesars III., mit zinnengekrönten Brustwehren und Türmen, wie sie in spätassyrischer Zeit allgemein üblich wurden (Zeichnung von R. Leacroft)

9. Die spätassyrische Zeit

Reichsgeschichte

Anfang des 10. Jahrhunderts gründete ein König namens Assur-rabi II. in Assur eine neue Dynastie, die in mancher Hinsicht eine wichtige Epoche der Geschichte Mesopotamiens einleitete. Unter der Herrschaft seines Enkels Adad-Nirari II. (911–891 v. Chr.) zeichnet sich eine Wiederherstellung der wirtschaftlichen Stabilität und eine Wiederbelebung der militärischen Initiative ab, die schließlich zur Errichtung eines assyrischen Imperiums führte. Vor allem aber war Adad-Nirari an einer endgültigen Festsetzung der wichtigsten Grenzen seines Reiches interessiert, die ihm durch eine Reihe von erfolgreichen Feldzügen und politischen Manövern denn auch gelang. Im Osten machte er Arrapcha (Kerkuk), im Norden Guzāna (Tell Halaf) im Quellgebiet des Chābūr zu wichtigen Stützpunkten seines neuen Verteidigungssystems, während er am Mittellauf des Euphrat einige kleinere aramäische Anrainerstaaten annektierte, um seine Handelswege nach Syrien zu sichern.

Schon in einem sehr frühen Stadium zu Beginn dieser Unternehmungen wurde Assyriens südliche Grenze zu Babylonien durch ein Abkommen festgelegt, dessen Text uns in einer berühmten Inschrift unter der Bezeichnung ‚Synchrone Geschichte' erhalten ist. Diese Urkunde enthält eine chronologische Aufzählung sämtlicher früherer Grenzstreitigkeiten zwischen den beiden Staaten. Auch darf man annehmen, daß sie zeitlich mit dem Beginn der exakt zu datierenden Geschichte korrespondiert, denn von nun an verfügen wir über die ergänzenden Zeugnisse aus den sogenannten ‚Limu/Eponymen-Listen'. Diese führen in chronologischer Reihenfolge die Namen derjenigen Beamten auf, die dazu ernannt wurden, bei den jährlichen Neujahrsfeiern zu präsidieren. Da man sie dann später zur Datierung von Verträgen und anderen wichtigen Urkunden benutzte, liegt ihre historische Bedeutung auf der Hand.

Der Nachfolger Adadnirāris, Tukulti-Ninurta II., begab sich sogleich daran, die von seinem Vater gesetzten Grenzen im Norden zu erweitern. Dabei gelangte er zum ersten Mal selbst mit den Muški (oder Phrygern) in Berührung, die die Hethiter auf der anatolischen Hochebene abgelöst hatten, und ebenso mit den Bevölkerungsgruppen der Naïri, die sich später zum Staat Urartu vereinigten. Von nun an begnügte er sich mit einer Operation, die später von der Mehrzahl seiner Nachfolger in zeitlichen Abständen wiederholt wurde: er unternahm eine Inspektionsreise durch die östlichen und südlichen Provinzen, um bei unterworfenen Staaten, die ihren Tribut schuldig geblieben waren, nach dem Rechten zu sehen und die Babylonier mit solcher Drohgebärde zu warnen. Bei dieser Gelegenheit machte er bei Dūr-Kurigalzu Halt, um die Überreste der alten Kassitenhauptstadt in Augenschein zu nehmen.

Doch der bedeutendste dieser assyrischen ‚Eisenzeit'-Monarchen – aus archäologischer Sicht – war Assurnasirpal II. (883–859 v. Chr.). Er war es, der das Regierungszentrum von Assur in eine bis dahin weniger bedeutende Stadt verlegte, nach Kalchu (dem Kalach der Genesis, dem heutigen Nimrūd), an der Mündung des Oberen Zab in den Tigris gelegen. Er erweiterte und verschönte sie und machte sie zur neuen assyrischen Hauptstadt. Nachdem dies getan war und er die militärischen Anlagen noch verbessert hatte, unternahm er einen Feldzug in Richtung Nordwest zu den Übergängen über den Euphrat. Bis dahin war das Haupthindernis für einen Vorstoß in dieser Richtung ein mächtiger Staat mit der Hauptstadt Tell Barsip (Tell Ahmar) unweit von Karkemiš gewesen. Mit seiner Eroberung öffnete sich ihm der Weg nach Aleppo. Von hier aus marschierten seine Truppen, ohne auf ernsthaften Widerstand zu stoßen, bis ans Mittelmeer, wo sie den Küstenstädten Tribute auferlegten. So begann die Saga der sieghaften Eroberungen ferner Länder, die unter Assurnasirpals Nachfolgern die assyrischen Heere in westlicher Richtung bis nach Ägypten führen sollten.

Zunächst muß ihr Zugriff die Städte Levante mächtig unter Druck gesetzt haben, denn während der Regierung seines Sohnes Salmanassar III. schlossen sie sich unter Führung eines Fürsten Adadiri von Damaskus (vermutlich der alttestamentarische Benhadad) zu einer anti-assyrischen Koalition zusammen. Die Rebellion wurde erstickt und auch die landeinwärts gelegenen syrischen Städte tributpflichtig gemacht sowie Tabal, nördlich von Aleppo, und Qu'e in Kilikien unterworfen. Wirtschaftlich dürften diese Eroberungen für Assyrien sehr profitabel gewesen sein, da sie die Handelsrouten nach Westen und den Zugang zu den Metallvorkommen im Taurus sicherten. Gleicherweise konnte Salmanassar im Süden durch die Niederschlagung eines Aufstands chaldäischer Stammesfürsten gegen die ihm befreundete Regierung in Babylon (eine Intervention, die auf seinem Thronsessel in Nimrūd im Bild verherrlicht wurde) die Verbindung zu den Händlern am Arabisch-Persischen Golf aufrechterhalten, die über Dilmun (heute Bahrein) Waren aus Indien und Arabien beschafften.

Es wäre hier fehl am Platz, die Fäden der spätassyrischen Geschichte im einzelnen zu verfolgen. Nötig ist lediglich, sich jene Elemente ihres großen Zusammenhangs in Erinnerung zu rufen, die unserer archäologischen Darstellung die notwendige Kohärenz verleihen. Unter den fünf auf die Herrschaft Salmanassars III. folgenden Regierungen gab es eine Zeit relativer Inaktivität, in der die imperialen Bestrebungen vorübergehend abgeklungen zu sein scheinen und wenig Anstrengungen unternommen wurden, dem Abbröckeln der neu erworbenen Territorien entgegen zu wirken. Zumal im Norden verfolgte das nun mächtig gewordene Königreich Urartu mit seinem Kranz von Festungen im Van See-Gebiet eine Expansionspolitik, die den Assyrern den Zugang nach Anatolien zu versperren drohte. Ostwärts erstreckten sich seine Gebiete jetzt bis an die Ufer des Urmia Sees, und 745 v. Chr., als Tiglatpilesar die Thronfolge in Kalchu antrat, waren die urartäischen Heere bereits dabei, in westlicher Richtung nach Syrien vorzustoßen. Entschlossenes Handeln tat Not, und Tiglatpilesar erwies sich als Herrscher der Situation gewachsen. Unter seinem Regiment holte sich Assyrien seine verlorenen Territorien zurück und etablierte sich aufs neue als führende wirtschaftliche und militärische Macht des Nahen Ostens. Zu dieser Wiederbelebung hatten die erfolgreichen Verwaltungsreformen ihr Teil beigetragen, durch die er das gesamte Regierungssystem in der Heimat wie in den Provinzen umorganisiert hatte. Die Wirkung dieser Maßnahmen wurde noch unterstützt durch die Errichtung von Poststationen entlang der Hauptkarawanenstraßen, die ihm ermöglichten, ständig mit seinen Statthaltern in der Provinz Verbindung zu halten. Die von ihnen kontrollierten Vasallenstaaten wurden noch durch einen äußeren Ring von ‚protegierten Königreichen' abgeschirmt, die ein etwas größeres Maß an Unabhängigkeit genossen. Im Jahr seines Todes, 727 v. Chr., regierte Tiglatpilesar über ein Imperium, das sich von den Grenzen Ägyptens bis nach Südbabylonien

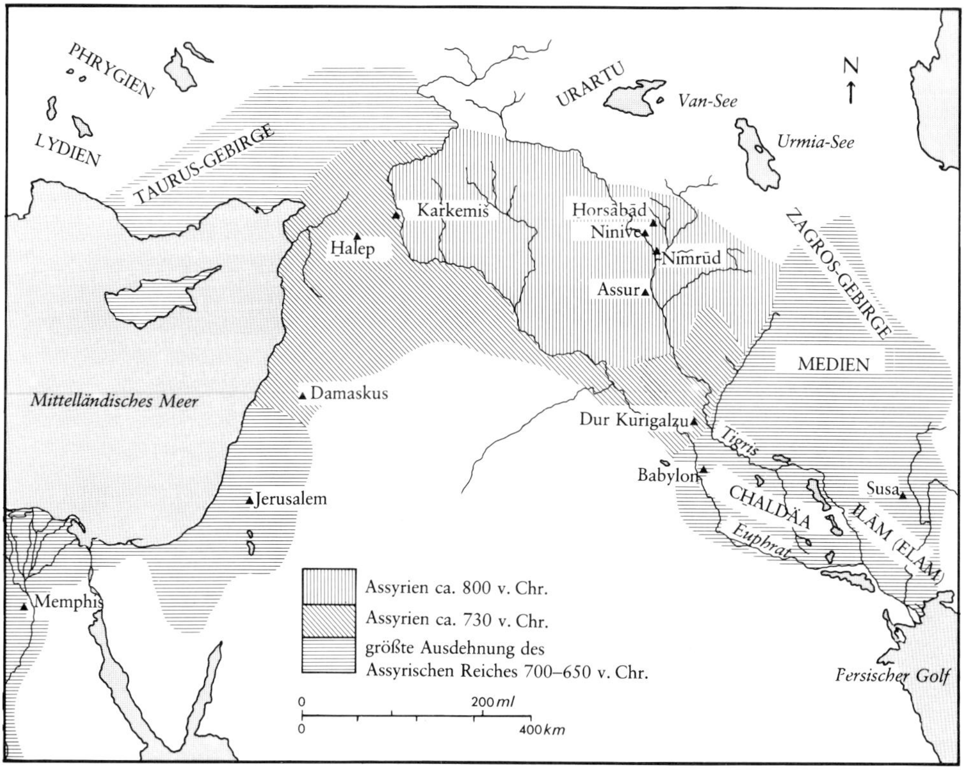

135. Karte des assyrischen Reiches (S. Ebrahim nach Postgate, 1977)

erstreckte, – der einzigen Region, die politisch noch nicht befriedet war. Und diese Gegend war es auch, wo abtrünnige Stämme unter der Führung des furchteinflößenden Marduk-apala-idinna (in der Bibel Merodach-Baladan) viele Jahre lang der Macht der Assyrer trotzten.

Wir sehen uns nun mit den Namen von vier großen Herrschern konfrontiert, deren Regentschaft, wie gesagt, ‚nicht nur den Höhepunkt der assyrischen Macht darstellte, sondern bereits den Keim zu ihrem Verfall' in sich trug. Was Sargon betrifft, so müssen für unsere Zwecke die Umstände seines Machtantritts und seine folgenden militärischen Triumphe angesichts seines Unternehmens, eine neue Hauptstadt zu gründen, hintangestellt werden. Auf einem Platz (heute Chorsābād) 19,5 km nordöstlich von Ninive legte er, auf einer Fläche von mehr als 250 ha, eine ausgedehnte Stadt an, die er mit starken Mauern umgab und Dūr-Šarrūkîn benannte. Zwar wurden ihre öffentlichen Gebäude und die Befestigungsanlagen in bemerkenswert kurzer Zeit vollendet, doch kann man bezweifeln, ob in den sechzehn Jahren seiner Herrschaft sich auch die Einwohner in einem Maße vermehrten, daß man von einer dicht bevölkerten Stadt sprechen kann. Denn nur selten hielt er sich dort auf, und nach seinem Tod, 705 v. Chr., wurde Dūr-Šarrūkîn aufgegeben. Sein Nachfolger Sanherib zog die ältere Stadt Ninive als Regierungssitz vor, um sich die offensichtlichen Vorteile ihrer zentralen Lage am Ostufer des Tigris zunutze zu machen. Und hier wurde nun zum dritten Mal unter den Thronfolgern eine neue, nunmehr weit prächtigere Residenz für den assyrischen Hof geschaffen.

In einem berühmten Text (der ersten Fassung der Annalen nach 703) wirft Sanherib seinen Vorgängern vor, die bauliche Erhaltung von Ninive vernachlässigt zu haben. Er fügte später eine ausführliche Schilderung seiner eigenen Bemühungen in dieser Hinsicht hinzu. Der Umfang dieses Unternehmens läßt sich an der gewaltigen Ausdehnung der Stadt ablesen, deren Ruinen man heute noch von hochgelegenen Punkten vom Westufer des heutigen Mōssul aus sehen kann. Die Mauern bilden ein unregelmäßiges Rechteck von fast 4 km Länge, und auf seiner dem Fluß zugekehrten Seite erkennt man noch den älteren Ruinenhügel, dessen Form und Ausdehnung er dem Lageplan seiner Paläste und Tempel zugrundelegte. Außerhalb der Mauern ließ er, wie wir aus der gleichen Quelle erfahren, Obstgärten und Plantagen mit seltenen, aus entfernten Provinzen herbeigeschafften Bäumen anlegen und fügte noch einen Tierpark hinzu. Mit der Qualität des Tigriswassers nicht zufrieden, baute er auch einen Kanal von mehr als 80 km Länge mit steinernen Aquädukten, der reineres Wasser aus den Gebirgsquellen im Nordosten heranführte *(Abb. 136)*. An seiner entferntesten Quelle, an einer Felswand in der Nähe von Bavian, wo der Trinkwasserkanal seinen Anfang nahm, ließ er zum Gedenken an seine Vollendung Felsreliefs mit Darstellungen der assyrischen Götter und Inschriften anfertigen, die er durch einen Bericht über seine anderen politischen und militärischen Leistungen ergänzte.[1] In diesen und anderen Texten aus seinem Palast in Ninive präsentiert sich Sanherib überzeugend als der vielleicht größte Soldat und Staatsmann nach Hammurabi.

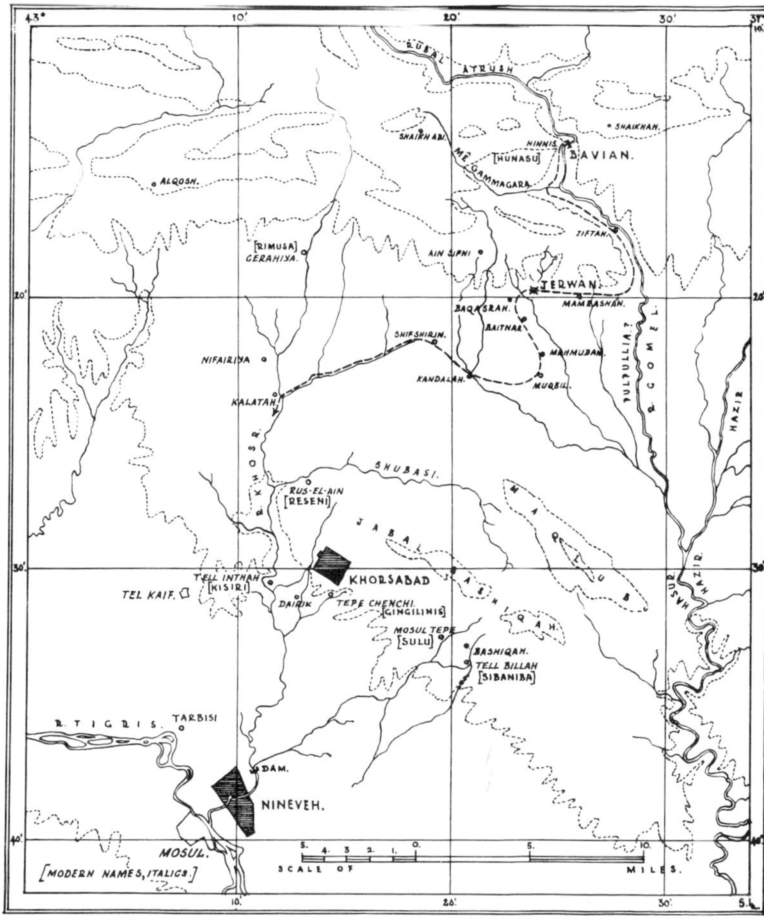

136. Karte mit dem Kanal Sanheribs, der das Wasser von Bavian, wo es mit Schleusen aufgestaut wurde, über den Aquädukt von Ǧerwān in den Chosr leitete, der es nach Ninive brachte (S. Lloyd)

Nur noch zwei hervorragende Gestalten aus der spätassyrischen Geschichte sind zu erwähnen. Die eine ist Asarhaddon, Nachfolger Sanheribs, nachdem dieser durch Angehörige seiner eigenen Familie ermordet worden war. Er war es, der durch seine Invasion in Ägypten das höchste Ziel der imperialen Ambitionen Assyriens verwirklichte. Während einer vorübergehenden Abwesenheit des äthiopischen Herrschers Tarku oder Taharka belagerte und eroberte er Memphis und legte sich den Titel eines Pharao, ‚Königs von Ober- und Unterägypten', zu.

137. Austin Henry Layard (1817–1894) in baktrischer Tracht. Zeichnung von Ulrica Lloyd nach Porträts in Layards *Early Adventure* und *Autobiography and Letters*

Nach Ninive zurückgekehrt hatte er gerade noch Zeit, sich einen neuen Verwaltungspalast zu bauen, in dem er einen Teil seiner ägyptischen Beute unterbrachte, ehe er die Nachricht erhielt, daß Taharka die Stadt Memphis zurückerobert hatte. Er machte sich auf den Weg nach Ägypten, um diese Angelegenheit wieder ins Reine zu bringen, starb aber unterwegs. In einem erhalten gebliebenen Dokument hatte Asarhaddon schon lange zuvor seinen Sohn Assurbanipal zu seinem Nachfolger auf dem assyrischen Thron bestimmt, und dieser sah sich nun genötigt, Ägypten zurückzuerobern. Diesmal wurde Memphis restlos zerstört. Als nächstes richtete Assurbanipal sein wachsames Auge auf die südöstliche Grenze: Dort rebellierte Elam, nachdem es sich mit Chaldäa verbündet hatte. Auch hier konnte er einen beachtlichen Sieg verbuchen, und als er bei dieser Gelegenheit Sūsa, die elamitische Hauptstadt, eroberte, wurde dies für die Nachwelt in einem der berühmten Steinreliefs in seinem Palast in Ninive festgehalten.

Fünfundzwanzig Jahre später waren es die Chaldäer, die bei den Ereignissen, die zur endgültigen Zerstörung Ninives führten, eine Rolle spielten: 614 v. Chr. fiel eine Armee der Meder unter ihrem Herrscher Kyaxaris im assyrischen Kernland ein, eroberte Nimrūd und zerstörte die ältere Hauptstadt von Assur restlos. Dies brachte die Meder mit den Babyloniern in Berührung, und Kyaxaris und der Chaldäerkönig Nabupolassar unterzeichneten einen zwischen ihnen ausgehandelten Vertrag. Im Jahr darauf konnten sich die Meder auch der Hilfe der skythischen Stämme im Norden ihres Bereiches versichern, und so machten die drei Völker nun gegen Ninive gemeinsame Sache. Im Jahr 612 v. Chr., nach überraschend kurzer Belagerung, fiel die Stadt und wurde weitgehend zerstört. Der Rest des assyrischen Hofes nahm seine Zuflucht zu dem an der Nordwestgrenze gelegenen Charranu.

Frühe Ausgrabungen assyrischer Städte

Die vorangegangene, recht skizzenhafte Darstellung der letzten Phase der Geschichte der assyrischen Dynastie schien mir für eine Klärung der chronologischen Abfolge der Entdeckungen, denen wir uns jetzt zuwenden wollen, und für ihre Lokalisierung unerläßlich. Wie groß ihre Fülle und Vielfalt ist, zeigt sich an den dicken Bänden von Berichten und Beschreibungen, die heute vorliegen, und ebenso an dem Anwachsen der kommentierenden Literatur. Daraus resultiert, daß eine selektive Analyse unseres Wissens das Äußerste ist, was mit einigem Nutzen versucht werden kann.

Für unseren gegenwärtigen Zweck müssen wir zunächst zwischen zwei Arten der Grabung unterscheiden, die man bei den Ruinen assyrischer Städte anwandte; zeitlich lagen sie weit auseinander und waren unterschiedlich abhängig vom zeitgenössischen Veständnis archäologischer Vorhaben. Zur ersten Kategorie ist natürlich die Tätigkeit der großen Pioniere der Forschung des 19. Jahrhunderts zu rechnen; sie zielten in erster Linie auf die Entdeckung und Bergung

138. Paul Emile Botta, Entdecker und Ausgräber von Chorsābād. Bottas Pionierleistungen in Assyrien wurde nur wenig Anerkennung von Seiten der Regierung der Zweiten Republik Frankreichs zuteil: sie relegierte ihn auf einen Posten als Konsul in Tripolis. Er starb im Jahr 1872

beweglicher Altertümer ab, schenkten indes der Umgebung, in der sie zutage traten, wenig Aufmerksamkeit. Diese Zeit nahm 1842 mit der Entdeckung Chorsābāds durch Botta *(Abb. 138)* ihren Anfang, dann folgten zwei Jahre später Layards *(Abb. 137)* erste Ausgrabungen in Nimrūd; sie endete, von einer kurzen Unterbrechung während und nach dem Krim-Krieg abgesehen, nach dem Ableben von George Smith im Jahr 1877, der die Keilschriftversion der ‚Sintflut'-Geschichte entdeckte und identifizierte.

Die andere Art von Grabungen – diejenige unserer Tage, die der Stratigraphie und der Umgebung mehr Wert beimißt – wurde ab 1927 in Angriff genommen, als die amerikanischen Archäologen nach Chorsābād zurückkehrten, und später auch von den britischen Ausgräbern in Nimrūd. Auf Leben und Abenteuer der frühesten Ausgräber werden wir hier nur flüchtig eingehen, rückblickend jedoch ihre Hingabe und Ausdauer, aller Entmutigung durch Skeptiker und vorsätzlicher Behinderungen zum Trotz, bewundern. Schließlich wurden sie dann doch durch die Reaktion einer breiten Öffentlichkeit belohnt, die vom romantischen Reiz ihrer Entdeckungen und Funde fasziniert war; sie durften die mißliebigen Kontroversen und internationalen Rivalitäten vergessen, die ihre Beziehungen untereinander belastet hatten und später sogar in eine unwürdige Balgerei um archäologische Ausbeute ausgeartet waren. Ihre Geschichte wurde bereits andernorts abgehandelt, – vom Autor in erzählerischer Form, nüchterner von französischen und deutschen Gelehrten.[2] Hier geht es uns um die Untersuchung ihrer Grabungsstätten und die Identifizierung der Monumente und Baulichkeiten, auf die sie stießen, und zwar im Licht späterer und systematischerer Forschungen.

Nimrūd (Kalchu)

Die von Assurnasirpal II. (883–859 v. Chr.) in den ersten Regierungsjahren entworfene, stark erweiterte Stadt Nimrūd *(Abb. 139)* hatte eine maximale Ausdehnung von knapp 2 km und annähernd quadratische Form.[3] Im Westen grenzte sie an den Tigris, im Süden an einen Kanal, der Wasser vom Oberen Zab heranführte. In ihrer Südwestecke war ein Schutthügel, entstanden aus den Trümmern der früheren Siedlungen, erhöht und zu einer Zitadelle ausgebaut und mit Mauerwerk bekleidet worden, in der die Hauptpaläste und wichtigsten Tempelbauten konzentriert werden konnten *(Abb. 140)*. In der Südostecke der Zitadelle befand sich, von einer Mauer umgeben, das königliche Zeughaus oder Arsenal.

Der Hügel der Zitadelle war es, der Layards Aufmerksamkeit als erstes auf sich zog, als er im November 1845 zu graben begann.[4] Durch das von der Kuppe herablaufende Regenwasser teilweise erodiert, ist das Rhomboid der Stützmauern, von den Überresten einer kleinen Zikkurrat in seiner Nordwestecke überragt, noch heute klar zu erkennen. Schon als Layard den ersten Suchgraben zog, traten überraschend Mauern und Skulpturen der Residenz Assurnasirpals zutage (später ‚Nordwestpalast' genannt), die unmittelbar südlich der Zikkurrat am

Fluß lag. Hier legte er, von Wandreliefs abgesehen, erstmals Hüterfiguren frei, die in Gestalt von geflügelten Stieren oder Löwen, hinter denen große ‚Genien' standen, die Tore flankierten. Zunächst mußte er seine Tätigkeit auf die rund um den Kulthof gruppierten Kammern beschränken, in denen sich Bronzefiguren, Alabastergefäße und herabgestürzte Fragmente von Wandmalereien befanden, die man damals noch nicht zu konservieren verstand.

Layards erste Arbeitsperiode in Nimrūd dauerte bis 1847; mittlerweile hatte er eine Anzahl weiterer Gebäude lokalisiert und untersucht. Abermals an der Flußseite lagen der sogenannte ‚West-Palast' des Adad-Nirari III. sowie der von Asarhaddon unter Verwendung von Skulpturen, die für ein Gebäude Tiglatpilesars III. bestimmt gewesen waren, gebaute oder restaurierte ‚Südwest-Palast'. Der Name Asarhaddons erscheint in Verbindung mit dem Salmanassars III. auf vielen Inschriften, die man im sogenannten ‚Zentral-Palast' fand, und hier, in der Nähe dieses Gebäudes, traf Layard auf den berühmten ‚Schwarzen Obelisk' (heute im Britischen Museum) mit seinen Szenen von Tributträgern, unter ihnen ‚Jehu,

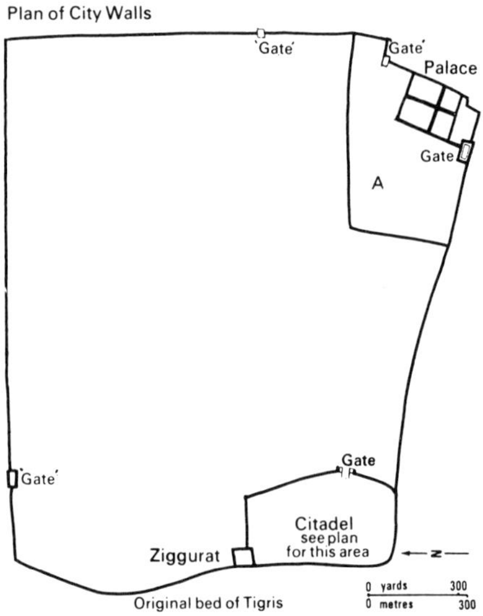

139. Diagramm der Befestigungen von Nimrūd und der wichtigsten Gebäudegruppen. Die Stadt wurde im Westen durch den Tigris, im Süden durch einen breiten Kanal geschützt. (Nach Hawkes, 1974). *A,* die Feste Salmanassars

140. Plan der Zitadelle von Nimrūd nach Abschluß von Mallowans dortiger Grabungstätigkeit im Jahr 1963. Vorher hatten von 1845 bis 1854 mit Unterbrechungen bereits Layard, Rassam, Loftus u. a. dort gegraben. Die wichtigsten Funde machte man in den nordwestlichen und südöstlichen Gebäudekomplexen. (Aus Mallowan, 1966)

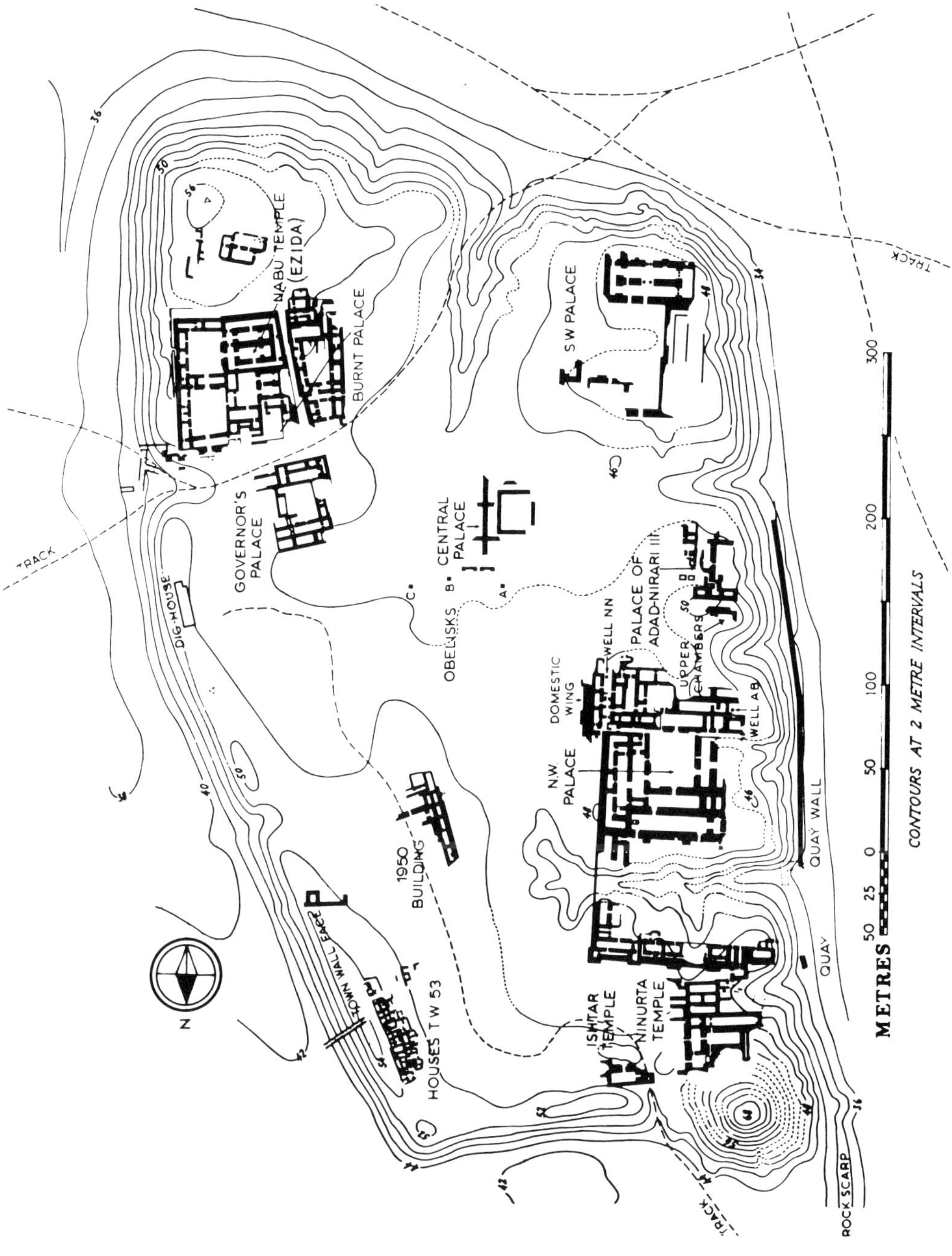
NABU TEMPLE (EZIDA)
BURNT PALACE
GOVERNOR'S PALACE
TRACK
DIG-HOUSE
CENTRAL PALACE
OBELISKS
S W PALACE
PALACE OF ADAD-NIRARI III
WELL NN
UPPER CHAMBERS
DOMESTIC WING
WELL AB
N.W. PALACE
1950 BUILDING
TOWN WALL FACE
HOUSES T W 53
ISHTAR TEMPLE
NINURTA TEMPLE
QUAY WALL
QUAY
ROCK SCARP
TRACK
N
METRES
50 25 0 50 100 200 300
CONTOURS AT 2 METRE INTERVALS

König von Israel'. Schließlich legte er unter einer Erhebung an der Südostecke des Hügels einige Räume eines Gebäudes frei, das dem sehr späten Assyrerkönig Assur-etel-ilāni zugeschrieben wird, in dem Mallowan mehr als ein Jahrhundert später wichtige Funde machte. 1847 konnte Layard gemeinsam mit Rawlinson, der in Baghdad seine Keilschriftkenntnisse erweiterte, mit Zufriedenheit feststellen, daß die Stätte, an der er grub, nicht Ninive sondern Kalchu war.

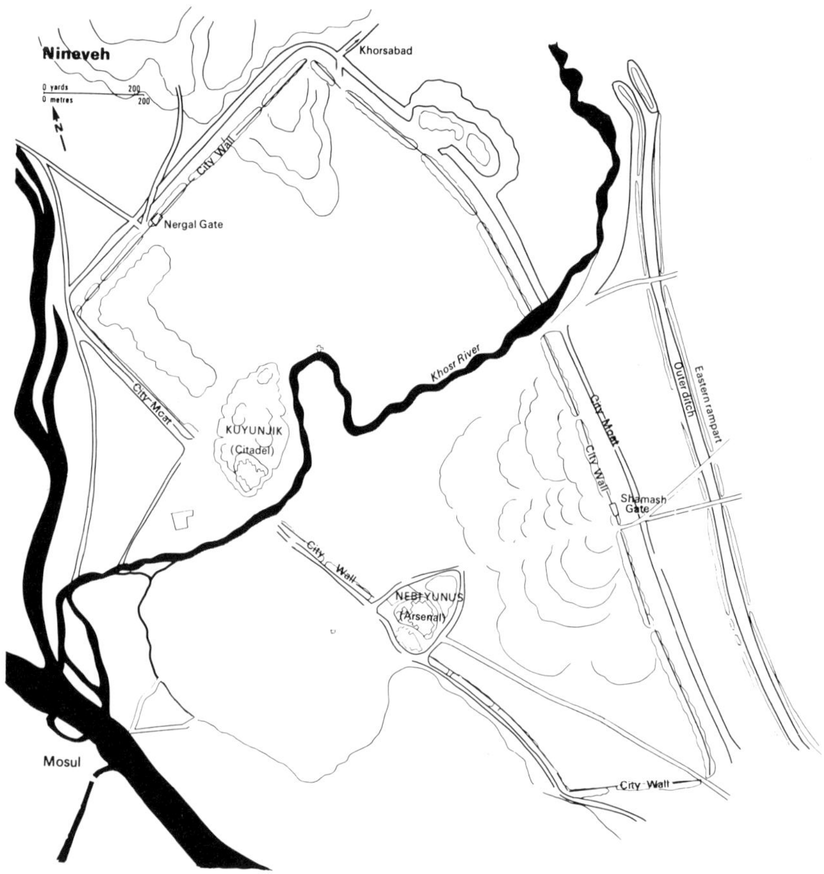

141. Grundriß der Stadt Ninive und ihrer Befestigungen in spätassyrischer Zeit. In der zweiten Hälfte des 19. Jahrhunderts wurde hauptsächlich in der Zitadelle auf dem Hügel Kujunğik gegraben. Der kleinere Hügel *Nebi Junus* ist noch heute bewohnt; auf ihm liegt ein bedeutendes moslemisches Heiligtum. Früher nahm der Tigris einen anderen Verlauf und umgrenzte die Stadtmauer im Südwesten unmittelbar; heute verläuft hier die Grenze der modernen Stadt Mōssul. (Aus Hawkes, 1974)

1849 kehrte Layard nach Veröffentlichung seines Buches ‚Nineveh and its Remains' (deutsche Ausgabe: Auf der Suche nach Ninive, München 1965) nach Nimrūd zurück, diesmal in Begleitung eines Künstlers (Cooper, später ersetzt durch Bell), der es übernehmen sollte, Zeichnungen von den Reliefs anzufertigen, was Layard zuviel Zeit gekostet hätte. Während der folgenden zwei Jahre gelangen ihm weitere Funde im Nordwestpalast, darunter Hunderte von Bronzeobjekten mit Elfenbeinornamenten und sogar solche mit Ornamenten aus Glas. Am Fuß der Zikkurrat entdeckte er einen Ninurta-Tempel, dessen Pflastersteine Inschriften aus den Annalen der Regierungszeit Assurnasirpals trugen und dessen Allerheiligstes ein nahezu unbeschädigtes Standbild dieses Königs enthielt; heute ist es, ein seltenes Beispiel assyrischer Rundplastik, im British Museum zu sehen. Doch schon 1850 hatte er, wie wir gleich sehen werden, eine zweite Ausgrabung im Palasthügel von Ninive begonnen, wo er den Palast Sanheribs entdeckte und nun seine archäologische Feldarbeit beendete.

Layards Tätigkeit in Assyrien wurde von 1852 bis 1854 von seinem Assistenten Hormuzd Rassam, Bruder des einheimischen konsularischen Stellvertreters in Mōssul, fortgesetzt, der fortan wegen seiner skrupellosen archäologischen Praktiken und der Mißachtung bestimmter, international geltender ethischer Regeln berüchtigt wurde.[5] Im südöstlichen Teil der Zitadelle von Nimrūd konnte er den Komplex der Nabū-Tempelanlage lokalisieren, die erst später von Mallowans methodischer vorgehendem Mitarbeiterteam freigelegt wurde. Er fand hier einige Statuen, von denen eine ‚dem langen Leben' Adad-Niraris III., eine andere dem seiner Mutter Šammu-ramāt (Semiramis) geweiht worden war, weiterhin eine Stele Šamši Adads V. Rassam war jedoch inzwischen zu stark von den Grabungen in Ninive in Anspruch genommen, als daß er Mōssul lange fernbleiben mochte. Deshalb betraute Rawlinson 1854 den Archäologen W. K. Loftus mit der Fortführung der Arbeit in Nimrūd, der sich mit früheren Sondierungen an Fundplätzen sumerischer Städte im Süden einen Namen gemacht hatte.[6] Loftus entdeckte einen noch wichtigeren Fund in dem westlich des Nabū-Tempels gelegenen sogenannten ‚Burnt Palace', nämlich eine Gruppe von wunderbaren Elfenbeinreliefs, die nach einer erst sehr viel später, in den 50er Jahren vorgenommenen Untersuchung durch das British Museum eine erste Stilanalyse von Kunsthandwerk in diesem Material ermöglichten.

Chorsābād

Drei Jahre bevor Layard das alte Ninive entdeckte, hatte schon Paul Emile Botta, zum französischen Konsul in Mōssul ernannt *(Abb. 138)*, im Jahr 1842 im Hügel Kujunğik in Ninive zu sondieren begonnen, doch ohne besonderes Glück. Da erzählte ihm einer seiner Arbeiter, daß man vor kurzem in einem langgestreckten Hügel am Khosr-Fluß, etwa 19 km weiter nordöstlich, antike Skulpturen gefunden habe. Im März 1843 verlegte Botta daraufhin seine Tätigkeit an diesen Platz und war bald dabei, ein Gebäude auszugraben, von dem wir heute wissen, daß es der Palast Sargons II. war. Hier wurde er sofort fündig. Die Objekte ähnelten in starkem Maße denen, die Layard zwei Jahre später in Nimrūd in Erstaunen versetzten. Im Jahr darauf hatte er das Glück, E. Flandin, eine bemerkenswerte zeichnerische Begabung, zum Mitarbeiter zu bekommen, der von den nun in überwältigender Zahl zutage tretenden Reliefs und anderen Skulpturen sorgfältige und methodische Zeichnungen anfertigte.[7]

Sargon hatte sich wie in Nimrūd auch in Chorsābād einen kleinen Hügel ausgewählt, den man unschwer in eine erhöhte Terrasse für seine Palastanlagen

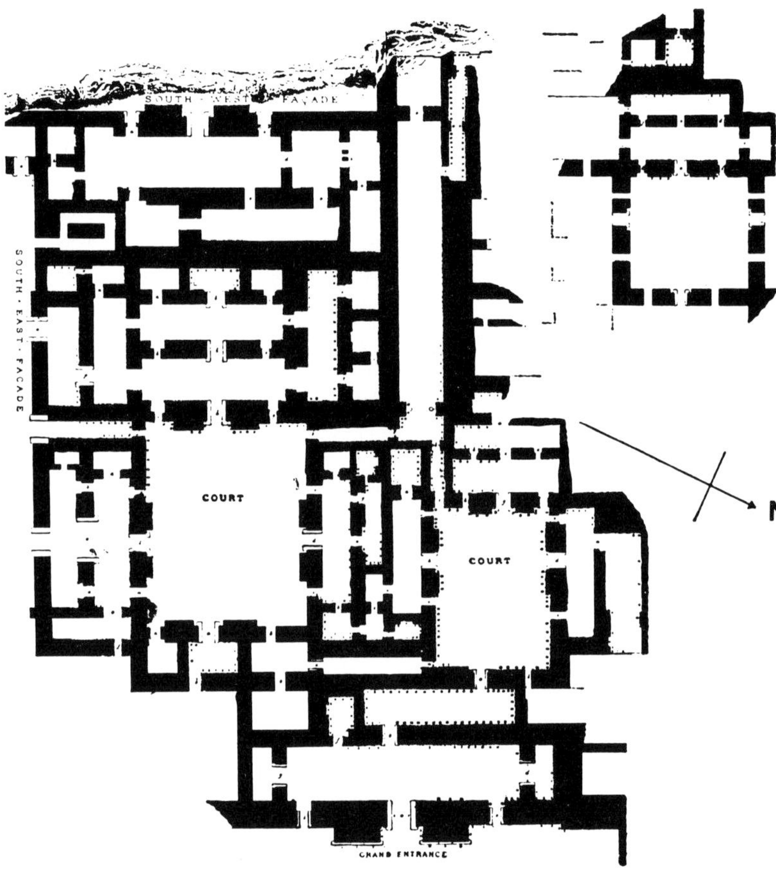

142. Grundriß des Sanherib-Palastes in Ninive. Unglücklicherweise wurden die Funde im Hügel Kujunğik nur unvollständig inventarisiert; selbst die jeweilige Lage einiger der Hauptgebäude ist heute noch nicht gesichert. (Nach Paterson, 1912)

umwandeln konnte. Die Stadt, die er errichtete, hatte die Form eines Quadrates von mehr als 6,4 km Umfang und wurde von mit Türmen bewehrten Mauern mit sieben Toren umschlossen *(Abb. 143)*. Der Unterbau des Palastes ragte über die Nordwestmauer hinaus, und sein Kern war (wie amerikanische Ausgräber in den 30er Jahren feststellten) zu ebener Erde von einer Zitadelle umgeben, in der weitere öffentliche Gebäude lagen. Wie in Nimrūd lag auch hier das Arsenal in der Südostecke der Stadt. Nach assyrischer Tradition war der Sargon-Palast um zwei zentrale Haupthöfe angelegt, von denen der innerste kultischen Zwecken diente. Was Bottas Grabungen betrifft, so geht aus dem von ihm und Flandin 1849–1850 veröffentlichten fünfbändigen Werk hervor, daß sie sich auf die vorgelagerten Audienzräume auf der Nordwestseite beschränkten. Diese Grabungen nahmen ihn bis 1846 in Anspruch; doch im Gefolge der politischen Ereignisse von 1848 in Paris fiel Botta aus unbekannten Gründen in Ungnade und wurde auf einen obskuren konsularischen Posten in der Levante versetzt. Unterdessen war auch ihm, wie später Layard, klar geworden, daß die Stadt, an der er gegraben hatte, nicht Ninive war, wie er angenommen hatte.

1852 wurde Botta in Chorsābād durch Victor Place ersetzt. Mit ihm kam als sein Hauptassistent der Maler Felix Thomas, dem wir die einzigen, erhaltenen Aufzeichnungen der Hauptfunde der französischen Expedition dieses und des folgenden Jahres verdanken.[8] Man verfolgte nun die Grundmauern in ihrer ganzen Länge *(Abb. 143/144)*, holte die besser erhaltenen Skulpturen zusammen mit vielen Kleinfunden aus dem Boden und transportierte sie nach Paris. Wie Place Ende 1853 errechnete, hatte er 209 Räume, die sich um 31 Höfe gruppierten, zusätzlich drei Tempel und eine kleine Zikkurrat freigelegt, ferner den Verlauf der 24 m dicken, auf Steinfundamenten errichteten Stadtmauern ermittelt und 7 Tore untersucht, von denen drei mit plastischen Portalfiguren und eines (Nr. 3 auf seinem Plan) mit farbigen Glasuren auf den überwölbten Durchgängen und Archivolten geschmückt und obendrein fast unversehrt erhalten geblieben waren. 1855, nachdem er seinen Bericht abgeschlossen hatte, war er soweit, daß er nach Frankreich zurückkehren konnte. Doch nun ereignete sich eine Katastrophe: Die Kostbarkeiten gelangten noch sicher nach Baghdad, wo die 235 Kisten zusammen mit Antiquitäten anderer Herkunft auf ein großes Boot und zwei *kelek*-Floße verladen wurden, die sie nach Basra bringen sollten. In der Nähe von Kurna indes, wo der Tigris einen Abfluß des Euphrat aufnimmt, wurde der Konvoy von feindlichen Stämmen angegriffen, wobei alle fünf Wasserfahrzeuge kenterten. Glücklicherweise war wenigstens eine frühere Sendung, die Botta 1847 verschifft hatte, unversehrt nach Frankreich gelangt, doch ist diese bescheidene Kollektion, und mit ihr zwei geflügelte Stiere, die heute im Britischen Museum stehen, tatsächlich das einzige, was von den Funden der Franzosen in Chorsābād übrig blieb.[9]

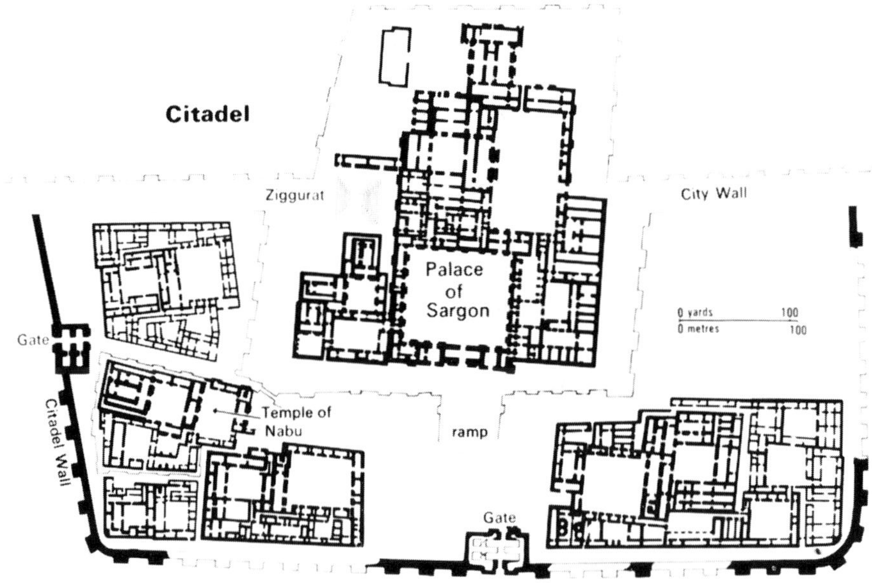
Citadel
Ziggurat
City Wall
Palace of Sargon
0 yards 100
0 metres 100
Gate
Citadel Wall
Temple of Nabu
ramp
Gate

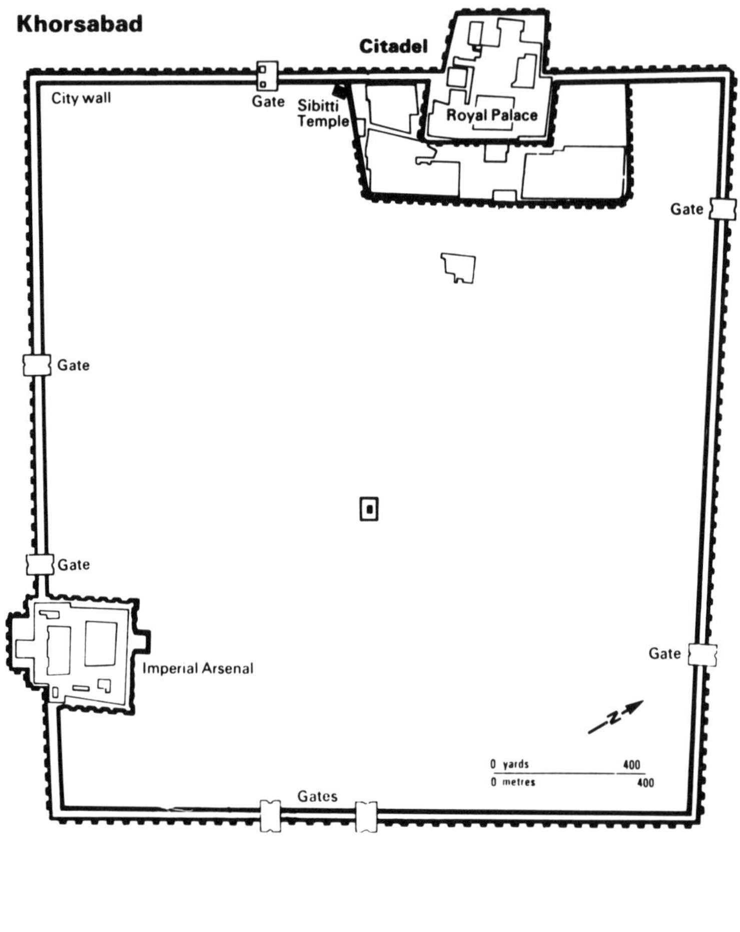
Khorsabad
Citadel
City wall
Gate
Sibitti Temple
Royal Palace
Gate
Gate
Gate
Imperial Arsenal
Gate
N
0 yards 400
0 metres 400
Gates

Ninive

Im Verlauf des soeben erörterten Zeitraums hatten, wie erwähnt, englische wie auch französische Ausgräber ihr Augenmerk auf die Ruinen von Ninive gerichtet *(Abb. 141)*. Seine jetzt in einiger Entfernung von den Ufern des Tigris verlaufenden Stadtmauern bilden ein unregelmäßiges Rechteck von fast 12 km Umfang und sind von einem Außenwall und an der Ostseite noch von einem Graben umgeben.[10] Der Palasthügel, heute unter dem türkischen Namen Kujunğik bekannt, grenzt an die Linie der westlichen, einstmals am Fluß gelegenen Stadtmauer. Etwa 1,5 km weiter nach Süden bedeckt ein zweiter, kleinerer Hügel die Ruinen des assyrischen Arsenals; auf seiner Kuppe stehen heute die Häuser eines arabischen Dorfes, die sich um ein moslemisches Heiligtum scharen, dessen Name *Nebi Junus* auf irgendeine Weise mit dem Propheten Jonas zu tun hat. Mit Sicherheit identifiziert sind die Zugänge zur Stadt: in der Nordmauer das Nergal-Tor mit seinen noch vollständigen Hüterfiguren und in der Ostmauer das Šamaš-Tor.[11] Diese und andere Tore sind mit den angrenzenden Befestigungen jüngst freigelegt und zum Teil restauriert worden.

Während seiner Campagne in Nimrūd hatte Layard Zeit gefunden, Bottas Sondierungen im Hügel Kujunğik in Ninive fortzusetzen; doch erst im Juni des Jahres 1847 erfüllten sich seine diesbezüglichen Erwartungen. In der Südwestecke der Zitadelle stieß er auf die Mauern eines enormen Gebäudes: des Hauptpalastes Sanheribs, wie sich erwies *(Abb. 142)*. Weil er indes vorübergehend nach London mußte, schob er die weitere Erforschung auf. Als er 1849 seine Arbeit in Ninive erneut in Angriff nahm, wurde er zunächst schwer enttäuscht: Es zeigte sich, daß der Palast durch Brand zerstört worden war, – vielleicht bei der Plünderung der Stadt Ninive im Jahr 612 v. Chr. Doch erwies sich der Schaden als geringer, als er zunächst angenommen hatte: viele der Skulpturen waren erhalten. In den 71 Räumen, die er untersuchte, wurden mehr als 2000 Reliefplatten freigelegt, während man in zwei kleinen Räumen (Nr. 40 und 41 auf seinem Plan) große Mengen von Tafeln fand, die einen Teil der Bibliothek Sanheribs bildeten – ein riesiger Wissensspeicher, der detaillierte Berichte von den damaligen Ereignissen in sich barg.[12] Um diese Zeit unternahm Layard auch den weniger erfolgreichen Versuch, im unbewohnten Teil des Nebi Junus-Hügels Grabungen durchzuführen. Hier stieß er auf Inschriften von Adad-Nirari, Sanherib und

143. Stadtplan des alten Dūr-Šarrukîn, heute Chorsābād, Hauptstadt Sargons II. Die Stadtmauer umschloß ein Areal von mehr als 250 ha Ausdehnung. Im Ausschnitt *(oben)*: Grundriß des Königspalastes, der auf einer in gleicher Höhe mit der Stadtmauer abschließenden Terrasse lag, die von Botta und Place ausgegraben und später von Gordon Loud noch einmal durchforscht wurde. Darunter zu ebener Erde befand sich die verstärkte, in den 30er Jahren von Loud freigelegte Zitadelle, innerhalb derer eine Anzahl von kleineren Palästen und anderen öffentlichen Gebäuden untergebracht war. (Aus Hawkes, 1974)

Asarhaddon, sah sich aber wegen der Feindseligkeit der Einwohner genötigt, seine Arbeit abzubrechen. 1851 kehrte er endgültig nach Haus zurück und vertraute die Ausgrabungen der Obhut von Hormuzd Rassam an.

Layard hatte sich mit Place dahingehend verständigt, daß die britischen Grabungen auf die Südhälfte des Kujunğik-Hügels beschränkt bleiben sollten, und so machte Place von seinem Recht Gebrauch, den nördlichen Teil zu erforschen. Als 1852 Rassam nach Mōssul zurückkam, wollte er diese Abmachung nicht gelten lassen. Schließlich nahm er seine Zuflucht zu der seltsamen Methode, im Schutz der Dunkelheit zu graben; dabei hatte er das Glück, auf den großen Nordwestpalast des Assurbanipal zu stoßen, den er für das Britische Museum mit Beschlag belegte. Außer den berühmten ‚Löwenjagd'-Platten enthielt das Gebäude, wie sich herausstellte, auch noch die restliche Hälfte von Sanheribs Bibliothek. Hiermit war der triumphale Höhepunkt der britischen Ausgrabungstätigkeit in Ninive erreicht. 1874 wurde sie von George Smith zum Abschluß gebracht, dessen methodische Durchsuchung der Abfälle der Rassamschen Ausbeute zu der Entdeckung eines fehlenden Bruchstücks des ‚Sintflut'-Textes führte.

Es soll indes nicht unerwähnt bleiben, daß auch Rassam eine Glanzleistung mit seinen anschließenden Forschungen erbrachte: mit der Entdeckung von Imgur-Bēl/Enlil im Jahr 1878, einem Landsitz der assyrischen Könige in Balāwāt, 40 km östlich von Mōssul. Aus einem flachen Hügel barg er zwei riesige zweiflügelige Bronzetore, von denen das eine von Assurnasirpal, das andere von Salmanassar III. vor den Eingang eines Palastes bzw. eines Tempels gesetzt worden war.[13] Auf sie wie auf ein drittes Tor, das Mallowan entdeckte, soll gleich näher eingegangen werden.

Ausgrabungen der Amerikaner in Chorsābād

Der vorangegangene Bericht über die in den Ruinen spätassyrischer Städte unternommenen Grabungen läßt bereits deutlich werden, daß damals weltliche Bauten vor sakralen den Vorrang erhielten. Die Kaiser dieser Zeit waren mehr am Bau von Befestigungen und an der Anlage aufwendiger Paläste interessiert als an den ihnen bisweilen angegliederten Heiligtümern. Während ein Herrscher auf den anderen folgte, vermehrte sich die Zahl der Paläste, sie wurden erweitert oder umgebaut, ohne Rücksicht auf die Gesamtplanung der großen Terrassen, auf die man sie stellte, und ihre schließliche Zerstörung vermehrte die Unübersichtlichkeit der noch erhaltenen Ruinen. Dies war in Nimrūd und in noch größerem Maße in Ninive der Fall, wo die Rekonstruktion der architektonischen Schichtenfolge bis heute leider noch sehr lückenhaft ist. In Chorsābād dagegen stellen wir fest, daß jene Stadt im Lauf einer einzigen Generation angelegt, bewohnt und wieder aufgegeben wurde. Ihre Überreste, als solche durch stratigraphische Probleme nicht in Frage gestellt, wurden über einen langen Zeitraum hinweg mit äußerster Sorgfalt ausgegraben und inventarisiert. Daher kann ihr für den hiesigen Zweck insofern Modellcharakter zugesprochen werden, als sie die von den damaligen Baumeistern bevorzugte Planung und Bauweise sehr anschaulich verdeutlicht.

Die amerikanischen Ausgräber, die 1928 nach Chorsābād *(Abb. 143/144)* zurückkehrten, um eine Nachuntersuchung vorzunehmen, taten alles, um die Funde ihrer französischen Vorgänger zu ergänzen und zu vermehren. Nachdem sie zunächst einmal ein ‚schmuckloses' Stadttor (Nr. 7) freigelegt hatten, begaben sie sich daran, Teile des Palastes erneut auszugraben, wobei sie einige Skulpturen hoben, die Botta zurückgelassen hatte, weil es ihm an Transportmöglichkeiten fehlte.[14] 1930 stießen sie auf ein weiteres, mit geflügelten Stieren und Genien geschmücktes Tor (A), das zur Entdeckung einer inneren Zitadelle führte, die in Bodennähe den erhöht liegenden Palast umgab. Unter der Leitung von Gordon Loud wurden in den folgenden Jahren viele in der Zitadelle gelegene Bauten freigelegt; gleichzeitig wurde das große (von Place als ‚Palast F' bezeichnete) ‚Arsenal' in der Südecke der Stadt durchforscht.[15]

144. Rekonstruktion des Königspalastes und der Zitadelle von Dūr-Šarrukīn von William Suddaby nach Loud und Altmann. Links der erhöhte Nabū-Tempel, der durch eine Brücke mit der Palast-Terrasse verbunden war

Während der Grabungstätigkeit in der Zitadelle nahm Loud eine neue Vermessung vor, wobei auch der Grundriß des Palastes überprüft und korrigiert wurde.[16] Dabei gelangte man zu der verblüffenden Feststellung, wie unzulänglich zu Anfang die Bautechnik der Assyrer gewesen war. Der Grundriß der Terrasse erwies sich als asymmetrisch, ja schief, die Verteilung der Gebäude in der Zitadelle schien auf gut Glück erfolgt zu sein und wirkte wenig sinnreich. Schräg von Tor A aus an einer gepflasterten Straße lag ein gewaltiger, dem Gott Nabū geweihter Tempel, der wie der Königspalast auf einer eigenen Terrasse stand und vom Palast aus über eine die Straße überspannende Brücke zugänglich war. Jenseits des Tempels und vor dem Palast erstreckte sich ein weiter offener Platz, von dem aus eine breite Rampe zum Hauptportal des Palastes hinaufführte. Ihr gegenüber befand sich – wiederum nicht ‚auf Mitte' – ein zweites Tor zur Zitadelle. Innerhalb der Zitadellenmauern legte Loud fünf kleinere Paläste frei, deren Grundrisse nur unter offensichtlichen Schwierigkeiten dem verfügbaren Raum angepaßt worden waren. Diese eigentümliche mangelnde Vorausplanung scheint für die Monumentalarchitektur Mesopotamiens charakteristisch gewesen zu sein.

Kult- und Staatsräume gruppierten sich im Hauptpalast, wie wir wissen, um einen Innenhof, der auf einer Seite von Plastiken geflügelter Stiere und anderer Figuren, die drei Eingänge zum Thronsaal bewachten, beherrscht wurde. Die Wände dieses riesigen rechteckigen Saales waren etwa 12 Meter hoch und vom Fuß bis an die Decke mit Wandmalerei überzogen; an seiner einen Schmalseite fand man einen reliefgeschmückten Thronsockel. An das andere Ende des Raumes schloß sich ein Vestibül mit einer Treppe an, die auf das Flachdach hinauf führte. Unweit des Thrones lag ein Türdurchgang, der in einen langen Ankleideraum und anschließend in den Privathof führte, um den sich die Wohnräume gruppierten. Diese Anordnung, Thronraum mit Nebenräumen und Treppe, scheint eine durchgehend bei Palastbauten befolgte Konvention gewesen zu sein. In Chorsābād begegnen wir ihr gleich noch einmal in den ‚Audienzraumfluchten' der kleineren, zu ebener Erde auf dem Zitadellenniveau gelegenen Paläste. Für die Anordnung einer isolierten Gruppe von Prunkräumen an der Nordwestseite des großen Palastes war eine andere Konvention maßgebend gewesen; hier führten Torwege auf eine offene Terrasse hinaus. Auf eine identische Raumordnung stieß Loud im Wohntrakt des in der Südstadt gelegenen Arsenals.[17]

Unter den Kultbauten fiel der Nabū-Tempel mit zwei Außenhöfen und dem nach konventionellem Schema angelegten Allerheiligsten am meisten auf. Loud legte aber außerdem auch die Reste dreier kleinerer, an die Südwestseite des Palastes angebauter Tempel noch einmal frei; bei einem, dem Sîn-Tempel, war die Fassade noch gut erhalten: Zu beiden Seiten des von einem Rundbogen überwölbten Portals erhoben sich – auf niedrigen, vorspringenden, mit glasiertem Ziegeldekor in leuchtenden Farben geschmückten Sockeln – durch Rundstäbe und Rillen belebte Paneele. Daneben standen jeweils eine hohe künstliche Palme und eine weibliche Statue vom Typ der Göttin mit dem wassersprudelnden

145. Einer der zwei geflügelten Stiere mit Menschenhaupt, die von Genien begleitet das Südwesttor der Zitadelle von Chorsābād bewachten (heute steht er am Eingang des Irak-Museums in Baghdad)

Gefäß. Das alles erinnerte stark an die Wandmalereien von Mâri, über die wir an früherer Stelle berichteten. Die kleine, an diese Tempel angrenzende Zikkurrat war zu stark verwittert, um genauer untersucht werden zu können. Sofern man sich auf Place's Rekonstruktion verlassen kann, wurde sie durch eine spiralförmig aufwärtsführende Treppe in mehrere, jeweils in einer anderen Farbe gestrichene Stufen aufgeteilt.[18]

Im ‚Arsenal' *(ekal mašarti)* in Chorsābād, das Loud für die Kronprinzenresidenz Sanheribs hielt, machte Place eine interessante Entdeckung: in den Ruinen stieß er auf die Basen von Steinsäulen, was ihm eine Inschrift Sargons in Erinnerung rief, in der dieser sich rühmt, einen Palast nach syrischem Vorbild mit einer *bīt chilāni,* einem Portikus vor dem Thronsaal, errichtet zu haben. Doch Loud konnte nachweisen, daß die Position der Säulen im Gebäude diese Theorie nicht bestätigt; Sargons *bīt chilāni* muß daher anderswo gesucht werden.[19] Auf den Grundriß braucht hier nicht eingegangen zu werden, denn wie wir gleich sehen, wurde ein Arsenal gleicher Art später von Mallowan in Nimrūd vollständig freigelegt.

Bauweise

Sämtliche Arten von Mauern wurden in Chorsābād aus Lehmziegeln errichtet. Entgegen der üblichen Praxis wurde Mörtel hier kaum verwandt; man ließ die gegossenen Ziegel nicht völlig trocknen, sondern verlegte sie in noch biegsamem Zustand. Für Fassaden und Pflaster hingegen verwandte man gebrannte Ziegel. Die mehr als 20 Meter dicken Stadtmauern wurden von der Basis bis in 1,10 Meter Höhe mit behauenen Steinen verstärkt. Hinter dieser Verblendung befanden sich grob verlegte unbehauene Steine, die dem oberen Teil der Ziegelmauer als Basis dienten; diese schloß oben in einer zinnengekrönten Brustwehr mit steinernen Mauertürmchen ab. Hier wie auch anderswo in Assyrien stand der sogenannte Mōssul-Alabaster zur Verfügung, der sich aus den lokalen Steinbrüchen, wenn nötig in sehr großen Blöcken, leicht beschaffen ließ. Die Plattform des Palastes war mit bis zu 2,7 Meter langen, bis zu jeweils 23 Tonnen schweren Steinblöcken verkleidet. Darüber hinaus wurde Stein lediglich für Portalskulpturen und Orthostaten-Reliefs verwendet. Diese Platten wurden ausschließlich im Innern angebracht, wo man sie dem Mauersockel vorblendete. Die Amerikaner stellten fest, daß die Reliefdarstellungen erst nach der Anbringung der Plattenreihen an Ort und Stelle ausgeführt worden waren, noch ehe die obere Ziegelstruktur errichtet wurde.[20] Waren einer Mauer beiderseits Platten vorgeblendet, fand man den Zwischenraum mit Bruchsteinen, vorwiegend mit den Abfällen der Steinmetzen, ausgefüllt. Auch für die Schwellen wichtiger Tordurchgänge benutzte man Stein. Hier war er in riesigen Platten verlegt und mit teppichähnlichen Mustern reliefiert.[21]

Was die Überdachungen betrifft, fand man in den Stadttoren noch Spuren von Tonnengewölben aus Ziegeln, in der Abwasserleitung in der Plattform des Palastes Reste von Bogenzwickeln. Die Decken der Paläste waren in der Regel flach, wie Loud feststellte; bisweilen waren ihre Balken bemalt. Denn Holz gab es relativ reichlich. Loud konnte Zeder, Zypresse, Wacholder und Ahorn identifizieren, und nach herabgestürzten Balken zu schließen, standen sie in einer Stärke und Länge zur Verfügung, daß man die breitesten Räume damit zu überdecken vermochte.

Spätassyrische Skulptur

Rundplastiken dieser Epoche sind auffallend selten, aus welchem Grund ist unbekannt. Nur vereinzelt haben Standbilder von Königen die Zeit überdauert, wobei die besterhaltenen Exemplare kaum mehr als halbe Lebensgröße aufweisen. Das Standbild des Königs Assurnasirpal II. aus dem Ninurta-Tempel von Nimrūd wurde als ‚langweilig und unpersönlich' empfunden. Dennoch ist die Gestalt des Königs, barhäuptig und im schlichten fransenbesetzten Schal dargestellt, der den Assyrern als Staatsgewand diente, unbestreitbar auch künstlerisch sehr eindrucksvoll.[22]

Die bemerkenswertesten der annähernd vollplastisch ausgebildeten assyrischen Skulpturen gleicher Kategorie sind fraglos die *lamassu*-Türhüterfiguren *(Abb. 145)*, mit denen man Tore und Paläste assyrischer Städte schmückte. Diese gegen die Leibung gesetzten hybriden Kolossalfiguren in Gestalt geflügelter Stiere oder Löwen mit Menschenhaupt besaßen ein fünftes Bein, das andeuten sollte, daß die Figuren sowohl in Vorder- als auch Seitenansicht dargestellt wurden. Diese Riesenfiguren wurden aus einer einzigen Steinplatte, die bis zu 5,5 m im

146. Steinrelief aus dem Südwestpalast Sanheribs in Ninive. Hier sieht man den Transport eines geflügelten Stieres (*lamassu*-Figur) auf dem Floß dargestellt. Der Steinbruch befindet sich in einer bewaldeten Gegend. Die Skulptur wurde schon dort in grobem Umriß aus dem Stein gehauen und erst an Ort und Stelle ausgearbeitet. Höhe des Reliefs 135 cm

Quadrat messen konnte, herausgemeißelt, und zwar in groben Umrissen bereits im Steinbruch *(Abb. 146)*. Dann transportierte man sie, meist auf dem Wasserweg, an ihren Bestimmungsort, wo sie erst nach der Anbringung *in situ* ausgearbeitet wurden.[23]

Ihre spektakulärsten Leistungen erbrachten die spätassyrischen Bildhauer indes in der Kunst des Steinreliefs. Allein schon die Bewältigung dieser Art bildnerischer Gestaltung im harten Material des Steins war technisch eine Großtat, doch erst die Fähigkeit der Assyrer zur Abstraktion hob diese hochqualifizierte handwerkliche Leistung auch künstlerisch auf die höchste Ebene.

Thema der Reliefdarstellungen sind, ab der Zeit Assurnasirpals, vornehmlich die siegreichen Feldzüge des Königs gegen Städte und Armeen abtrünniger Vasallenstaaten. Dieses Thema wird mit der Zeit fast monoman wiederholt. Frankfort beschreibt das so: „Wir sehen die Heere durch immer neue Länder marschieren, die sie unterwerfen, brandschatzen und plündern." Zu den immer wiederkehrenden Motiven gehört der Kampfwagen, der hinter den fliehenden Feinden hereilt, während das Fußvolk die auf dem Schlachtfeld zurückgebliebenen Verwundeten tötet. „Die Truppen umzingeln eine Stadt; sie wird genommen, ihre Führer wer-

147. Steinrelief aus dem ‚Zentralpalast' Tiglatpilesars III. in Nimrūd, einen Angriff auf eine befestigte Stadt darstellend: Sturmleitern und Rammböcke werden eingesetzt, während die Bogenschützen Deckung geben. In einer gebirgigen Gegend (unten im Bild) werden Feinde erschlagen und (oben im Bild) nackte Gefangene auf Pfähle gespießt

den gepfählt oder auf andere Weise umgebracht. Dann braust unerbittlich aufs neue die Truppe der Wagenlenker heran.“ Diese Szenen werden lediglich durch den wechselnden – angedeuteten – geographischen Hintergrund, sowie durch ethnische Merkmale der diversen Feinde abgewandelt. Diese wurden sehr detailliert und genau festgehalten, – eine Realistik, die um so bemerkenswerter ist, je mehr man sich die Grenzen vor Augen hält, die den Künstlern durch die technischen Möglichkeiten gesetzt waren, sowie auch die Tatsache, daß sie die Gesetze der Perspektive noch nicht kannten. Zieht man das in Betracht, so haben die Kunstgriffe, mit denen man sämtliche Entfernungen, besonders bei Landschaftsdarstellungen, anzudeuten verstand, in der prä-griechischen Kunst nicht ihresgleichen.

Im allgemeinen fanden die Kriegszüge des Königs in bestimmten Jahreszeiten statt. Dazwischen suchte er Ablenkung auf der Jagd. Sie war ein weiteres bevorzugtes Thema. Dies lassen die Steinreliefs einer späteren historischen Phase am besten erkennen, doch gibt es auch aus der Zeit Assurnasirpals eine großartige Folge von Jagdszenen.[24] Hier spielt sich die Jagd nicht im offenen Land ab, sondern in einer durch Soldaten mit Schilden gebildeten Einfriedung; in ihr ließ

148. Steinrelief aus dem ‚Nordwest-Palast‘ Assurnasirpals II. (883–850 v. Chr.) in Nimrūd. Der König huldigt den Göttern vor einem ‚Lebensbaum‘, geflügelte Genien stehen ihm bei, von denen jeder einen Konus und eine *situla* (Metalleimer) hält. Darüber der Gott Assur in einer geflügelten Sonnenscheibe (vgl. das etwas frühere Siegelbild, Abb. 133)

man die Löwen frei, damit der König sie von seinem Wagen aus erlegen konnte. Nach der Jagd goß er in Anwesenheit von Höflingen und Musikanten, wie man sieht, über seine Beute Trankopfer. Zu dieser Zeit waren die Steinplatten für gewöhnlich 2 m hoch und wurden in zwei horizontal übereinander verlaufenden Streifen an der Wand angebracht. Aber jene Tafel, die den Höhepunkt dieser Szenenfolge bildet und darstellt, wie der König sich von der Jagd ausruht und Erfrischungen zu sich nimmt, ragt stelenartig in doppelter Höhe des einzelnen Streifens des Steinfrieses auf, – ein Epilog, der an den göttlichen Schutz erinnern soll, den er durch das Wohlwollen der zwei Genien zu seinen Seiten genießt. Ähnliche Gestalten, die hinter dem doppelt dargestellten König vor einem ‚Lebensbaum' stehen, erscheinen noch einmal auf einem großen einzelnen Paneel hinter dem eigentlichen Thron im Audienzsaal des Nordwest-Palastes in Nimrūd.[25] Das Relief wirkt hier eher wie ein prächtiger Wandbehang *(Abb. 148);* die Bildkomposition wiederholt sich in der Musterung auf Assurnasirpals Mantel.[26]. Seltsamerweise sind religiöse Symbole nur selten in diesen Skulpturen anzutreffen.

Aus der Regierungszeit Salmanassars III. stammt eine Variante des Reliefschmucks, der man erstmals an den großen Bronzetoren von Balāwāt *(Abb. 150/151)* begegnete. Die beiden hölzernen Torflügel, ein jeder 1,8 m breit und 6,1 m hoch, sind mit getriebenen Bronzebändern beschlagen gewesen. Die dicken Türangeln zu beiden Seiten bestehen ebenfalls aus Holz. Die einzelnen Bronzebänder, 28 cm breit und kaum mehr als 2 mm stark, verlaufen quer über die Türflügel und setzen sich rund um die Scharniere der Türangeln fort. Die hier in Metall getriebenen Darstellungen ähneln den Szenen der Steinreliefs; jedes der Bänder ist quer in zwei Streifen unterteilt, so daß die beiden Bilderreihen jeweils nicht höher als 13 cm sind. Wieder handelt es sich um Darstellungen erzählerischen oder episodischen Charakters, doch sind sie äußerst lebendig und aufschlußreich:[27] In den Palmenhainen Südmesopotamiens wird ein Sieg über die Chaldäer errungen; an der Mittelmeerküste ist die Inselfestung Tyrus gefallen und der Tribut ihres Herrschers wird in Booten an Land gebracht, ins Lager der Assyrer *(Abb. 151);* im südlichen Urartu ist der Vormarsch des Heeres durch Berge und Wälder behindert. Dargestellt wird auch eine noch seltsamere Szene, die sich im Norden abspielt: Der König entdeckt in einer Höhle, wie er glaubt, die Quelle des Tigris. Während die Soldaten bis über die Hüften im Wasser stehen, bringt er angemessene Opfer, und ein Bildhauer ist dabei, ein Relief aus dem Felsen zu meißeln, um das Geschehen für die Nachwelt festzuhalten.[28] Auf dem dritten Türflügelpaar aus Balāwāt, das inzwischen restauriert und dem Irak-Museum übergeben wurde, wird die gleiche Bildgeschichte fortgesetzt.[29]

Nach dem Wiederaufleben Assyriens Mitte des 8. Jahrhunderts v. Chr. ließ sich Tiglatpilesar III. eine Provinzresidenz in Tell Barsip (heute Tell Ahmar) am Euphrat in Syrien errichten *(Abb. 152);* hier treten Wandgemälde an die Stelle der Steinreliefs.[30] Sie sind in Rot, Blau und Schwarz auf weißem Stuckgrund gehalten und thematisch den Darstellungen auf den Steinreliefs verwandt. Episoden aus den Feldzügen des Königs wechseln mit Jagdszenen, und an die Stelle der Portalskulpturen treten nun gemalte Darstellungen von Flügelgenien. Rekonstruktionen davon befinden sich im Louvre, die jedoch erst vor relativ kurzer Zeit zum Zweck der Veröffentlichung auch in Farbe reproduziert wurden.[31]

Die Steinreliefs aus den Palästen der Nachfolger Tiglatpilesars im 7. und 8. Jahrhundert sind von unterschiedlichem Charakter. In den Prunkräumen von Chorsābād treten an die Stelle der bewegten Darstellungen nun statische Kompositionen des Hofzeremoniells *(Abb. 153)*. Gewaltige, etwa 2,75 m hohe Figuren des Königs und seines Gefolges stehen aufgereiht oder in hierarchischer Ordnung einander gegenüber; auf Haar, Bart und den entblößten Körperteilen sind noch

149. Relief aus dem ‚Nord-Palast' Assurbanipals (668–627) in Ninive. Oben zwei Löwenjagdszenen, unten eine zeremonielle Darstellung: der König begießt seine Opfer mit einer Libation

Reste eines sparsam aufgetragenen Farbanstrichs zu sehen. Die sich bei dieser Plattengröße ergebenden darstellerischen Möglichkeiten wurden später zu Sanheribs Zeiten von den Künstlern für Bildkompositionen anderer Art genutzt. Historische Episoden konnten sie nun in weniger begrenztem Raum besser ausarbeiten und das Hauptthema noch durch Darstellungen gleichzeitig stattfindender Vorgänge erweitern. Zu diesem Zweck wichen sie oft von der horizontalen Aufteilung in Streifen ab. Eine einzige Darstellung konnte nun die Platte in ihrer ganzen Höhe ausfüllen, wobei man neue Formeln für die Wiedergabe relativer Entfernungen oder dramatischer Prioritäten erfand. Detailliertere Landschaftsschilderungen vermehrten noch die panoramaartige Wirkung dieser Kompositionen.

Es wäre in diesem Rahmen unmöglich, die Fülle der Themen aufzuzählen, die sich die Künstler dieser Epoche erwählten.[32] Nahezu stets geht es um Gewalt und um die vernichtende Wirkung von Strafexpeditionen. Manche dieser Bildwerke

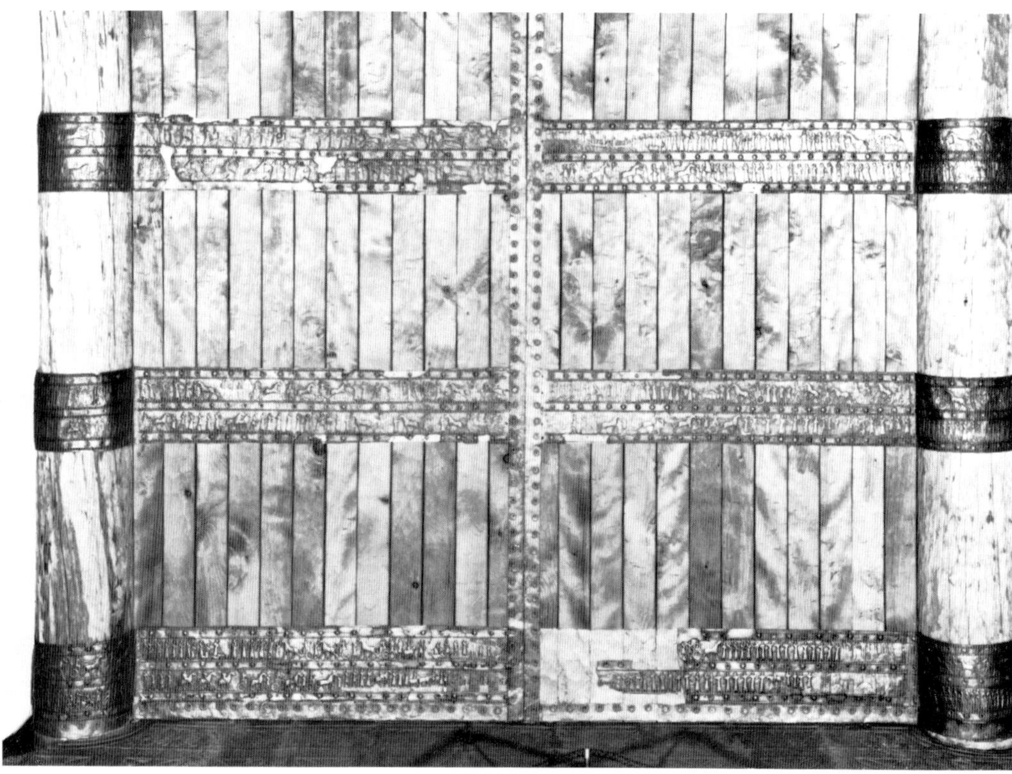

150. Rekonstruktion der Türflügel von Balāwāt (untere Hälfte) im Britischen Museum

sind durch die eingemeißelten Begleittexte besonders aufschlußreich: durch sie können wir die historischen Vorgänge und Persönlichkeiten identifizieren. So sieht man Sanherib nach der Kapitulation von Lachiš in Palästina seinen Offizieren Audienz geben, hinter ihnen, um Gnade flehend, die Gefangenen; oder man sieht ihn während eines seiner Feldzüge in den Marschen Südmesopotamiens von einer Insel aus zusehen, wie seine Soldaten den Feind in Booten durch das Schilfmeer und das fischreiche Wasser der Lagune verfolgen. Assurbanipal hingegen feiert die Eroberung von Sūsa beim Klang von Musik, hinter sich die Stadt aus der Vogelperspektive und sinnt dabei über die grauenhaften Auswirkungen der schweren Kämpfe nach. Oder er ruht sich in Gesellschaft seiner Gemahlin auf einem Sofa in einer Weinlaube aus.[33]

In der letzten Phase der assyrischen Reliefkunst wird besondere Aufmerksamkeit und Sorgfalt der Tierdarstellung gewidmet. Höchste Vollkommenheit erlangte sie zur Zeit Assurbanipals, als sich Jagdszenen mit Löwen, Halbeseln oder

151. Detail aus den Bronzebändern der Tore von Balāwāt. Eine Episode aus dem Feldzug Salmanassars III. an die Levanteküste (858 v. Chr.). Die Stadt Tyrus auf der felsigen Insel schickt auf Booten Tribut, um den König zu besänftigen. Unten sieht man ihn auf seinem Wagen seine Eroberungszüge fortsetzen; sein Lager (unterer Streifen ganz links) ist geräumt. Höhe 27 cm

Gazellen besonderer Beliebtheit erfreuten. Hier tritt – vielleicht beabsichtigt – ein emotionales Moment hinzu: die „sterbende Löwin" oder die Onagerstute, die ihr Junges verwaist zurücklassen muß, bewegen den Betrachter und erregen sein Mitgefühl.

Der praktische Nutzen dieser Reliefs für den Archäologen besteht in dem Reichtum an detaillierten Zeugnissen, die sie vermitteln: über äußere Erscheinung und Typus nicht nur der Assyrer sondern auch ihrer Nachbarvölker, mit denen sie durch den Krieg in Berührung kamen. Das eingehende Studium dieser ‚Bildberichte' hat uns mittlerweile auch mit den geringsten Einzelheiten der militärischen Ausrüstung sowie mit den Praktiken ihrer Anwendung in einer Weise vertraut gemacht, wie es durch Schrifttexte allein niemals möglich gewesen wäre.[34] Betrachten wir jene Aspekte im Leben der Assyrer, die uns die Bildwerke schildern, bleibt kaum etwas übrig, das wir nicht wüßten.

Die Briten kehren nach Nimrūd zurück

Es muß hier auch über die Funde berichtet werden, die eine britische Expedition unter Leitung von M. E. L. Mallowan machte. 1949 trafen die Briten zum zweiten Mal in Nimrūd *(Abb. 139/140)* ein und waren dort weitere vierzehn Jahre tätig.[35] Mallowan konzentrierte sich zunächst auf den Nordwest-Palast, wo zu dem von Layard ausgegrabenen zentralen Komplex von Zeremonialbauten auch ein großer Thronsaal gehörte.[36] Auf seinen ersten bedeutenden Fund stieß Mallowan in einer an den Thronraum angrenzenden Seitenkammer: auf eine Gedenkstele Assurnasirpals II. *(Abb. 156)*. Sie war beidseitig mit einer 153 Zeilen langen Inschrift bedeckt und trug auch ein Reliefbildnis des Königs. Dieses Monument ist insofern von speziellem Interesse, als es uns die Zeremonien und Festlichkeiten zur feierlichen Einweihung des Palastes im Jahr 879 v. Chr. schildert. Sogar über das Essen, das zehn Tage dauerte und bei dem man 69574 Personen bewirtete, wird berichtet. Weitere Informationen ähnlicher Art setzten Mallowan in den Stand, die ungefähre Bevölkerungszahl von Kalach zu der Zeit zu berechnen, als Assurnasirpal sie zu seiner neuen Hauptstadt gemacht hatte. Die von ihm errechnete Zahl – mindestens 86000, inklusive Kinder – steht im aufschlußreichen Vergleich zu den 120000 Menschen, die dem Alten Testament (Jona 44 11) zufolge einst Ninive bevölkerten.

Unterdessen wurden zwei Brunnen im östlichen ‚Wohntrakt' des Palastes untersucht. In dem einen (‚AB'), den bereits Layard teilweise freigelegt hatte, trat ein seltsamer Fund zutage. Erst nach einer Untersuchung im Laboratorium des British Museum stellte sich heraus, was es war, nämlich ein ‚Buch' *(Abb. 157)*, das aus fünfzehn oder mehr ‚Blättern' bestand, die von goldenen Scharnieren gehalten wurden und sich ähnlich wie ein japanischer Wandschirm nach außen wie nach innen öffnen ließen. Die Blätter bestanden aus Holz und Elfenbein und waren an den Kanten zum Schutz der wächsernen Oberfläche mit ihren eingeritzten Keilschrifttexten erhöht. Insgesamt bestand dieses Schriftdokument aus meh-

152. Detail einer Wandmalerei aus dem ‚Statthalterpalast' in Tell Barsip am mittleren Euphrat (aus der Zeit Tiglatpilesars III., 744–727 v. Chr.). Die Wandbilder, die hier die Steinreliefs ersetzen, sind mit Rot, Blau und Schwarz auf weißen Stuck gemalt

reren Tausend Zeilen. Auf dem ‚Deckel' steht der Name Sargons II. sowie der Titel des Buches und eine Notiz des Inhalts, daß dieses ‚Buch' im ‚neuen Königspalast in Dūr Šarrukîn' (Chorsābād) zu verwahren sei. Bis zu dieser Zeit waren Wachsschriften der gleichen Periode nur aus Phrygien bekannt. Doch erinnerte sich Mallowan dabei an eine spätere babylonische Inschrift, in der stand, der Beamte, der dem König die Vorzeichen verlese, möge nach der Lesung ‚das Buch schließen', – ein Satz, der den Forschern zunächst unklar gewesen war, da man angenommen hatte, er habe von einer *Tafel* gelesen.

Auch aus dem zweiten Brunnen dieses Traktes im Palast (‚NN') konnte Mallowan mehrere Objekte bergen, – die sogenannten ‚Nimrūd Elfenbeine', die heute

153. Steinrelief, einen geflügelten Gott und Gabenbringer darstellend. Aus dem Sargon-Palast in Chorsābād. Hier sind die Orthostatenplatten mehr als 3 m hoch

als die bedeutendsten Meisterwerke dieser Kategorie angesehen werden. Zuerst trat der auffallend schöne weibliche Kopf zutage, der vielleicht einmal zum Ornament eines Möbelstückes gehörte, von den Ausgräbern ‚Mona Lisa' genannt.[37] Er mißt nur 16 × 13,3 cm. Das Elfenbein ist zu einem warmen Braun nachgedunkelt, und die Behandlung der Gesichtszüge, an den entsprechenden Stellen leicht getönt, legte Mallowan stilistisch den Vergleich mit archaischen griechischen Skulpturen nahe. Es fand sich noch ein zweiter, gröber geschnitzter Kopf der gleichen Art, und beide wurden auf 700 v. Chr. datiert. Ästhetisch noch wirkungsvoller waren die beiden Elfenbeinplatten (eigentlich ‚Chryselephantin'),

154. *(Unten)* Teil einer Reliefdarstellung aus Sanheribs Palast in Ninive, nach den Inschriften als Kapitulation der Stadt Lachiš in Palästina identifiziert. In einer bergigen Landschaft mit Trauben und Oliven sitzt der König auf einem prächtigen Thron vor seinem Zelt und empfängt seine Befehlshaber, während jüdische Gefangene sich vor ihm niederwerfen. Unten erwartet ihn sein Wagen. *(Oben)* Die Gefangenen aus Lachiš werden gefoltert oder mit Familie und Hausrat deportiert. Anfang des 7. Jahrhunderts v. Chr. versuchte man auf diese Weise, die Szenerie der Ereignisse bildlich darzustellen

155. Orthostaten-Relief aus dem Nordpalast Assurbanipals in Ninive. In einer Weinlaube feiern König und Königin beim Klang von Musik ihren Sieg über die Elamiter. In einem Baum (links) hängt der abgetrennte Kopf ihres besiegten Feindes Te'umman, des Königs von Elam

zwei Pendants mit der Darstellung einer Löwin, die vor einem Hintergrund aus stilisierten Lotusblüten einen Negerknaben tötet.[38] Sie sind etwa 10 cm hoch und prächtig mit Blattgold und farbigen Inkrustierungen und Einlagen verschönt. Die hier angewandte Technik nach Art des Cloisonné wurde im British Museum eingehend untersucht.[39]

Zu den anderen Gebäuden der Zitadelle, die Mallowan freilegte, sind der Nordflügel der Kanzlei des Nordwest-Palastes und der Tempel des Ninurta am Fuß der Zikkurrat, der Südwestkomplex des (Loftus'schen) Burnt-Palace und der Nabū-Tempel (Ezida) mit dem benachbarten Statthalter-Palast, eine große Gruppe von Wohnhäusern sowie die große Kaimauer, die den westlich am Fluß gelegenen Teil der Zitadellenplattform abstützte, zu zählen. Sämtliche Überreste dieser Bauwerke wurden systematisch erfaßt und die verschiedenen Phasen ihrer Baugeschichte bestimmt. Mallowan ging es in diesen Jahren weniger um die Entdeckung großer Statuen oder Reliefs; seine Suchtätigkeit wurde vielmehr durch kleinere Funde reich belohnt: Bronzegefäße und Bronzewaffen, feine Elfenbeinschnitzereien und ganze Depots von ungebrannten Tontafeln, – frühere Ausgräber vermochten solche fragile Objekte noch nicht heil zu bergen. Seine beachtlichsten Entdeckungen machte er freilich erst, als die Expedition ihre Tätigkeit in die riesige, bisher noch nicht freigelegte Gebäudegruppe in der entfernteren Südostecke der Außenstadt verlegte, – in das sogenannte ‚Kaiserliche Zeughaus' (Arsenal, *ekal mašarti*) Salmanassars III.[40]

Gebäude diesen Typs hat es, wie wir wissen, in allen drei spätassyrischen Hauptstädten gegeben. Das Arsenal von Ninive wird freilich unter den modernen Gebäuden des heutigen Nebi Junus begraben bleiben; doch einem beschrifteten

156. Sandsteinstele Assurnasirpals II., eingelassen eine Reliefdarstellung des Königs mit den Symbolen seiner Schutzgötter, Sîn, Assur, Šamaš u. a., umgeben von 153 Zeilen Inschriften, die ihm zum Ruhm von den Feierlichkeiten zur Einweihung seines Palastes und zur Vollendung seiner Hauptstadt Nimrūd, 879 v. Chr., berichten

Tonprisma aus diesem Viertel verdanken wir eine Beschreibung seines Neuaufbaus unter der Herrschaft von Asarhaddon.[41] Einem anderen Abschnitt des Prismentextes ist zu entnehmen, welchen Zweck ein solches Gebäude erfüllte: es war für die Aufbewahrung des „Feldlagers, für die Unterbringung der Hengste, Maultiere, Streitwagen, Waffen und Rüstungen, Kriegsbeute aller Art" bestimmt. Es wird auch berichtet, daß die Anlage alle Jahre zum Neujahrsfest vom König persönlich inspiziert wurde, der dann in dem Wohntrakt der Anlage residierte.

Das Arsenal von Nimrūd, von den Ausgräbern ‚Fort Salmanassar' getauft *(Abb. 161)*, bedeckte eine rechteckige Fläche von 300 × 200 m Ausdehnung. Im Osten und Süden war es von der Stadtmauer umschlossen, an den anderen Seiten durch seine eigenen massiven Befestigungsanlagen geschützt. David Oates, der 1958 ihre Freilegung überwachte, ist der Meinung, daß sie noch eine Außenmauer gehabt haben mußte; in Chorsābād ist eine ähnliche Anlage nachgewiesen. Die Festung selbst gliederte sich in fünf Hauptteile. In ihrem Zentrum befand sich der Paradeplatz mit einem Thronsockel für den König an einer Seite. Die nach Norden anschließenden Höfe waren von Werkstätten umgeben, wie sie die Einrichtung eines solchen Außenpostens erfordert: für Tischler, Schmiede und Waffenschmiede, Lederer und Waffenmeister; oft lagen ihre Werkzeuge und Geräte noch gut erhalten unter umherliegenden Panzern verborgen; unter anderem fand man auch eine Königsstatue, die gerade repariert worden war. An anderer Stelle traf man neben den Verwaltungsbüros und den Unterkünften für Soldaten und Offiziere auf Vorratskammern für Nahrungsmittel und Wein. Ein dritter, nach Westen gelegener Hof enthielt geräumige Magazine, die sich um kleinere Lichthöfe gruppierten. Den gesamten Südteil des Gebäudes nahm die

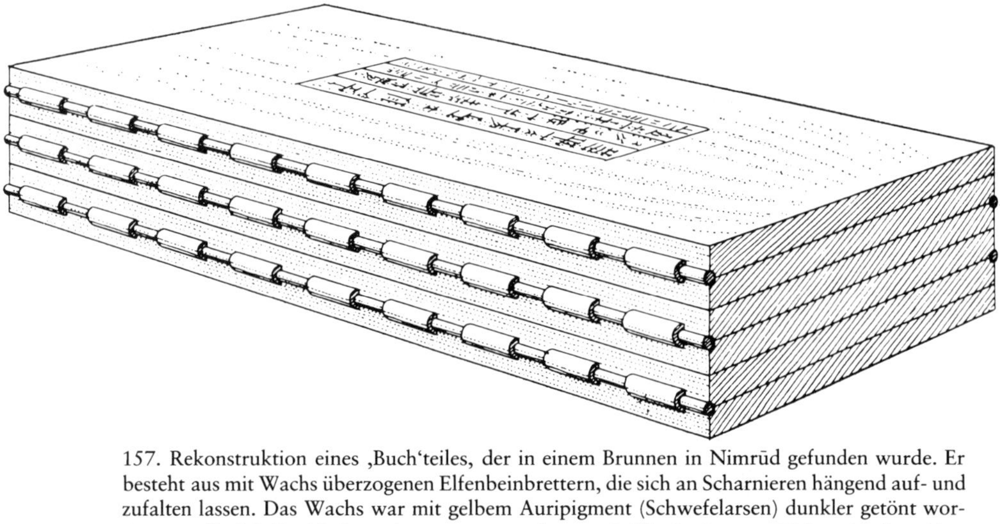

157. Rekonstruktion eines ‚Buch'teiles, der in einem Brunnen in Nimrūd gefunden wurde. Er besteht aus mit Wachs überzogenen Elfenbeinbrettern, die sich an Scharnieren hängend auf- und zufalten lassen. Das Wachs war mit gelbem Auripigment (Schwefelarsen) dunkler getönt worden, um die Schrift sichtbarer hervortreten zu lassen. Größe der Bretter: 33,8 × 15,6 cm (Aus Mallowan, 1966)

158. Elfenbeinkopf einer Frau, vermutlich Teil eines ornamentgeschmückten Möbelstückes, gefunden in einem Brunnen unter dem ‚Nordwest-Palast' in Nimrūd. Haar, Augenbrauen und Pupillen sind dunkel getönt. Von den Ausgräbern ‚Mona Lisa' getauft, datiert diese Elfenbeinschnitzerei wahrscheinlich ans Ende des 8. Jahrhunderts v. Chr. Höhe 16 cm

königliche Residenz ein, deren Zeremonialräume, die vom Paradehof her betreten wurden, aus zwei Elementen bestand, was genau den architektonischen Konventionen entspricht, die wir bereits in Chorsābād und anderen Stätten kennenlernten: einmal aus einer Flucht von Audienzräumen mit einer riesigen rechteckigen Thronhalle und zum anderen aus einem angegliederten Trakt, in dem die Wohnräume lagen.

Im Thronsaal blieb nur noch der Thronsockel; er war rundum mit lebendigen Reliefdarstellungen geschmückt, die thematisch die Entgegennahme von Tribut aus Syrien und Chaldäa behandeln. Im Mittelpunkt der Darstellungen steht die

159. Elfenbeinplatte aus dem gleichen Brunnen in Nimrūd. Eine Löwin tötet einen jungen Neger in einem Dickicht aus Lotus und Papyruspflanzen. Die Blüten sind eingelegt mit Lapislazuli und Karneol und nach Art des Cloisonné in Gold gefaßt. Stark plastische Elemente wie die Locken und die Hosen des Jungen wurden vergoldet. Höhe 10,5 cm

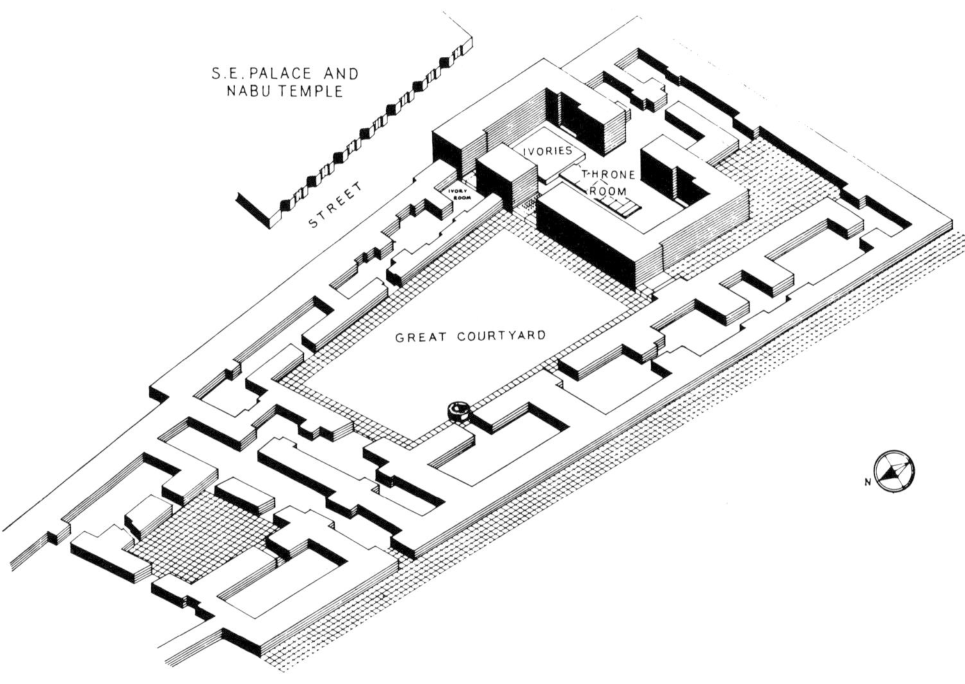

160. Projektion des Grundrisses des Burnt-Palace in Nimrūd (ca. 612 v. Chr.). Hier entdeckte Loftus 1854 die ersten Elfenbeine (Aus Mallowan, 1966)

161. Grundriß der Festung Salmanassars in Nimrūd. Nach Norden und Westen liegen, von Werkstätten, Lager- und Büroräumen umgeben, drei Höfe. Einer davon (der Südwesthof) ist in langgestreckte Magazine unterteilt; aus dem einen stammt der größte Teil der Elfenbeinfunde. Durch einen Paradeplatz von ihm getrennt liegt die königliche Residenz, die aus einem Thronsaal und der üblichen Flucht königlicher Gemächer besteht

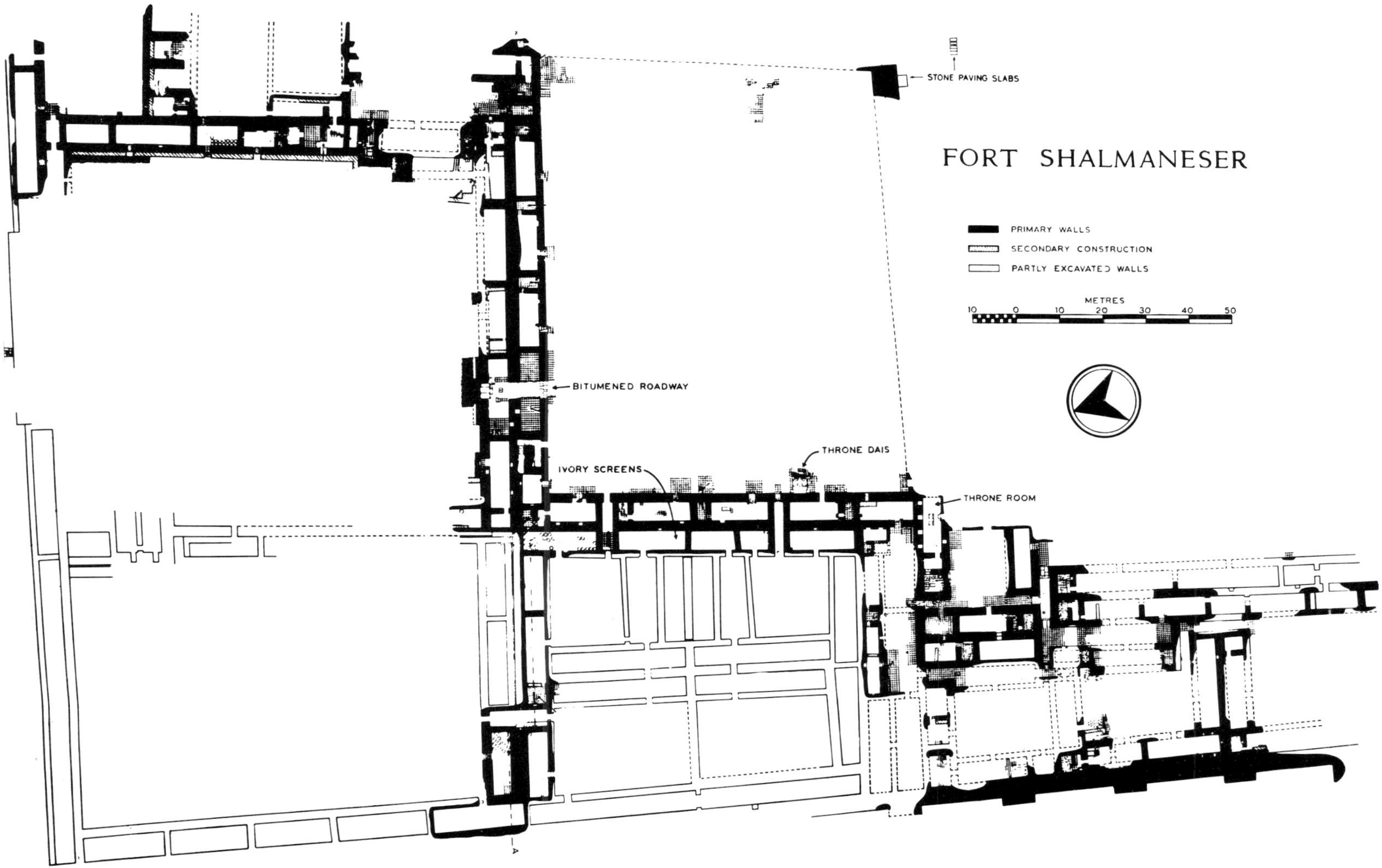
FORT SHALMANESER
PRIMARY WALLS
SECONDARY CONSTRUCTION
PARTLY EXCAVATED WALLS
METRES
10
0
10
20
30
40
50
STONE PAVING SLABS
BITUMENED ROADWAY
THRONE DAIS
IVORY SCREENS
THRONE ROOM
A
B

162. Teil aus dem Relief des riesigen Steinsockels für den Königsthron in ‚Fort Salmanassar'. Er ist rundum friesartig mit langen Reihen von Tributträgern und Höflingen geschmückt. Auf der Stirnseite begrüßen sich Salmanassar und der babylonische König Marduk-zakir-šumi mit Handschlag

163. Elfenbeinornament mit Zapfen zum Anbringen an Mobiliar. Dieses phönizische Motiv, die ‚Kurtisane am Fenster', erfreute sich in der Levante wie auch anderswo großer Beliebtheit. Das Fragment wird auf ca. 700 v. Chr. datiert und stammt aus dem ‚Nordwest-Palast' in Nimrūd

Begegnung zwischen Salmanassar und dem damaligen Herrscher von Babylon *(Abb. 162)*, bei der sich die beiden in Freundschaft die Hand reichen.[42] Ebenso eindrucksvoll muß das mit farbigen Glasuren bemalte Paneel aus gebrannten Ziegeln gewirkt haben, das von seinem Platz über dem Türdurchgang in einen angrenzenden Raum herabgestürzt war: Auf ihm sieht man den König in doppelter Darstellung unter einer geflügelten Scheibe.[43]

Die lohnendste Entdeckung aus Fort Salmanassar erwartete die Forscher in den Lagerräumen, die in und um den ‚Südwesthof' westlich des Paradegeländes lagen.[44] Hier fanden sie eine riesige Kollektion von Elfenbeinen überwiegend des Typs, wie sie zum Schmuck an Möbeln, Wagen und Paradegeschirr gebraucht wurden. Die teils in Hoch-, teils in Flachrelief geschnitzten Platten traten in Mengen oder auch einzeln in allen Trümmerschichten der Räume zutage. Sie zeigten Tier- und Menschenfiguren in einer Art ajour-Technik (durchbrochene Musterung) dargestellt, manche auch in rundplastischer Form. Diese Kunstwerke waren phönizischen und syrischen Ursprungs und entstammten der Plünderung überfallener westlicher Städte. Von den Tausenden von Bruchstücken wurden etliche Hunderte restauriert oder wieder zusammengeflickt und die meisten publiziert.[45]

Elfenbeinarbeiten aus Nimrūd

Wir hatten bereits Anlaß, eine Studie über spätassyrische Elfenbeine zu erwähnen, die R. D. Barnett in den Jahren vor Mallowans Ausgrabungen in Nimrūd verfaßte.[46] Es ging hier um eine Kollektion von Elfenbeinen, die fast ein Jahrhundert lang im British Museum verwahrt gewesen war und zwei Quellen entstammte: den Layard'schen Funden im Nordwest-Palast und Loftus' Entdeckungen im Burnt Palace. Im Gegensatz zu ihnen war Barnett nun in der Lage, diese Stücke mit neueren Funden der gleichen Art aus Grabungsplätzen in Palästina, Syrien, Anatolien und sogar Zypern zu vergleichen. Dabei wurde ihm bei der Untersuchung ihrer stilistischen Eigentümlichkeiten bald vollends klar, daß die meisten Entwürfe beider Gruppen von phönizischen Kunsthandwerkern der levantinischen Küstenstädte stammten. Dies traf vor allem auf die Gruppe aus dem Nordwest-Palast zu, die vorwiegend aus Möbelornamenten bestand, ähnlich den Teilen eines ‚Königsthrons', der Layard zufolge im ‚Brunnen AB' gefunden wurde. Einige Exemplare mit ‚Standardentwürfen' wie die ‚Dirne am Fenster' (die phönizische Göttin Astarte) *(Abb. 163)* oder die ‚Kuh mit umgewandtem Kopf, die ihr säugendes Kalb leckt' *(Abb. 165)*, waren von ihren Herstellern mit einem Zeichen versehen worden, das einem Buchstaben des phönizischen Alphabets entsprach. Andere Entwürfe, die ägyptische Motive haben, wiesen auf den gleichen Ursprung hin. Dagegen erkannte Barnett in den Loftus-Elfenbeinen einen ‚syrischen' Stil, die eine Gruppe für sich abgaben und die er mit einem weiter landeinwärts gelegenen Zentrum in Verbindung brachte, wo unphönizische Motive auf den verschiedensten Gegenständen auftauchten, zum Beispiel Karyati-

164. Vollplastisch geschnitzte Elfenbeinfigur einer Nubierin, die einen Spießbock an den Hörnern führt, während sie ein Äffchen auf der Schulter und auf dem Leib ein Leopardenfell trägt. ‚Nippes'-Figur aus Salmanassars Festung

den, kleine Nachbildungen von Altären und spitzbogige Salbgefäße. Er vermutete darüber hinaus, daß einige Objekte dieser Gruppe in Assyrien selbst hergestellt worden waren, möglicherweise von importierten Handwerkern.

1957 konnte Barnetts Werk über die Nimrūd Elfenbeine endlich erscheinen, und damit stand in den folgenden Jahren ein umfangreiches Material zur Verfügung. Mallowan sah sich in der Lage, in einer Studie über seine eigenen Funde, die neun Jahre später erschien, viele frühere Schlußfolgerungen zu bestätigen. Doch meldete er in bezug auf Barnetts Unterscheidung zwischen phönizischen und syrischen Arbeiten gewisse Vorbehalte an, da ein freier Austausch von Kunsthandwerkern damals auf allen Märkten westlich des Euphrat stattgefunden haben könnte. Dagegen konnte er eine ganze Schule von importierten Künstlern und einheimischen Schnitzern definieren, die, vom Technischen abgesehen, fremdem Einfluß nur wenig verdankten. Was den Zweck und die Verarbeitung der Elfenbeine betraf, gewann Mallowan den Eindruck, daß diese, weil aus sehr kostspieligem Material, nur als Furnier an Möbelstücken der verschiedensten Art benutzt wurden. In einem Zimmer im Fort Salmanassar (Nr. SW 7) stieß er auf eine ganze Anzahl von aufgereihten Paneelen *(Abb. 166),* die schließlich als die reich ornamentierten Rückenteile, bzw. Kopf- und Fußenden, und auch als Seitenteile von Betten, Sofas und Stühlen identifiziert wurden. In diesem Zusammenhang konnte er sich auf die sehr genau dargestellten Möbelstücke auf dem bereits erwähnten Relief berufen, das König Assurbanipal und seine Gemahlin nach der

Eroberung von Sūsa zeigt. Er führt noch weitere Kategorien von Gegenständen auf, die mit Elfenbeinschnitzerei verziert worden waren *(Abb. 164)* und stellt sie in Vergleich zu den noch erhaltenen Beutestücken, die Sargon II. aus den Städten von Urartu entführt hatte, wo Elfenbein gleichermaßen beliebt war.

Betrachtet man die levantinischen Elfenbeine auf ihren Stil hin, wird man daran erinnert, daß die phönizischen Handwerker, die diese Kunst vervollkommneten, bereits im Alten Testament rühmend erwähnt werden. Nichtsdestoweniger fehlt es diesen, was Entwurf und Komposition betrifft, an einer eigenständigen Tradition. Wie sich einst in Europa die Künstler der Renaissance ihre Anregungen von den Alten Griechen holten, wandten sich die Phönizier der Kunst der Ägypter zu, die ihnen eine gebrauchsfertige Formensprache lieferte. Indes wurzelt die ägyptische Kunst in der Darstellung des Religiösen und verfügt über ein gewaltiges Repertoire an Formen symbolischen und mythischen Inhalts. Den Phöniziern war deren Bedeutung fremd, und sie versuchten auch kaum, sie zu

165. Ein anderes, lange Zeit sehr beliebtes Motiv der phönizischen Elfenbeinschnitzer, das im Stil ägyptische Anleihen aufweist: die ‚Kuh, die ihr säugendes Kalb leckt'. Diese ajour-artig (durchbrochen) ausgeführte Arbeit stammt ebenfalls aus der Festung Salmanassars (ca. 700 v. Chr.)

166. Rückenbrett am Kopfende eines Bettes aus Fort Salmanassar mit zwölf geschnitzten Elfenbeinpaneelen. Auf jedem ist, jeweils abgewandelt, ein bärtiger Krieger mit einem magischen Baum dargestellt. In den Mittelfeldern wie in den obersten Seitenfeldern schweben geflügelte Sonnenscheiben zu ihren Häupten. Mallowan datierte sie auf 730 v. Chr.

verstehen. Infolgedessen beruhte ihre Adaption ägyptischer Formen häufig auf Mißverständnissen und wirkte bisweilen ein wenig plump, was indes ihrer künstlerischen Qualität erstaunlicherweise keinen Abbruch tut.[47]

Was die Chronologie betrifft, so könnten die Nimrūd-Elfenbeine einer jeden Periode zwischen der Regierungszeit Assurnasirpals und der schließlichen Zerstörung seiner Hauptstadt zugeordnet werden. Es ist bekannt, daß Adadnirāri III. sich etwa 800 v. Chr. bei seinem Feldzug gegen die Syrer ein Elfenbeinbett und ein Sofa des Königs von Damaskus aneignete. Mallowan taxiert das Gros seiner Funde jedoch auf eine spätere Zeit und datiert sie größtenteils in die Regierungszeit Sargons II. Die Ausrottung der Elefanten in Syrien gegen Ende des 8. Jahrhunderts mag dazu beigetragen haben, daß Elfenbein zunehmend rarer wurde.

10. Babylon: Die letzte mesopotamische Monarchie

Dynastische Erneuerung

Nachdem Ninive gefallen war, zogen sich die Meder zurück, um ihre Eroberungen in Ostanatolien zu sichern und überließen auf diese Weise dem Herrscher von Babylon, Nabopolassar, die uneingeschränkte Kontrolle über Assyrien. Im Augenblick sah sich Nabopolassar jedoch gezwungen, seine Energien in erster Linie der wirtschaftlichen Wiederbelebung Südmesopotamiens und dem Wiederaufbau der Städte zu widmen, deren Einrichtungen während der Zeit der Assyrerherrschaft vernachlässigt worden waren. Mittlerweile wurden die neu erworbenen assyrischen Provinzen von den Ägyptern am stärksten bedroht, die bereits einen militärischen Brückenkopf am Euphratübergang bei Karkemiš gebildet hatten. So wurde der Sohn Nabopolassars, Kronprinz Nebukadnezar (wir kennen ihn aus dem Alten Testament), mit der Aufgabe betraut, sich ihren Armeen zu stellen und die Städte Nordsyriens zurück zu erobern. Zunächst war er in dieser Hinsicht erfolgreich, doch noch lange Zeit später, nachdem er selbst König geworden war, fand er sich noch immer in einen anhaltenden Kampf um die Sicherheit der Handelsstraßen verstrickt, von der die Prosperität Babylons abhing. Und bei einem dieser erfolgreichen Feldzüge in die Levante geschah es, daß er die Stadt Jerusalem einnahm und etliche Tausend Juden nach Babylonien deportierte. Daheim, während der kurzen Friedenszeiten, widmete er sich weitgehend der Vollendung des Werkes seines Vaters Nabopolassar. Nicht nur baute er die alten sumerischen Städte wieder auf, auch in Babylon selbst führte er den Bau der prächtigen und prätentiösen öffentlichen Gebäude und Befestigungen fort, die zu unserer Zeit freigelegt wurden, und deren Anlage zum größten Teil der großzügigen Planung und dem früh zur Entfaltung gelangten Einfallsreichtum Nebukadnezars zu danken sind.

Was Nabonid, den letzten unabhängigen Herrscher von Babylon betrifft, scheint er ein Exzentriker und nicht gerade tüchtig gewesen zu sein, – ein ‚Abweichler', dessen sonderbares Verhalten und häufige Abwesenheiten von seinem Reich den Historikern bis heute ein Rätsel aufgeben. Abgesehen davon, daß er dem Mondgott Sîn von Charrān den Vorzug gab vor dem Gott Marduk, dem Schutzpatron von Babylon, geht aus jüngst entdeckten Inschriften hervor, daß er sich unerklärlicherweise lange Jahre in Zentralarabien aufgehalten hat.[1] In Ur fand man Überreste von Altertümern, die Woolley als Nabonids private Antiquitätensammlung identifizierte.

Daheim in Babylon wurden die politischen Ereignisse der Regierungszeit Nabonids von der bedrohlichen Expansion des Perserreiches unter seinem ersten achämenidischen Herrscher überschattet. 539 v. Chr. marschierten die Armeen von Kyros II., unterstützt von abtrünnigen assyrischen Völkern auf Babylon zu. Eiligst ließ der Kronprinz Belsazar (unter dem gleichen Namen taucht er im Alten Testament auf), der während Nabonids langen Abwesenheiten als dessen Stellvertreter fungiert hatte, die Grenzfestungen bemannen. Doch wurden sie bald darauf überrannt, und wenige Tage später wurde die Stadt Babylon, nahezu ohne Widerstand zu leisten, von der persischen Armee auf friedlichem Weg eingenommen:[2] Auf Anweisungen von Kyros sollte jegliche Gewalt vermieden und die Einwohner nach Möglichkeit dazu überredet werden, ihren neuen Herrscher als ‚Befreier' zu akzeptieren. So endete die dreitausendjährige Selbstherrschaft in Mesopotamien mit einer seltsamen Antiklimax.

Was die Stadt Babylon und das Leben in ihr während der letzten Jahre ihrer Unabhängigkeit betrifft, verfügen wir über drei verschiedene Informationsquellen. Die eine besteht in den Schriften der spätbabylonischen Herrscher selbst, darunter Nebukadnezars eigener Bericht (die sogenannte Steinplatteninschrift) von der Errichtung der Stadt. Doch im 6. Jahrhundert v. Chr. steht bereits ein anderes Zeugnis zur Verfügung, das es zuvor nicht gegeben hatte: die Augenzeugenberichte zeitgenössischer Reisender aus anderen Ländern, die Babylon wirklich gesehen hatten. Von den hebräischen Autoren des Alten Testaments ist in dieser Hinsicht nicht viel zu erfahren, da ihr kurzfristiger Aufenthalt wider Willen in Babylon ihnen offensichtlich nicht genug Zeit für eine distanzierte Betrachtung ließ. Bei den griechischen Reiseschriftstellern indes ist es genau umgekehrt. Herodot, und in geringerem Ausmaß auch Ktēsias haben uns ausführliche und detaillierte Beschreibungen nicht nur der Stadt und ihrer Bauten sondern auch der ‚Sitten und Gebräuche der Babylonier' hinterlassen.[3]

Diese Art von schriftlichen Informationen standen den frühesten Erforschern der noch vorhandenen Ruinen im 19. Jahrhundert, seit Claudius James Rich, natürlich schon zur Verfügung.[4] Doch die eigentlichen Ausgrabungen erfolgten erst um die Jahrhundertwende, als Robert Koldewey und seine deutschen Kollegen die Stätte einer systematischen Untersuchung unterzogen. Diese nahm dreizehn Jahre in Anspruch, und die Ergebnisse ihrer Ausgrabungen bilden die dritte und bei weitem bedeutendste Quelle, aus der wir unser heutiges Wissen über die Stadt Babylon schöpfen.[5]

Die Ausgrabungen der Deutschen

Die Geduld und die Erfindungsgabe, mit der die deutschen Ausgräber in Babylon zu Werk gingen, haben auch spätere Archäologengenerationen mit Bewunderung erfüllt, und werden am besten in den Ergebnissen ihrer Tätigkeit dokumentiert. Koldewey verfügte über einen Stab tüchtiger Architekten; zwischen ihnen und den Inschriftenspezialisten, auf die sich Koldewey bei der Deutung schriftlicher Zeugnisse stützte, bestand eine freundschaftliche Rivalität. Dennoch danken wir es der Zusammenarbeit beider Gruppen, daß wir heute über eine bemerkenswert detaillierte Kenntnis jener Stadt mit all ihren Aspekten verfügen, von der knapp ein Jahrhundert zuvor kaum irgendwelche sichtbaren Spuren oberhalb des Erdbodens vorhanden gewesen waren. Koldewey und der ihn begleitende Andrae waren die ersten Ausgräber in Nahost, die die stratigraphischen Probleme erkannten, und sie waren auch die ersten, die eine Gruppe von fähigen ‚Mauernachspürern' heranbildeten. In vieler Hinsicht erreichten ihre Methoden ein höheres Maß an Effektivität, als man zu so früher Zeit der Geschichte der archäologischen Technik hätte erwarten können. Doch trotz all diesen Fleißes und der damit verbundenen Kosten konnte zumindest Koldewey seine Ausgrabungen in Babylon zu keiner Zeit in irgendeiner Hinsicht als abgeschlossen betrachten. Als er den Grabungsauftrag übernahm, hatte er die Arbeit auf fünf Jahre geschätzt, doch vierzehn Jahre später, im Jahr 1913 heißt es in einem seiner Berichte, „etwa die Hälfte der für notwendig oder wünschenswert befundenen Arbeiten ist jetzt abgeschlossen". Die deutschen Ausgrabungen in Babylon wurden denn auch – in nennenswertem Umfang – später nicht wieder aufgenommen.

Man muß sich in Erinnerung rufen, daß sich Koldeweys Interesse ursprünglich nicht auf die Ruinen der spätbabylonischen Stadt beschränkte. Er hatte gehofft, tief unter ihnen noch die Überreste jener Stadt aus dem 2. Jahrtausend zu finden, die einst die Metropole von Hammurabis babylonischem Reich gewesen war.

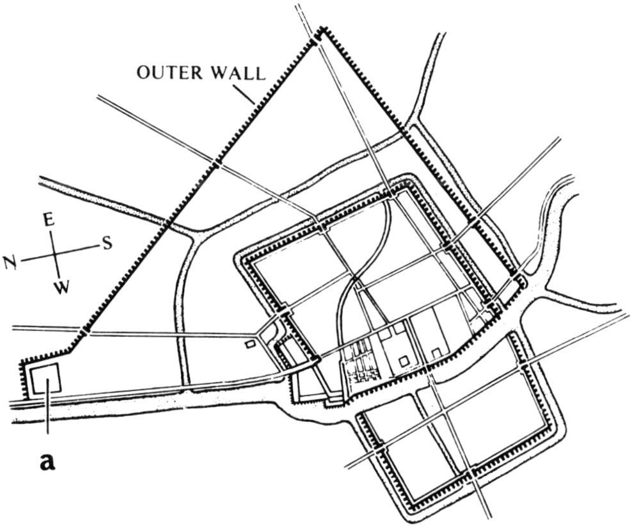

167. Babylon zur Zeit Nebukadnezars II. (605–562 v. Chr.). Die ausgedehnten Befestigungsanlagen schlossen auch den Sommerpalast (a) an der Nordspitze mit ein. (Nach R. Leacroft)

Am Ende der ersten Kampagne wurde ihm indes bereits klar, daß ihn diesbezüglich eine Enttäuschung erwartete, und zwar infolge des hohen Grundwasserspiegels. So entschloß er sich, die Ausgrabungen stattdessen seitlich über das gesamte Gebiet der späteren Stadt auszudehnen, in der Hoffnung, so viel wie möglich von ihrem Plan aufzudecken. Dies erwies sich als eine ungeheure Aufgabe, die seine ständige Anwesenheit am Grabungsort zu allen Jahreszeiten erforderte und nur selten Heimatbesuche zuließ.

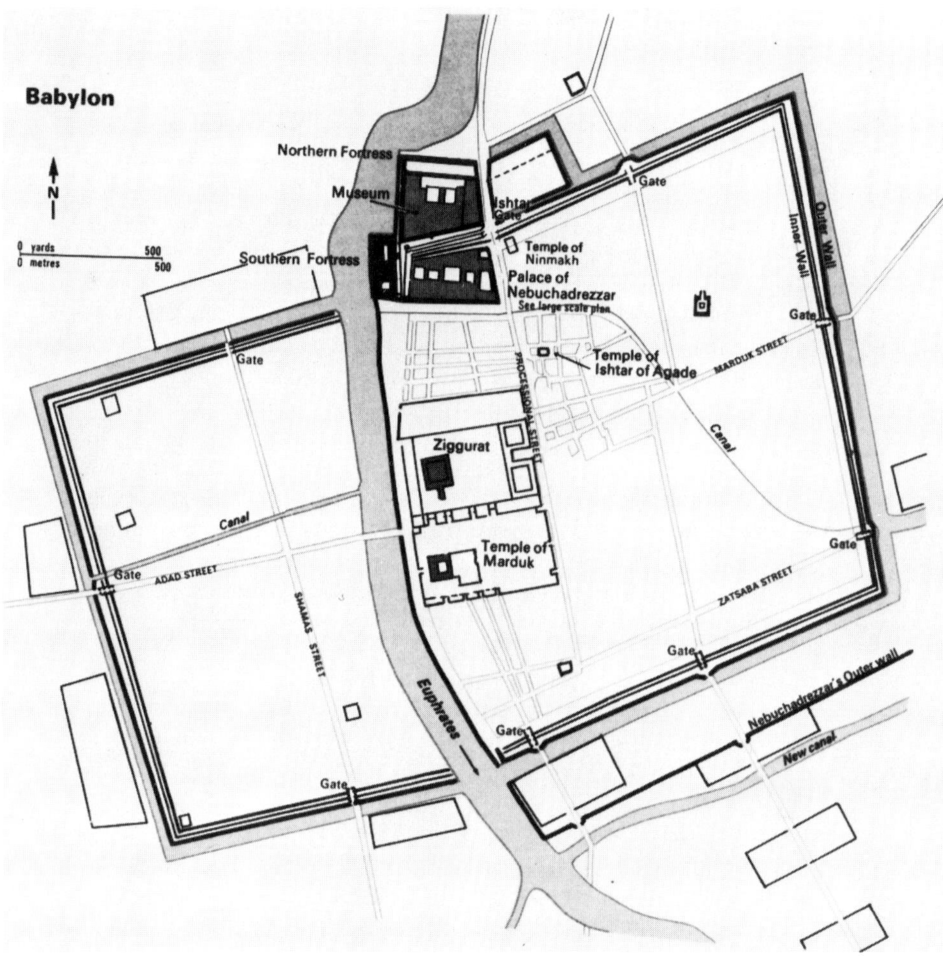

168. Plan der Altstadt von Babylon mit ihrem westlichen Vorort; in der Altstadt sind die Prozessionsstraße und die wichtigsten Bauwerke eingezeichnet. (Aus Hawkes, 1974)

Eine gewisse Vorstellung von den enormen Dimensionen der im 6. Jahrhundert v. Chr. erbauten Befestigungsanlagen von Babylon kann man aus Herodots Beschreibung gewinnen. Sie bietet einen Gesamtüberblick über das von Mauern umschlossene Stadtareal, ergänzt durch eine sorgfältige Erläuterung seiner Anordnung und Konstruktion; die von ihm angegebenen Abmessungen der Stadtmauern und anderer Teile haben sich als annähernd stimmig erwiesen. Man braucht nur einen Blick auf die Planzeichnungen in den deutschen Publikationen zu werfen, um die Eindrücke des reisenden Griechen in eine akkurate topographische Darstellung umgewandelt zu sehen.[6]

Die Stadt

Die alte ‚Innenstadt' liegt am rechten Ufer des Euphrat und bildet ein unregelmäßiges Viereck, dessen Seiten mehr als 1 ½ km lang sind. Zur Zeit Nebukadnezars wurden diese Stadtmauern erweitert, um auf der linken (West-) Seite des Flusses einen neuen Stadtteil mit einzuschließen, so daß aus dem Viereck ein 2,4 km langes Rechteck wurde. Im Westteil beschränkte man die Ausgrabungen auf Sondierungen, mit denen man die Ausdehnung der Mauern ermitteln und eine Vorstellung vom Straßennetz gewinnen konnte. Im übrigen konzentrierte man sich auf den älteren östlichen Teil der Stadt, und hier nahm man eine sehr genaue Untersuchung der Befestigungsanlagen vor *(Abb. 168)*. Sie bestanden aus einer Doppelmauer, deren innere 6,5 m dick und wahrscheinlich höher war als die äußere, die nur 3,7 m Dicke maß. Beide bestanden aus luftgetrockneten Ziegeln und wurden in Abständen durch vorspringende Türme verstärkt, die fraglos die zinnenbewehrte Brüstung überragten. Wie Herodot berichtet, blieb zwischen den Türmen (der einen und der anderen Mauer) genügend Raum für eine abgeschirmte Heerstraße in Höhe der Brustwehr. Am Fuß der Außenmauer befand sich ein tiefer, breiter, mit Wasser gefüllter Graben, dessen Breite von 20 m zu 80 m wechselte, und der am einen Ende aus dem Fluß abzweigte und am anderen Ende wieder in ihn einmündete. Die Grabenränder waren ebenfalls mit einer Mauer aus in Asphalt verlegten Backsteinen verstärkt. Koldewey bestätigte auch das Zeugnis Herodots, wonach Boote und Fahrzeuge aller Art frei auf dem Graben rundum fahren konnten. So kann man annehmen, daß er an den Haupttoren überbrückt gewesen sein muß. Von diesen Toren gab es neun, die jeweils nach den Schutzgöttern jener Städte benannt waren, zu denen ihre Straßen hinführten. Zur Außenseite hin waren sie mit einem Wachtraum versehen, nach innen zu lagen geräumige Pförtnerkammern, von denen vier freigelegt werden konnten.

Diese ganz innere Befestigungsanlage wurde zwischen 625 und 562 v. Chr. von Nabopolassar und seinem Sohn Nebukadnezar erbaut. Nabonid errichtete entlang dem Ostufer des Flusses, wo die Straßen zum Ufer herabführten, später eine neue Mauer und an ihrem Fuß einen breiten Kai für die Schiffahrt.

Die Hauptburg der babylonischen Könige lag in der Nordwestecke der Innenstadt *(Abb. 172);* an dieser Stelle hatte man die Stadtmauern zusätzlich durch ein kolossales Vorwerk, das in den Fluß hineinragte, und eine äußere Zitadelle geschützt. Hier lag auch das Ištar-Tor *(Abb. 171),* in das von Norden her die große Straße einmündete, die ab hier als Hauptverkehrsader diente. Diese ‚Prozessionsstraße' – auf ihr wurden bei den Neujahrsfestlichkeiten die Götterstatuen befördert – führte an der Ostflanke der Südburg entlang, überquerte einen Kanal, *Libilhegalla* genannt, und streifte die Außenmauern des Temenos der Zikkurrat, des Turms zu Babel, *É-temen-an-ki.* In der Stadtmitte bog sie im rechten Winkel nach Westen ab, führte zwischen dem großen Marduk-Tempel *Esagila* links und dem Zingel der Zikkurrat rechts zum Euphrat hinab, den sie auf einer auf fünf steinernen Piers ruhenden Brücke überquerte, um sich im Westteil, in der Vorstadt, noch fortzusetzen.[7]

Schließlich ist noch die äußere Stadtmauer zu erwähnen, die der Altstadt auf dem Ostufer eine enorme Ausdehnung gewährte. Dieses große, von einem Wassergraben umgebene Bollwerk sollte den nördlich weit abgelegenen ‚Sommerpalast' *(Abb. 167)* des Nebukadnezar miteinschließen und kehrte erst südlich der

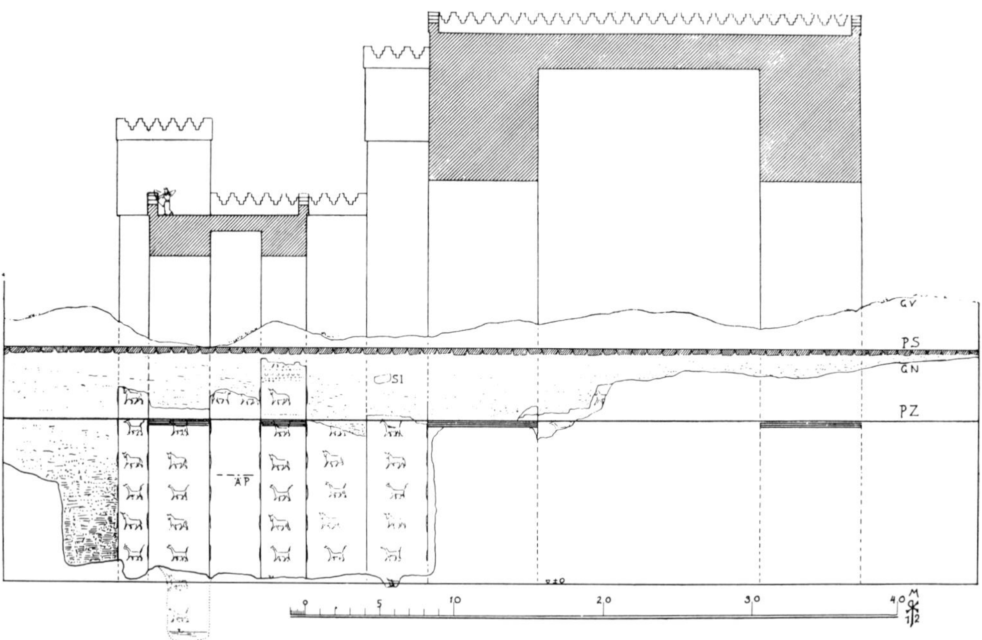

169. Das restaurierte Ištar-Tor, von Norden gesehen. Die erhöhte Prozessionsstraße ist hier im Schnitt dargestellt, unter ihr in der Tiefe die dekorierten Grundmauern. (Zeichnung von Koldewey, 1926)

Altstadt wieder zum Fluß zurück. Man hat zeitweilig geglaubt, es sei beabsichtigt gewesen, auch auf der Westseite des Flusses ein solches Mauerdreieck anzulegen und der anwachsenden Stadt die Form eines gigantischen Quadrats zu verleihen. Doch gibt es keinen Beweis dafür, daß dies jemals geschah. Die beiden kurzen Seiten des Dreiecks messen jeweils 4 km. Wäre das Quadrat vollendet worden, hätte es 1600 ha Land umschlossen.

Die Bauten

Die Straße von Norden her steigt steil an, bevor sie das Ištar-Tor erreicht. Denn das Tor und die Prozessionsstraße liegen mehrere Meter erhöht über dem Stadtniveau. Ihr Pflaster bestand aus weißen Kalksteinplatten von mehr als einem Quadratmeter Größe, die mit Fliesen aus rotem Brecciastein eingefaßt waren. Unter ihr konnten die Deutschen die Fundamente des Tores und der Seitenmauern, die die Prozessionsstraße abschirmten, freilegen, wobei sie feststellten, daß Nebukadnezar sie tatsächlich, wie in seiner Steinplatteninschrift erwähnt, 15 m tief in den Boden gesenkt hatte, – fast bis zum gewachsenen Boden unter dem

170. Ein *sirruš*-Drache, Relieffigur aus plastisch bearbeiteten Ziegeln von der Fassade des Ištar-Tores in Babylon. Die Relieffigur wurde mit leuchtenden Glasurfarben überzogen: braun, weiß und gelb auf pfauenblauem Hintergrund. Höhe 92 cm

171. Rekonstruktionen der Staatlichen Museen, Berlin: (links) die ornamentierte Fassade des Ištar-Tores, (rechts) Paneel aus glasierten Ziegeln aus der Außenfront des großen Thronsaals, der sich auf den dritten und größten Innenhof in Nebukadnezars Palast öffnet

Schutthügel hinab. Da sich Jahrhunderte hindurch die örtlichen Bauherren aus den Trümmern der Gebäude ihr Baumaterial gebrochen hatten, stand oberhalb des Pflasterniveaus praktisch nichts mehr, als Koldewey in Babylon eintraf, und so sind diese Fundamente das einzige, was auch der heutige Besucher der Grabungsstätte noch sieht. Doch den Ausgräbern wurde es dadurch möglich, den Grundriß des Torbaus mit seinen imposanten Türmen und hoch überwölbten Innenräumen zu ermitteln. Von ihm kann man sich an Hand der großartigen Rekonstruktion der Staatlichen Museen in Berlin eine Vorstellung machen.

Betrachten wir den Fassadenschmuck, der diese Bauten zu Recht so berühmt gemacht hat: Das ganze Tor wie auch die Seitenmauern der Prozessionsstraße *(Abb. 169)* waren mit einer Oberfläche aus buntfarbenen glasierten Ziegeln geschmückt. In regelmäßigen Abständen wurden diese Flächen durch Figuren von Löwen, Stieren und Drachen *(Abb. 170)* belebt, die bisweilen in flacher Glasurmalerei, meist in glasiertem Relief dargestellt sind. Die Rekonstruktion dieses Wandschmuckes wurde möglich, weil ein kleiner Abschnitt an der Basis des einen Turms erhalten geblieben war. Auf welche Weise dieser Ziegelschmuck glasiert und an der Wand zusammengesetzt wurde, ist in Koldeweys Bericht Gegenstand sehr eingehender Spekulationen, doch zu restloser Klarheit gelangt er nicht. Seine These lautete, dem Relief sei ein Arbeitsmodell vorausgegangen, dessen Teile zur Herstellung der Formen diente, aus denen die Ziegel gestrichen wurden. Mit Hilfe dieses Modells konnte für jeden einzelnen Stein eine Form, wahrscheinlich aus gebranntem Ton, angefertigt werden. Um das Zusammensetzen der Ziegel zu erleichtern, so folgerte er, sind sie auf ihren Oberflächen mit Versatzmarken versehen, die in schlechter Glasur ausgeführt, ein System von einfachen Zeichen und Zählstrichen darstellen. Dabei ist das Zeichen auf der einen Seite des Steines mit dem auf der anderen Seite des anliegenden Steines identisch. Man kann lediglich annehmen, daß diese Methode im Großen und Ganzen der Technik ähnelt, die die Assyrer in Chorsābād, und in Nimrūd, im Fort Salmanassar, anwandten.

Die gleiche Art von Fassadenschmuck scheint auch bestimmte Teile des Königspalastes (von den Deutschen ‚Südburg' genannt) verschönt zu haben. Von besonderem Interesse ist ein hohes Paneel, das man an der Außenfront des Thronsaals unversehrt aufdecken konnte: in seinen Entwurf sind auch klassische Motive eingearbeitet, was darauf schließen läßt, daß zwischen Babylon und Griechenland damals Kontakt bestand. Andererseits weichen Anlage und Architektur dieses Gebäudes, von seinem Kolossalformat abgesehen, nicht von der überlieferten mesopotamischen Bauweise ab: Fünf große Höfe, alle in einer Achse, deren größter (63 × 58 m), im Innern des Gebäudes gelegen, durch eine Art ‚Hohe Pforte' zu betreten war. An seiner Südseite lag, beträchtlich breiter als er, der Haupt-Thronsaal, dessen Front, wie alle anderen wichtigen Empfangsräume, auf diese Weise nach Norden lag, was für Kühlung im Sommer sorgte. Der verbleibende Raum war mit Kanzlei- und Verwaltungsräumen und mit Wohngemächern ausgefüllt.

An der Nordostecke der Südburg erregte eine weitere Anlage das besondere Interesse der Ausgräber. Hier befand sich eine in sich geschlossene Gruppe von unterirdischen Vorratskammern mit mächtigen Gewölben, sie waren mit herabgefallenem Steinschutt hoch angefüllt. Möglicherweise hatten sie in dieser seltsamen Konstruktion die Unterbauten für die berühmten „Hängenden Gärten" gefunden, wie Herodot sie beschreibt. Ihre Theorie gewann erheblich an Glaubwürdigkeit, als man einen tiefen Brunnen an dieser Stelle entdeckte, über dem sich eine dreigeteilte Kammer erhob, wo vielleicht die Vorrichtungen zum Wasserschöpfen für die Bewässerung der oberen Gärten untergebracht waren. In späteren Jahren erhoben andere Gelehrte begründete Zweifel an dieser Interpretation.

Wie bereits erwähnt, führte die Prozessionsstraße nach ihrem Abbiegen in westlicher Richtung zwischen dem Zingel der Zikkurrat *É-temen-an-ki* und dem Marduk-Tempel *Esagila* entlang, die in Gestalt eines Hoch- bzw. eines Tieftempels der religiösen Konvention Mesopotamiens entsprachen. Wenn man bedenkt, daß diese beiden Bauwerke den Höhepunkt einer bedeutenden Bautradition dokumentiert haben müssen, empfinden wir Trauer darüber, daß heute praktisch keine Überreste mehr existieren.

Der mehr als 500 Quadratmeter große Bezirk der Zikkurrat besaß eine innere und eine äußere Mauer. Um sie herum wurde ein Komplex von gut erhaltenen Verwaltungsgebäuden ausgegraben. Doch der große Stufenturm selbst wurde im Lauf der Zeit von Ziegelräubern restlos abgetragen, so daß wir heute lediglich

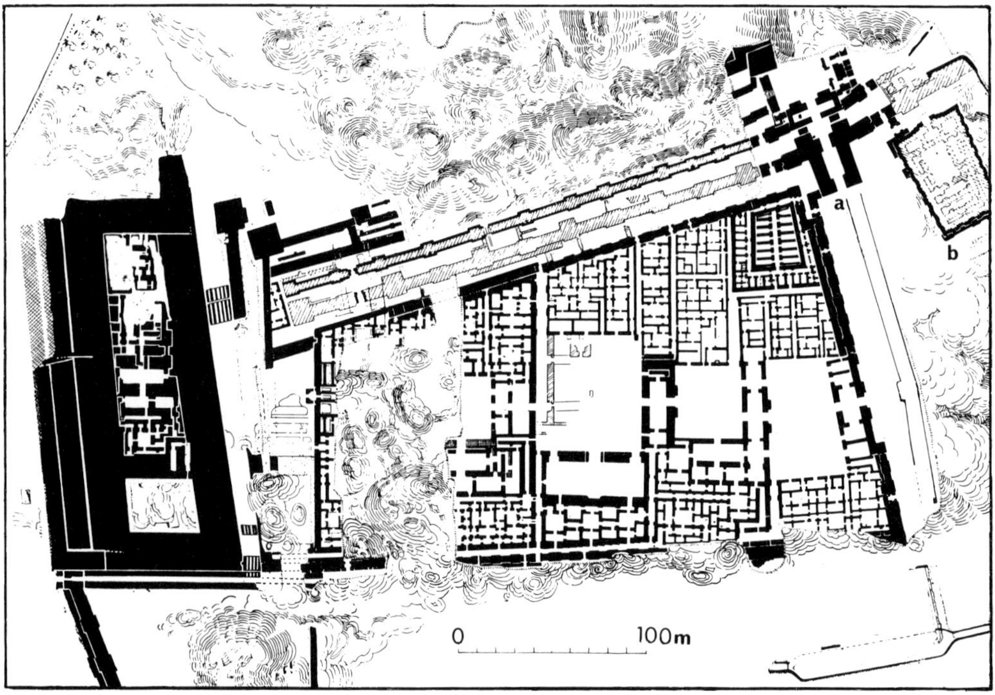

172. Grundrißplan des Palastes von Nebukadnezar, der an das Ištar-Tor angrenzt. Der Thronsaal mit drei Portalen und anschließenden Wohnraumfluchten geht auf den großen Hof, der von Osten her durch eine ‚Hohe Pforte' zu betreten ist. Die Gruppe der überwölbten Vorratshäuser, von denen man annimmt, daß sie die Unterbauten für die ‚Hängenden Gärten' abgaben, liegt in der Nordostecke des Gebäudes. (Nach Koldewey, 1925). *a* Ištar-Tor, *b* Ninmach-Tempel

aus seinem negativen Abdruck im Boden – jetzt eine tiefe, sumpfige Grube – archäologische Rückschlüsse auf seinen Oberbau zu ziehen vermögen. Auf die Schilderungen Herodots und anderer antiker Schriftsteller zurückgreifend, wurden die verschiedensten Rekonstruktionen vorgeschlagen, von denen diejenigen am meisten überzeugen, die dem Turm der 3. Dynastie von Ur am nächsten kommen.[8] *Esagila* dagegen stellt ein anderes Problem: Seine Ruinen lagen unter einem 21 m tiefen Schutthügel aus späterer Zeit begraben, den heute das islamische Heiligtum Hağği Amran krönt. Um sie auszugraben, mußten 30 000 Kubikmeter Erde entfernt werden, was nur dadurch erreicht werden konnte, daß man einen Tunnel entlang des Mauerfußes grub. Zumindest konnte man auf diese Weise die Größe des Gebäudes bestimmen: 86 × 78 m. Doch zu welch widersprüchlichen Folgerungen in bezug auf die Form seines Grundrisses man gelangte, läßt sich daran ersehen, daß die Rekonstruktion im Schlußbericht Koldeweys und das große, maßstabgerechte Modell im Berliner Museum voneinander abweichen, sogar hinsichtlich der Lage des Heiligtums. Was das traditionell reiche Inventar betrifft, muß man sich mit Geschichten über Wunderwerke, eine 6 Meter hohe sitzende Statue aus reinem Gold und ein goldener Thron von 18,5 Tonnen Gewicht, begnügen.

Außer dem bereits erwähnten, unmittelbar neben dem Ištar-Tor gelegenen Ninmach-Tempel wurden noch eine Anzahl kleinere Tempel freigelegt. Sie alle zeigten die nun generell übernommene Anordnung: Eingang, Innenhof und Heiligtum, alle auf einer Achse gelegen, doch mit unterschiedlich entwickelten Anordnungen der Seitenräume. Interessanter sind in gewisser Hinsicht die privaten Wohnhäuser der Wohlhabenden, von denen einige prätentiös ausgestattet waren,

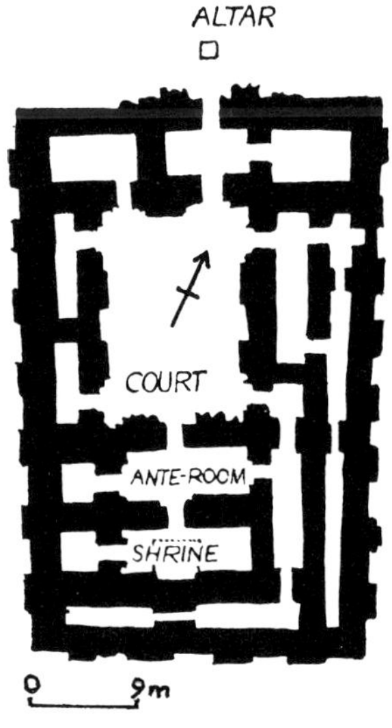

173. Grundriß des ebenfalls dicht am Ištar-Tor gelegenen Ninmah-Tempels, der für die spätbabylonische Epoche typisch ist. Er wurde jüngst rekonstruiert. (Nach Macqueen, 1964)

wie man es in einer Hauptstadt erwartet. Wie bei den Stadthäusern aller Epochen der mesopotamischen Geschichte üblich, hatten die Zimmer zu ebener Erde keine Außenfenster und erhielten Licht aus einem Innenhof. An Gebäuden dieser Art begegnet man häufig einem Fassadenornament – wenn man es so nennen will –, das eine Neuerung der spätbabylonischen Zeit gewesen zu sein scheint: vertikale Reihen von leicht ausgestellten Ziegeln, die auf der senkrechten Mauer eine ‚sägeartige' Fassadengliederung ergeben. Ursprünglich mag diese Praxis als Notbehelf angewandt worden sein, um den Winkel zu überbrücken, der sich bei einem unregelmäßig geformten Grundstück zwischen der rechtwinkligen Zimmerwand und der schräg verlaufenden Außenwand ergab. Im übrigen hatten die Häuser, nach Herodot, drei bis vier Stockwerke, und obwohl die Ausgräber dies nur schwer nachprüfen konnten, mögen sich tatsächlich, ebenso wie die viel früheren, von Woolley in Ur ausgegrabenen Häuser, in oberen Stockwerken weitere Räume befunden haben, die ihr Licht über eine hölzerne, rings um den Hof verlaufende Galerie empfingen.[9] Privatkapellen, unter denen bisweilen Gräber lagen, deuten auf einen anderen Aspekt häuslichen Lebens in Babylon hin.

Zeugnisse einer Bautätigkeit in großem Stil unter den neubabylonischen Königen bleiben keineswegs auf die Hauptstadt beschränkt. Nebukadnezars ehrgeiziger Wiederaufbau der Stadtmauern von Ur mit ihren imposanten Toreingängen und schützenden Häfen für die auf dem Euphrat verkehrenden Handelsschiffe wurden bereits erwähnt. Zu jener Zeit entstand auch in neuer Lage innerhalb der Stadt ein palastartiges Gebäude für Bēlšalti-Nanna, Oberpriesterin in Ur,[10] während in Kiš auf dem Hügel Chursagkalama Kolossaltempel errichtet wurden, deren Mauern heute noch viele Meter hoch stehen. Und in fast allen anderen

174. Fassaden spätbabylonischer Tempel auf dem Hügel Chursagkalama bei Kiš, die bis zu einer Höhe von 5,6 m noch stehen. Deponate in den Fundamenten weisen sie als Werk Nebukadnezars aus

sumerischen Städten zeugen Stapel von liegengebliebenen Backsteinen, die mit dem Namen Nebukadnezars gestempelt sind, von dem Wiederaufbau irgendeines alten Heiligtums oder seiner Restaurierung durch ihn.

Überblickt man die Ergebnisse dieser langjährigen Grabungen in Babylon, so stellt man überrascht fest, daß von Skulpturen und anderen Produkten zeitgenössischer Kunst kaum etwas verlautet. Die deutschen Ausgräber wären die ersten gewesen, ihre große Enttäuschung in dieser Hinsicht offen zuzugeben. Und Enttäuschung spiegelt sich auch in dem Kommentar eines Autors aus jüngster Zeit wider: „Aus dieser Epoche sind so wenige Werke erhalten geblieben, daß eine richtige Bewertung ihrer künstlerischen Leistung nicht möglich ist." Und er fährt fort: „Die literarische Tätigkeit war rege, und es waren babylonische Quellen, aus denen die hellenistische Welt ihre Kenntnisse, sei es auf dem Gebiet der Astrologie oder anderer mesopotamischer Wissenschaften schöpfte. Im künstlerischen Sinn hat sich die spätbabylonische Epoche nicht auf den Westen ausgewirkt. Die Griechen und Etrusker suchten sich, speziell in ihrer ‚orientalischen' Periode, ihre Vorbilder über die phönizische Kunst in der assyrischen Kunst."[11]

Postskriptum

Diese Seiten wurden zu einer Zeit niedergeschrieben, in der die Ausgrabungen historischer Stätten in Mesopotamien an Impetus zu verlieren scheinen. Es werden noch immer neue Entdeckungen gemeldet, die dazu beitragen könnten, die Frühgeschichte der nahöstlichen Zivilisation zu erhellen. Doch die Orte, an denen sie gemacht werden – oft weit außerhalb der Territorien der altmesopotamischen Königreiche – dürften eine neuerliche Erweiterung der historischen Perspektive ankündigen. Als Beispiel sei hier eine derzeit im Gang befindliche Ausgrabung angeführt, die in dieser Hinsicht von besonderer Bedeutung sein kann: Auf dem Tell Mardich in Syrien *(Abb. 1)*, fast 50 km südwestlich von Aleppo, hat eine italienische Expedition die Ruinen einer Stadt namens Ebla gefunden; einige ihrer Herrscher aus dem Ende des 3. Jahrtausends sind bereits dem Namen nach bekannt. Aus einer nur wenig späteren Zeit, die sich mit den babylonischen Amoriter- und Larsa-Dynastien deckt, fand man Architektur und Skulptur, die mit der allgemein bekannten Kunst Mesopotamiens durchaus konkurrieren kann. Doch eine weit größere Entdeckung tritt noch hinzu: ein viele Tausend Stück zählendes Tontafelarchiv, darunter einige Tafeln mit mehr als tausend Zeilen. Hier bietet sich dem philologischen Studium ein völlig neues Feld. Die Transskription ihrer in einer bislang unbekannten Sprache westsemitischer Prägung geschriebenen Texte wird dadurch erleichtert werden, daß sich eine Menge von Wörterverzeichnissen mit sumerischen Entsprechungen unter ihnen befinden. Doch ganz abgesehen von ihrer linguistischen Bedeutung, läßt der archäologische Horizont, dem sie entnommen wurden, an sich schon auf einen echten „Durchbruch" zu einem neuen Entdeckungsbereich schließen. Was sie uns klar machen ist, mit den Worten des Ausgräbers, folgendes: „Südmesopotamien war nicht der einzige Ahne der geistigen Bildung und Kultur im Nahen Osten; ähnliche Prozesse spielten sich über einen weit größeren Raum ab, der sich von der Levante bis nach Elam erstreckte."[12]

Während der vergangenen hundert Jahre wurde der Beitrag Mesopotamiens, wie ich auf diesen Seiten zu verdeutlichen suchte, mit größter Hingabe in aller Gründlichkeit studiert. Und als Spezialthema bietet Mesopotamien dem Forscher nach wie vor unbegrenzte Möglichkeiten. Doch kann dieses von der Erforschung auch abgelegener Entwicklungen des Altertums im Nahen Osten nur profitieren.

Anmerkungen

1. Das Land und seine Flüsse

1. Der beste Kommentar zur Geographie des Irak siehe Brice (1966, Kap. 11 und 21).
2. Doch siehe auch Roux (1960, S. 20f.).
3. Lees und Falcon (1952, S. 24f.).
4. Jacobsen (1960, S. 174f.).
5. Siehe Adams (1958, S. 101f.).
6. Siehe Jacobsen (1958 a, S. 1251).
7. Siehe Oates, D. (1968, Abb. 2, S. 14).

2. Der Mensch im Frühlicht des Neolithikums

1. Siehe chronologische Tafel in Solecki (1971, Abb. 8, S. 182).
2. Siehe Coon, C. S. (1963, Karte 8, S. 320). Doch siehe Zusammenfassung der neueren Schlußfolgerungen bezüglich der klimatischen Veränderungen im Lauf des Jungpaläolithikums bei Singh (1974, S. 5f.).
3. Garrod (1930, S. 8).
4. Solecki (1971); insbesondere Karte 2, S. 17).
5. Über ihre Arbeit berichten ausführlich Braidwood und Howe (1960).
6. Childe (1950), zit. in Singh (1974, S. 4).
7. Braidwood (1967).
8. Mellaart (1967).
9. Singh (1974); eine ausführlichere Darstellung siehe Mellaart (1975) oder D. und J. Oates (1976).
10. Lamberg-Karlovski (1974).
11. Braidwood (1974 b).
12. Mortensen (1964, S. 32ff.).
13. Braidwood (1960, S. 173).

3. An der Schwelle zur geschriebenen Geschichte

1. Eine Analyse und Erörterung all dieser Sondierungen bringen Perkins (1949) und A. Porada in Ehrich (1965).
2. Die Deutschen haben sehr ausführliche Berichte publiziert, vor allem in der Reihe *Vorläufiger Bericht über* ... (Titel wechseln) und in *Abhandlungen der Deutschen Orient Gesellschaft,* die seit 1928 in Berlin herausgegeben werden. Fast auf neuestem Stand sind die Zusammenfassungen, die in Englisch bei Mallowan erschienen (1970, Kap. 8/1, S. 360ff.) und bei Frankfort und Davies (1971, Kap. 12). Man beachte auch einen neueren Fund (Palast) in Schicht IVa–b bei Lenzen (1974, S. 111).
3. Mackay (1931) und andernorts.

4. S. Lloyd und Safar (1947, S. 84 ff. und 1948, S. 115 ff.); ebenso Lloyd (1947 und 1948).
5. Delougaz und Lloyd (1942).
6. Heutige Zuweisung: Schicht VI.
7. Heutige Zuweisung: Schicht VII.
8. Diese und andere Vorschläge zur Änderung der stratigraphischen Terminologie sind in einem Diagramm dargestellt von E. Porada in Ehrich (1965, S. 176).
9. Heinrich (1957).
10. Safar (1950, S. 27 ff.).
11. Van Buren (1972).
12. Ziegler (1953).
13. Oates, Joan (1960, S. 32–50).
14. Siehe „Excavations in Iraq, 1971–72", *Iraq* 34, Taf. 2 (1972), S. 149.
15. Heutige Zuweisung: Schicht IV.
16. Lloyd und Safar (1943, S. 131 ff.).
17. Heinrich (1957).
18. Van Buren (1952, S. 76 ff.).
19. Als *Riemchen* bezeichneten die deutschen Ausgräber die für die Uruk-Zeit charakteristischen flachen rechteckigen Lehmziegel.
20. Delougaz und Lloyd (1942).
21. Überwiegend Berichte und Inventarverzeichnisse.
22. Heutige Zuweisung: Schicht IV a.
23. Eine ausführliche Diskussion über diese Schrift bei Falkenstein (1936).
24. Heutige Zuweisung: Schicht IV a.
25. Roux (1964, S. 82).
26. Rollsiegel, Nachschlagewerke sind Frankfort (1939) und Amiet (1961).
27. Einige der schönsten Exemplare sind bei Frankfort (1955, Taf. 1 f.) abgebildet.
28. Gut wiedergegeben bei Delougaz (1952).
29. Z. B. bei Frankfort (1951).
30. Siehe Falkenstein (1955, S. 269 ff.).
31. Siehe Lamberg-Karlovski (1974).
32. S. auch Kramer (1963, S. 111 ff.).
33. S. auch D. und J. Oates (1976, S. 136).
34. Siehe Lloyd (1960).
35. Oates, Joan (1976, S. 20–31), mit Karte, Abb. 1, S. 23, und Burkholder (1972, S. 264–269). Der Verf. ist Dr. Oates für die weiteren Informationen zu Dank verpflichtet.

4. Die schriftlosen Völker Nordmesopotamiens

1. Eine eingehende Analyse der Materialien aus diesen Ausgrabungen in Nord-Irak siehe bei Perkins (1972). Empfehlenswert ist auch die Kommentierung der einzelnen Fundplätze durch Mallowan (1970, Kap. 8/2, S. 376 ff.).
2. Mallowan und Rose (1935).
3. Siehe Speiser (1935) und Tobler (1950).
4. Herzfeld (1950).

5. Thompson und Mallowan (1932, S. 71ff.).
6. Lloyd und Safar (1945, S. 255f.).
7. Zusammenfassende Berichte in englischer Sprache: Munchajef und Merpert (ab 1969).
8. Vorläufige Berichte: Kirkbride (ab 1972).
9. 68,5 Prozent der Tierknochen stammten von Halbeseln, 15,9 Prozent von Gazellen.
10. Siehe Braidwood u. andere (1952, S. 1ff.).
11. Vorläufige Berichte: B. Abu-al-Soof u. andere in *Sumer,* 21 (1965) bis 24 (1968).
12. Siehe Oates, Joan (1966).
13. Siehe Oates, Joan (1969) und Braidwood (1944, S. 47–72).
14. Z. B. in Yanik Tepe in Azarbēğān: Burney (1964).
15. S. auch Mallowan (1970, Kap. 8/2, Anm. 2 auf S. 383).
16. Siehe Mallowan (1947, S. 1ff.).
17. Siehe Braidwood (1944, S. 47–72).
18. Typische Beispiele bei Sāmarrā und Tell Halaf, Buntkeramik finden sich bei Strommenger in Farbe gut wiedergegeben (1964, Taf. II).
19. Lloyd (1938, S. 123ff.).
20. Siehe Ucko (1968).
21. Munchajef und Merpert (1971, Taf. V, Abb. 2 und Taf. VII, Abb. 10).
22. Oates, Joan (1969a) sowie Illustrationen bei Singh (1974, Abb. 59a–d, 60 und 61).
23. Typische Statuetten aus diesen Fundplätzen sind bei Strommenger nebeneinander anschaulich abgebildet. Strommenger, Eva und Hirmer, Max: Fünf Jahrtausende Mesopotamien, München 1962. (Taf. 6).
24. Siehe Speiser (1935, Taf. CXLII, S. 36) und Barnett (1966).
25. Syrien und der Iran werden bei Mallowan eingehender behandelt (1967).
26. Zwei davon in farbigen Abbildungen bei Strommenger (1962, Taf. III und IV).
27. Siehe Le Breton (1957, S. 79ff.), mit Diagrammen der vergleichenden Chronologie.
28. Lamberg-Karlovski (1970).

5. Das Frühdynastische Sumer

1. Jacobsen (1939). Einfach dargestellt bei Woolley (1965, S. 21–6).
2. Eine dienliche englische Übersetzung, siehe Sandars (1960).
3. Eine Aufstellung der Funde bei Gadd (1971, Kap. 13, S. 93).
4. Heutige Zuweisung: Schicht IVa.
5. Heutige Zuweisung: Schicht IVa.
6. Sollberger (1960, S. 69ff.).
7. Hall und Woolley (1927).
8. Siehe Kramer (1965).
9. Delougaz und Lloyd (1942, Abb. 115, S. 134), alternative Datierung bei Ehrich (1954, Tabelle S. 176).
10. Dieser Gegenstand wurde von Mallowan (1964, S. 62ff.) erschöpfend abgehandelt. In Kiš verzeichnete er mehrere alternative „Flut-Schichten".
11. Siehe Kramer (1956, S. 290).
12. Siehe Sollberger (1954–56, S. 10ff.).
13. Siehe Edzard (1959, S. 9ff.).
14. Siehe Kramer (1952).

15. Abschließende Berichte über die Ausgrabungen in Chāfāğī: Delougaz (1940) und Delougaz und Lloyd (1942).
16. Bestattungen, siehe Delougaz *et. al.* (1967).
17. Delougaz und Lloyd (1942).
18. Delougaz und Lloyd (1942).
19. Woolleys laufende Berichte wurden unter dem Titel *Excavations at Ur* im *Antiquities Journal* 3 (1923) bis 14 (1934) veröffentlicht und erschienen in einem Band zusammengefaßt bei Benn, London 1954 (dtsch. Ausg. *Ur in Chaldäa,* Wiesbaden 1956). Für dieses Kapitel meines Buches siehe die abschließenden Berichte: Woolley (1934), Woolley (1939) und Woolley (1974).
20. Farbreproduktionen des Planes in Hawkes (1974, S. 173).
21. Identifizierung dieser Tiere siehe Dyson (1960, S. 173).
22. Vgl. Gadd (1960, S. 51).
23. Siehe Hall und Woolley (1927).
24. Siehe Delougaz (1938, S. 1ff.).
25. Mackay (1929); ebenso Waterlin und Langdon (1930–34).
26. Siehe Moorey (1966, S. 83) und Lloyd (1969, S. 40).
27. De Sarzec und Heuzey (1884–1912).
28. Jacobsen (1958, S. 127–129).
29. Siehe Crawford (1974, S. 29ff.).
30. Parrot (1948).
31. Zur schnellen Orientierung siehe Lageplan bei Hawkes (1974, S. 174).
32. Vorberichte siehe Haines (1956, 1958, 1961) und Hansen und Dales (1962).
33. Siehe Hansen (1965, S. 201–213).
34. Siehe Hansen (1963).
35. Farbige Abbildung bei Hawkes (1974, S. 181).
36. Siehe Andrae (1922). Die Ergebnisse dieser Ausgrabungen finden sich bei Mallowan (in Englisch) zusammengefaßt (1971, Kap. 16, S. 298), und bei Parrot (in Französisch, mit Plan) (1946, S. 224ff. und Abb. 52).
37. Vgl. Edzard (1959, S. 9ff.).
38. Vorberichte über die Ausgrabungen A. Parrots in Mâri wurden alljährlich von 1935 an in *Syria* und anderen Zeitschriften veröffentlicht. Endgültige Veröffentlichung des Berichts in der Reihe *Mission Archéologique de Mâri,* wobei wir uns hier auf Bd. 1 (1956), Bd. 2, Teil 1–3, (1958), Bd. 3 und Bd. 4 (beide 1967) bezogen. Bd. 2, Teil 2 und Bd. 4 werden bei Mallowan (1969) in englisch besprochen. Der Ištar-Tempel (mit Grundrißplan) bei Mallowan (1971, S. 291ff.).
39. Siehe Moortgat (1959–1967). Die Ergebnisse werden bei Mallowan (1966a) und Mallowan (1971, Kap. 16) erörtert.
40. Mallowan (1971, Kap. 16).
41. Z. B. Moortgat (1959–1967) und andernorts.
42. Vgl. Ehrich (1965, S. 162).

6. *Prä-Sargonische Kunst und Architektur*

1. Vgl. Frankfort (1954, S. 23ff.). Die gesamte frühdynastische Skulptur aus den Stationen des Dijāla-Gebiets siehe ebenfalls bei Frankfort (1939 und 1943).

2. Andrae (1922).
3. Siehe Frankfort (1939 und 1943).
4. Illustrationen bei Frankfort (1954, Taf. 9b).
5. Illustrationen bei Frankfort (1954, Taf. 13).
6. Siehe Frankfort (1939, Anm. auf S. 51 und 54).
7. Gut illustriert bei Strommenger (1962, Tafel 88–100 und in Farbe Taf. XX).
8. Strommenger (1962, S. 401) spricht bei diesem Individuum von einem „er". Doch siehe auch Barnett (1969, S. 96). Eine Statue gleicher Herkunft, ein sich bei den Händen haltendes Paar ohne Kopf, verweist auf eine gelegentlich auch andernorts beobachtete Konvention der Darstellung.
9. Frankfort (1954, Taf. 26b).
10. Siehe Hansen (1963, S. 146).
11. Frankfort (1954, Taf. 33b).
12. Frankfort (1954, Taf. 33a).
13. Hansen (1963). Er beobachtete zwei Hauptphasen ihrer stilistischen Entwicklung und setzte die frühere mit der ersten Hälfte von „ED II", ... „ED II" gleich, die zweite mit einer Übergangsphase, die „ED III a" miteinbezieht. Das heißt, er schlägt eine Unterteilung von ED II vor, die mit dem oben S. 138 umrissenen deutschen Chronologiesystem übereinstimmen würde.
14. Hansen (1963, Taf. VI). Siehe auch unten, S. 168.
15. Bei Strommenger eingehender illustriert (1962, Taf. 66–69).
16. Lamberg-Karlovski (1974, S. 283).
17. Strommenger (1962, Taf. 38–39). Siehe auch Delougaz (1933).
18. Herstellung und Verwendung dieser Ziegelsteine in Delougaz (1933).
19. Z. B. im Sîn-Tempel VIII in Chāfāǧī, in Schicht VIII des Inanna-Tempels in Nippur und, am bemerkenswertesten in Palast „A" in Kiš.
20. Delougaz und Lloyd (1942, Taf. 23).
21. Delougaz und Lloyd (1942, Abb. 12).
22. Delougaz und Lloyd (1942, Abb. 203, S. 263).
23. Haines (1961).
24. Delougaz, Hill und Lloyd (1967, Taf. 36).
25. Strommenger (1962, Abb. 17, S. 301).
26. Safar (1950, Abb. 3).
27. Parrot (1972, Abb. 2, S. 285).
28. Die Siegel aller drei Phasen beschrieben und illustriert bei Frankfort (1930).
29. Archäologen der vorigen Generation hielten sie für Darstellungen von Gilgameš und Enkidu. Heute zweifelt man daran.
30. Die wichtigste Schilderung und Kommentierung der in diesem Abschnitt behandelten Gegenstände findet sich bei Woolley (1934).
31. Die vielleicht überzeugendste Rekonstruktion dieses Kopfschmuckes ist im Irak-Museum auf einer eigens von einem irakischen Bildhauer gefertigten Modellbüste zu sehen, siehe Abb. 85, S. 164. Siehe auch Maxwell-Hyslop (1960).
32. Frankfort (1954, Taf. 20a).
33. Die besten Abbildungen bei Strommenger (1962, Abb. 72, und Farbtaf. X und XI).
34. Parrot (1962, Taf. 11 und 12, Abb. 11, S. 164).
35. Vergl. die Figur oben links auf der „Friedensseite" der „Königsstandarte", Abb. 87, S. 166.

36. Barnett (1969). Der Bau dieser Instrumente in Verbindung mit dem Harmoniesystem der sumerischen Musik, soweit bekannt, wird erstmals von Galvin (1929) behandelt. Ein dem heutigen Wissensstand entsprechenderer Kommentar siehe Rimmer (1960).
37. Strommenger (1962, Farbtaf. XIV).
38. Eine eingehende, sehr detaillierte Abhandlung über die frühdynastische Keramik mit farbigen Abbildungen der bemalten Waren dieser und früherer Perioden siehe Delougaz (1952). Siehe auch Strommenger (1962, Taf. VIII und IX).
39. Siehe Mallowan (1964, S. 142ff.).
40. Strommenger (1962, Abb. 41).

7. Die Dynastie von Akkade und die Erneuerung Sumers

1. George Roux (1964) gibt eine gute Zusammenstellung der heute in diesem Zusammenhang vorliegenden Informationen.
2. Saggs (1962, S. 272ff.).
3. Über den Stil dieser beiden Steinreliefs siehe Barrelet (1959, S. 20). Siehe auch Strommenger (1936, S. 83ff.).
4. Hilprecht (1903).
5. Scheil (1902).
6. Banks (1912).
7. Waterlin und Langdon (1930–1934). Siehe auch Moorey (1966, S. 18–51) und Lloyd (1969, S. 40–48).
8. Woolley (1934).
9. Delougaz, Hill und Lloyd (1967, S. 186ff. und Taf. 37).
10. Delougaz, Hill und Lloyd (1967, S. 196ff.). Für den Verfasser dieses Buches, der für die Freilegung des Northern-Palastes im Tell Asmar verantwortlich war, ist dieses Argument nicht überzeugend. Delougaz datiert das Gebäude in die von Th. Jacobsen in *Assyriological Studies,* Nr. 11, Tab. II so benannte „Proto-Imperiale“ Periode, die die Regierungszeit des Königs Entemena von Lagaš und die ersten Jahre der Regierung des Sargon von Akkad umfaßt.
11. Delougaz, Hill und Lloyd (1967, Taf. 64).
12. Delougaz, Hill und Lloyd, (1967, S. 54ff. und Taf. 20).
13. Mallowan (1947, S. 26ff. und 63ff.). Den gleichen Plan siehe auch bei Strommenger (1962, Abb. 18, S. 403).
14. Mallowan (1932, Taf. L), ebenso (1936) S. 104ff. und Taf. V–VII, in Farbe bei Strommenger (1962, Taf. XXII–XXIII).
15. Erstmals veröffentlicht in *Mémoires du Délégation en Perse,* Bd. I, 1900, Taf. X.
16. Z. B. zwei Fragmente bei Strommenger (1962, Taf. 114–115).
17. Strommenger (1962, Taf. 118–119), diskutiert auch bei Barrelet (1950).
18. Vergl. Abbildungen akkadischer Siegelabrollungen bei Frankfort (1919), Moortgat (1940) und Wiseman (o.J.).
19. S. Frankfort (1934).
20. Frankfort (1933, S. 47–53, Abb. 30–33), auch Gadd (1933) und Corbieau (1937, S. 1ff.).
21. Starr (1939).
22. Lambert und Tournay (1951).
23. De Sarzec und Heuzey (1884–1912), auch Parrot (1948).

24. Der Inhalt folgenden Abschnitts entstammt zum Teil einer komprimierten Darstellung bei Parrot (1946, S. 127 ff.).
25. Erste Abbildungen dieser Statuen bei de Sarzec und Heuzey (1884–1912). Auch Strommenger bringt gute Abbildungen (1962, Taf. XXVI und 133–137).
26. Crawford (1974) und betreffende Anmerkungen.
27. Wie erwähnt, wurden Woolleys *Vorläufige Berichte* unmittelbar anschließend an jede Grabungssaison veröffentlicht. Mallowan erinnert sich in seiner Einleitung des Gedenkbandes *Iraq*, Bd. 22, der bald nach Woolleys Tod im Jahr 1960 erschien, daß diese Artikel meist „an Bord des Schiffes auf der Heimreise" verfaßt wurden. Titel der Bände der letzten Veröffentlichung (*Excavations at Ur;* dtsch. Ausg. *Ur in Chaldäa, Übers. G. Steigerwald,* Wiesbaden 1956) siehe Bibliographie.
28. Siehe Woolley (1974, Taf. 53 und 61).
29. Siehe Woolley (1939). Seine verschiedenen perspektivischen Rekonstruktionen sind oftmals veröffentlicht worden und daher sehr bekannt.
30. Die Geschichte der Architektur kennt für dieses Verfahren nur eine Parallele: Es wurde in Rom beim Bau der Mausoleen des Augustus und des Hadrian angewandt. Siehe Bannister-Fletcher (1961, S. 237, Abb. b und c).
31. Siehe Woolley und Mallowan (1974, Taf. 54).
32. Siehe Frankfort, Lloyd und Jacobsen (1940, Taf. 1 *passim*).

8. Das zweite Jahrtausend v. Chr.

1. Eine gute Darstellung der Geschichte Mesopotamiens im 2. Jahrtausend v. Chr. kann man bei Roux (1964) finden.
2. Veröffentlicht als *Archives Royales de Mâri,* Paris ab 1950 (Transliterationen und Übersetzungen).
3. Siehe D. Oates (1968, S. 31 ff.).
4. Siehe Parrot (1938, S. 308–310).
5. Siehe Mc Ewan (1958).
6. Frankfort et. al. (1940).
7. Turner (1968).
8. Frankfort et. al. (1940, Taf. 7).
9. Frankfort (1936, S. 74 ff.).
10. Siehe Smith und Baqir (1946); Baqir (1948 und 1959); Gurney (1950).
11. Siehe Woolley, dtsch. Ausg. L. Woolley, *Ur in Chaldäa,* Wiesbaden 1956 (Übers. G. Steigerwald). S. 169 ff., Fig. 12.
12. S. auch Woolley (1935, Taf. 12).
13. Vorläufige Berichte in *Syria* (1935–1967) und *Annales Archéologiques de Syrie* (1951–67). Abschließende Publikation siehe Bibliographie unter Parrot.
14. Farbige Abbildungen z. B. bei Strommenger (1962, Taf. 28, 29) und bei Parrot (1961).
15. Siehe Barrelet (1950).
16. Siehe Parrot (1967a).
17. D. Oates' Jahresberichte in *Iraq,* 27–34 (1965–72).
18. Siehe D. Oates (1967, S. 70 ff.). Er erwähnt ähnlichen Fassadenschmuck in Ur, „am Eingang zur etwa 1830 v. Chr. erbauten Bastion des Waradsin". Siehe auch Woolley (1939, S. 42–43).
19. Siehe D. Oates (1973, S. 183).

20. All diese Skulpturen findet man farbig abgebildet bei Strommenger (1962, Abb. 148–54). Doch siehe auch J. R. Kupper in *Revue d'Assyriologie,* 15 (1971), S. 113ff.
21. Die hier abgebildete „Burney Plaque" wie auch Frankfort (1954, Abb. 56).
22. Strommenger (1962, Taf. 27).
23. Strommenger, (1962, Abb. 170).
24. Baqir (1944, 1945, 1946a).
25. Baqir (1946a).
26. Baqir (1946a, Taf. 11–14).
27. S. a. Frankfort (1954, Taf. 71).
28. Baqir (1945, Taf. 17 und 21).
29. Frankfort (1954, Taf. 70b und 70c).
30. Starr (1938).
31. Eine sehr aufschlußreiche Analyse ihres Inhalts ist der Hauptpublikation angefügt (Starr 1938, Bd. 1, S. 528ff.).
32. Starr (1938, Faltplan im Anhang).
33. Strommenger (1962, Abb. 40, Taf. 96).
34. Frankfort (1954, Abb. 64, S. 142); s. auch Mallowan (1939, S. 887–894), und Ceccini (1965).
35. Strommenger (1962, Abb. 179, untere Reihe).
36. Veröffentl. Walter Andrae in *Wissenschaftliche Veröffentlichungen der deutschen Orientgesellschaft,* Nr. 10 (1909), Nr. 23 (1913), Nr. 24 (1913), Nr. 39 (1922), Nr. 58 (1935) und Zusammenfassung in Andrae (1938).
37. Andraes Lageplan siehe Reproduktion bei Strommenger (1962, Abb. 46, S. 100).
38. Frühere Ausgräber in Assur unter anderen Rich, Layard, Place, Rassam und George Smith vom Britischen Museum. Siehe Lloyd (1955).
39. Reproduktion siehe Strommenger (1962, Abb. 47, S. 101) nach Andrae (1938).
40. Andrae (1925). Abbildungen bei Frankfort (1954, Taf. 74 A–B).
41. Frankfort (1954, S. 65).
42. Siehe Frankfort (1939) und Porada (1948).
43. Weber, Otto, Altorientalische Siegelbilder in *Der Alte Orient,* 17/18, 1920, S. 105, Nr. 531.
44. Moortgat (1944, S. 43, Abb. 45b und 46).

9. Die spätassyrische Zeit

1. Siehe Jacobsen und Lloyd (1935). Andere Felsreliefs des Sanherib siehe Bachmann (1927).
2. Lloyd (1947 mit Abbildungen, und 1955).
3. Grabungsstätte von Nimrūd und Umgebung siehe Mallowan (1966b, Bd. I, Kap. 1) und Oates, D. (1968, Kap. 3).
4. Die beiden Hauptwerke Layards: Layard (1950 und 1953).
5. Rassams Berichte über seine Ausgrabungen, in der Regel leider ziemlich kurz gefaßt, enthalten in Rassam (1897).
6. Loftus (1857).
7. Botta und Flandin (1849–1850).
8. Place (1867–79).

9. Siehe Gadd (1936, S. 52). Diese beiden Figuren wurden 1849 von dem französischen Konsularagenten erworben und in je vier Teile zersägt. Auf dem Seeweg gelangten sie unversehrt von Basra nach London, obwohl das Schiff als ‚gesunken' gemeldet worden war.
10. Einen früheren Überblick gab Jones in seiner Publikation (1857).
11. Siehe Finch (1948, S. 9ff.) und Madhloum (1967 oder 1968).
12. Siehe Grundriß bei Layard (1853, Bd. I, gegenüber S. 67).
13. Grundriß des Palastes des Assurbanipal siehe bei Rassam (1897, gegenüber S. 8); Balāwāt bei King (1915), und auch bei Barnett (1973).
14. Siehe Loud (1936).
15. Siehe Loud und Altmann (1938).
16. Bequemer als in dem dicken Band von Loud und Altmann (1938) sind Louds Grundrisse z. B. bei Strommenger einzusehen (1962, S. 109–111).
17. Siehe Turner (1970, S. 177ff.).
18. Reproduktion bei Frankfort (1954, Abb. 32, S. 79).
19. *Bit hilani,* siehe Frankfort (1952).
20. Siehe Loud und Altmann (1938, S. 19).
21. Reproduktion bei Frankfort (1954, Abb. 40, S. 103).
22. Reproduktion bei Frankfort (1954, Taf. 82).
23. Die zwei Stiere von Tor ‚A', heute am Eingang des Irak-Museums aufgestellt, messen 4 × 4 m im Quadrat und wiegen mehr als 20 Tonnen. Der einzelne Stier mit seitwärtsgewandtem Kopf vom Eingang des Thronsaals steht heute im Oriental Institute Museum, Chicago, und mißt 4,7 m im Quadrat. Sein größtes Bruchstück wiegt 14 Tonnen. Weitere Fragmente eines noch größeren Stiers verblieben *in situ* und sind 5,5 m im Quadrat groß.
24. Frankfort (1954, Taf. 87).
25. Frankfort (1954, Taf. 90).
26. Frankfort (1954, Abb. 41, S. 104).
27. Strommenger (1962, Taf. 209–214).
28. King (1915).
29. Siehe Barnett (1971, S. 442 und Anm.).
30. Thureau-Dangin und Dunand (1936).
31. Siehe Parrot (1961, Taf. I–IV und Abb. 109–120, 266 und 336–348).
32. Zu den besten Aufnahmen gehören die von Max Hirmer, siehe Strommenger (1962).
33. Strommenger (1962, Taf. 62).
34. Z. B. Madhloum (1964).
35. Siehe Mallowan (1966).
36. Siehe Grundriß der Zitadelle bei Mallowan (1966, Abb. 1, S. 32).
37. Siehe Mallowan (1966, Bd. I, gegenüber S. 128).
38. Siehe Mallowan (1966, Bd. I, Titelblatt).
39. Siehe den Bericht von Plenderleith, zit. bei Mallowan: in Mallowan (1966, S. 139).
40. Vorläufige Berichte von D. Oates in *Iraq* und *Illustrated London News,* von 1957–1963. Abschließend veröffentlicht in Mallowan (1966, Bd. II).
41. Siehe Turner (1960, S. 68ff.).
42. Gute Abbildungen in *Illustrated London News,* 1. Dez. 1962.
43. Siehe Mallowan (1966, Bd. II, Abb. 373, S. 453).
44. Im zweiten Band seines Hauptwerkes über die Ausgrabungen in Nimrūd befaßt sich

Mallowan mit zwei Gruppen von Elfenbeinen; die eine stammt aus Raum NW.15, SW.2 und SW.7, die andere aus Raum SW.12 und SW.37. Der letzte Raum ist eines der acht Magazine – ein jedes etwa 30 m lang – aus dem insgesamt als Lagerraum zur Verfügung stehenden Areal im „Südwesthof". Der Rest ist auf dem Grundriß als „teilweise ausgegraben" gekennzeichnet. Siehe Mallowan (1966, Faltplan Nr. 8).

45. Die abschließende Publikation der Elfenbeine (Kommentar, Katalog und Tafeln) erfolgte in Einzelheften unter dem Titel *Ivories from Nimrud (1966, 1970, 1974).*
46. Barnett (1957).
47. Man hat sie mit der „Chinoiserie"-Phase der englischen Ornamentik im 18. Jahrhundert verglichen.

10. Babylon: Die letzte mesopotamische Monarchie

1. Siehe Gadd (1958, S. 35 ff.).
2. Herodot (*Historien,* dtsch. Hrsg. H. W. Haussig, Stuttgart 1955, Erstes Buch, Abschn. 191 ff.), und Xenophon (*Cyropaedia,* Buch VII, Kap. V, 10), behaupten, Kyros habe den Euphrat abgeleitet, so daß seine Truppen durch das Flußbett in die Stadt eindringen konnten. Koldewey (in F. Wetsel, *Die Stadtmauern von Babylon,* Leipzig 1930, S. 53) neigte zu der Annahme, daß sich tatsächlich etwas derartiges ereignet habe. Andere zweifeln daran.
3. Herodots Darstellung (Erstes Buch, Abschn. 178 ff.) wird eingehend erörtert und mit den Befunden der Ausgräber verglichen bei Ravn (1942). Koldeweys halb-populärer Bericht erschien 1912. Eine andere Zusammenfassung findet sich bei MacQueen (1964).
4. Siehe Lloyd (1947).
5. Koldeweys Berichte erschienen zwischen 1899 und 1932 in den *Mitteilungen der Deutschen Orientgesellschaft* (MDOG).
6. Den Lageplan vor der Freilegung siehe bei Koldewey (1925, Abb. 1), und den der Altstadt nach der Freilegung *ibid.,* Abb. 256.
7. Herodot (*Historien,* Erstes Buch, Abschn. 186) beschreibt ganz genau, wie „Nitokris" die Brücke baute.
8. Verschiedene Rekonstruktionen sind Seite an Seite bei Ravn (1942, Taf. 14 und 15) abgebildet.
9. Eingehend erörtert bei Ravn (1942, S. 67 ff.).
10. Grundrißzeichnung des spätbabylonischen Temenos in Ur nach Woolley, siehe Woolley und Mallowan (1962, Taf. 60) und des Palastes der Bēl-šalti-Nanna ebenda, Taf. 70. Verlauf der äußeren Stadtmauer siehe Hawkes (1974, S. 173).
11. Frankfort (1954, S. 108).
12. Berichte von diesen Grabungen siehe Paolo Matthiae *et al.* unter der Überschrift *Missione Archaeologica Italiana in Siria,* Istituto di Studi del Vicino Oriente, Universita, Rom 1966 und f. Über die Archive siehe P. Clough in *The Times,* 15. Januar 1977.

Bibliographie

Allgemeine Empfehlungen

Beek, M. A.: *Atlas of Mesopotamia,* London 1962
Ehrich, R. W. (ed.): *Chronologies in Old World Archaeology,* Chicago 1965[2]
Ellis, R. S.: *A Bibliography of Mesopotamian Archaeological Sites,* Harrassowitz, Wiesbaden 1972
Hawkes, Jacquetta: *The First Great Civilizations,* London and New York 1973
Kramer, S. N.: *The Sumerians,* Chicago 1963
Lloyd, Seton: *Foundations in the Dust,* Oxford 1947
Mallowan, M. E. L.: *Twenty-Five Years of Mesopotamian Discovery,* British School of Archaeology in Iraq, London 1956
Oppenheim, A. L.: *Ancient Mesopotamia,* Chicago 1964
Parrot, A.: *Archéologie Mésopotamienne,* vol. 1, *Les Etapes,* Paris 1946; vol. 2, *Technique et Problèmes,* Paris 1953
Perkins, A. L.: *The Comparative Archaeology of Early Mesopotamia,* Studies in Ancient Oriental Civilization, no. 25, Chicago 1949
Roux, George: *Ancient Iraq,* London 1964
Saggs, H. W. F.: *The Greatness that was Babylon,* London 1962
Strommenger, E.: *The Art of Mesopotamia,* London 1964

Weitere Hinweise

Adams, R. M.: ‚Survery of Ancient Water Courses and Settlements in Central Iraq', *Sumer,* 14 (1958)
Adams, R. M. and Nissen, H. J.: *The Uruk Countryside,* Chicago 1972
Amiet, P.: *La Glyptique Mésopotamienne,* Paris 1961
Andrae, W.: *Die archaischen Ischtar Tempel,* Wissenschaftliche Veröffentlichungen der Deutschen Orient-Gesellschaft 52, Leipzig 1922
–: *Farbige Keramik aus Assur* (Coloured Ceramics from Assur), Berlin 1925
–: *Das Wiedererstandene Assur,* Leipzig 1938, München 1977[2]
Bachmann, W.: *Felsreliefs in Assyrien,* Leipzig 1927
Banks, E. J.: *Bismaya or the Lost City of Adab,* New York 1912
Bannister-Fletcher: *A History of Architecture,* London 1961
Baqir, T.: Iraq Government Excavations at 'Aqar Quf, 1942–43', *Iraq,* Supplement (1944)
–: ‚Iraq Government Excavations at 'Aqar Quf; Second Preliminary Report', *Iraq,* Supplement (1945)
–: ‚Iraq Government Excavations at 'Aqar Quf; Third Interim Report', *Iraq,* 8 (1946 a)
–: ‚Tell Harmal: A Preliminary Report', *Sumer,* 2, pt 2 (1946 b)
–: *Tell Harmal,* Baghdad 1959
–: ‚A New Law Code from Tell Harmal', *Sumer,* 4, no. 1 (1948)
Barnett, R. D.: *A Catalogue of the Nimrud Ivories in the British Museum,* London 1957
–: ‚Homme Masque ou Dieux-Ibex', *Syria,* 43 (1966)

–: ‚New Facts about Musical Instruments from Ur', *Iraq,* 31, 2 (1969)
–: Le Palais et la Royauté', *Proceedings of the XIXe Rencontre Assyriologique Internationale,* Paris 1971
–: ‚More Balawat Gates', *Studies Dedicated to F. M. T. de L. Bohl,* Brill, Leiden 1973
Barrelet, M.-Th.: ‚Une Peinture de la Cour 106 du Palais de Mari', *Studia Mariana,* Brill, Leiden 1950
–: ‚Quelques Sculptures Mésopotamiennes de l'Epoque d'Akkad', *Syria,* 36 (1959)
Botta, P. E. and Flandin, E.: *Monuments de Ninive* (5 Bde.), Paris 1849–50
Braidwood, R. J.: ‚The Iraq-Jarmo Project', in G. R. Willey (ed.), *Archaeological Researches in Retrospect,* Cambridge (Mass.) 1974(b)
Braidwood, R. J. *et al.:* ‚Baghouz; New Chalcolithic Material of the Samarra Type and its Antecedents', *Journal of Near Eastern Studies,* 3 (1944)
–: ‚Matarra: A Southern Variant of the Hassuna Assemblage, Excavated in 1948', *Journal of Near Eastern Studies,* 11 (1952)
–: *Prehistoric Investigations in Iraqi Kurdistan,* Chicago 1960
–: ‚The Beginnings of Village Farming Communities in South-eastern Turkey', *Proceedings of the National Academy of Sciences, U.S.A.,* 1974(a)
Brice, W. C.: *South-west Asia.* A Systematic Regional Geography, no. 8, London 1966
Burkholder, G.: 'Ubaid Sites and Pottery in Saudi Arabia', *Archaeology,* 25 (1970)
Burney, C. A.: ‚Yanik Tepe', *Iraq,* 23, 2 (1961) and 26, 1 (1964)
Ceccini, J. M.: *La Ceramica di Nuzi,* Rome 1965
Childe, Gordon: ‚The Urban Revolution', in *Town Planning Review,* 21 (1950)
Coon, Carleton: *The Origin of Races,* London 1963
Corbieau, S.: *‚Indus Parallels', Iraq,* 4, (1937)
Crawford, V. E.: ‚Lagash', *Iraq,* 36 (1974)
Delougaz P.: ‚Plano-convex Bricks', *Studies in Ancient Oriental Civilization,* no. 7, Chicago 1933
–: ‚A Short Investigation of the Temple at Al'Ubaid', *Iraq,* 5 (1938)
–: *The Temple Oval at Khafaje,* Oriental Institute Publications, no. 53, Chicago 1940
–: *Pottery from the Diyala Region,* Oriental Institute Publications, no. 63, Chicago 1952
–: ‚Architectural Representation on Steatite Vases', *Iraq,* 22 (1960)
Delougaz, P. and Lloyd, S.: *Pre-Sargonid Temples in the Diyala Region,* Oriental Institute Publications, no. 58, Chicago 1942
Delougaz, P., Hill, H. and Lloyd, S.: *Private Houses and Graves in the Diyala Region,* Oriental Institute Publications, no. 88, Chicago 1967
Dyson, R. H.: ‚Shub-ad's Onagers', *Iraq,* 22 (1960)
Edzard, D. O.: ‚Enmer-baragisi von Kis', *Zeitschrift für Assyriologie* und Vorderasiatische Archäeologie, no. 53, Berlin 1959
Falkenstein, A.: *Archaische Texte aus Uruk,* Berlin 1936
–: ‚Zu den Tafeln aus Tartaria', *Germania,* 43 (1965)
Finch, J. P. G.: ‚The Nergal Gate', *Iraq,* 10, 1 (1948)
Frankfort, Henri: *Archaeology and the Sumerian Problem,* Studies in Ancient Oriental Civilization, no. 4, Chicago 1932
–: *Tell Asmar, Khafaje and Khorsobad.* Oriental Institute Communications, no. 16, Chicago 1933
–: ‚Gods and Myths on Sargonid Seals', *Iraq,* 1, 1 (1933)

–: *Progress of the Work of the Oriental Institute in Iraq, 1934–35,* Oriental Institute Communications, no. 20, Chicago 1936
–: *Sculpture of the Third Millennium B. C. from Tell Asmar and Khafaje,* Oriental Institute Publications, no. 24, Chicago 1939(a)
–: *Cylinder Seals,* London 1939(b)
–: *More Sculpture from the Diyala Region,* Oriental Institute Publications, no. 60, Chicago 1943
–: *Birth of Civilization in the Near East,* London 1951
–: ‚The Origin of the Bit Hilani', *Iraq,* 14 (1952)
–: *Art and Architecture of the Ancient Orient,* Harmondsworth 1954, 4th rev. impression 1970
–: *Stratified Cylinder Seals from the Diyala Region,* Oriental Institute Publications, no. 72, Chicago 1955
Frankfort, Henri, Lloyd, S. and Jacobsen, Th.: *The Gimilsin Temple and Palace of the Governors at Tell Asmar,* Oriental Institute Publications, no. 43, Chicago 1940
Frankfort, Henri and Davies, L.: ‚The Last Predynastic Period in Mesopotamia', in *Cambridge Ancient History,* vol. 1, pt 2, ch. 12, Cambridge 1971
Gadd, C. J.: ‚Seals of Ancient Indian Style Found at Ur', Proceedings of the British Academy, vol. 18, 1933
–: *The Stones of Assyria,* London 1936
–: ‚The Harran Inscriptions of Nabonidus', *Anatolian Studies,* 8 (1958)
–: ‚The Spirit of Living Sacrifices in Tombs', *Iraq,* 22 (1960)
–: ‚The Cities of Babylonia', in *Cambridge Ancient History,* vol. 1, pt 2, ch. 13, Cambridge 1971
Galpin F. W.: ‚The Sumerian Harp of Ur', *Music and Letters,* 10 (1929)
Garrod, D. A. W.: *The Caves of Zarzi and Hazar Merd,* in Bulletin of the American Schools of Prehistoric Research, no. 6, 1930
Gurney, O. R.: ‚Laws of Eshnunna', *Symbolae Hrozny* (1950)
Haines, R. C.: ‚Nippur', *Illustrated London News,* 18 August 1956, 6 September 1958 and 9 September 1961
Hall, H. R. and Woolley, C. L.: *Ur Excavations,* vol. 1: *Al 'Ubaid,* London and Philadelphia 1927
Hansen, D. P.: ‚Votive Plaques from Nippur', *Journal of Near Eastern Studies,* 22 (1963)
Hawkes, Jacquetta (ed.): *Atlas of Ancient Archaeology,* London 1974
Heinrich, E.: *Bauwerke in der altsumerischen Bildkunst,* Berlin 1957
Herzfeld, E. E.: *Die Ausgrabungen von Samarra,* vol. 5: *Die Vorgeschichtlichen Töpfereien von Samarra,* Berlin 1930
Hilprecht, H. V.: *Exploration in Bible Lands during the Nineteenth Century,* Philadelphia 1903
Jacobsen, Th.: *The Sumerian King-list,* Assyriological Studies, no. 11, Chicago 1939
–: ‚Salt and Silt in Mesopotamian Agriculture', *Science,* no. 128, (1958 a)
–: ‚Girsu', *Revue d'Assyriologie,* 52 (1958 b)
–: ‚The Waters of Ur', *Iraq,* 22 (1960)
Jacobsen, Th. and Lloyd, S.: *Sennacherib's Aqueduct at Jerwan,* Oriental Institute Publications, no. 24, Chicago 1935
Jones, Felix: *The Topography of Nineveh,* Bombay 1957
King, L. W.: *Bronze Reliefs from the Gates of Shalmaneser,* London 1915

Kirkbride, D.: ‚Umm Dabaghiyah', *Iraq,* 34 (1972) ff.
Koldewey, R.: *The Excavations at Babylon* (Engl. Übers.), London 1914
–: *Das Wiedererstehende Babylon,* Leipzig 1925
Kramer, S. N.: *Enmerkar and the land of Aratta,* Philadelphia 1952
–: ‚Dilmun: Quest for Paradise', *Antiquity,* 27, no. 146 (1963)
–: *From the Tablets of Ur,* Indianapolis, Colorado 1965
Lamberg-Karlovski, C. C.: *Excavations at Tepe Yahya, Iran,* Cambridge (Mass.) 1970
–: ‚Excavations at Tepe Yahya', G. R. Willey (ed.), *Archaeological Researches in Retrospect,* Cambridge (Mass.) 1974
Lambert, M. and Tournay, J. R.: ‚La Statue B de Gudea', *Revue d'Assyriologie,* 45 (1951)
Layard, A. H.: *Nineveh and its Remains* 2 vols.), London 1850
–: *Discoveries in the ruins of Nineveh and Babylon,* London 1853
Leacroft, H. and R.: *The Buildings of Ancient Mesopotamia,* Leicester 1974
Le Breton, L.: ‚The Early Periods of Susa: Mesopotamian Relations', *Iraq,* 19 (1957)
Lees, G. N. and Falcon, N. L.: ‚The Geographical History of the Mesopotamian Plains', *The Geographical Journal,* 118 (1952)
Lenzen, H. J.: ‚Die Architektur in Eanna in der Uruk IV Periode', *Iraq,* 36, 1/2 (1974)
Loftus, W. K.: *Travels and researches in Chaldaea and Susiana,* London 1857 (neu veröff. 1971)
Loud, Gordon: *Khorsabad,* vol. 1, Oriental Institute Publications, no. 38, Chicago 1936
Loud, Gordon and Altmann, C. B.: *Khorsabad,* vol. 2, Oriental Institute Publications, no. 40, Chicago 1938
Lloyd, S.: ‚Some ancient sites in the Jebel Sinjar District', *Iraq,* 5 (1938)
–: ‚The Oldest City: A Pre-Sumerian Temple at Eridu', *Illustrated London News,* 31 May 1947
–: ‚The Oldest City of Sumeria: The Origin of Eridu', *Illustrated London News,* 11 September 1948
–: ‚Ur-Al 'Ubaid, 'Uqair and Eridu', *Iraq,* 22 (1960)
–: ‚Back to Ingharra', *Iraq,* 31, 1 (1969)
Lloyd, S. and Safar, F.: ‚Eridu', *Sumer,* 3 (1947) and 4 (1948)
–: ‚Tell 'Uqair: Excavations by the Iraq Government Directorate of Antiquities in 1940–41', *Journal of Near Eastern Studies,* 2, no. 2 (1943)
–: ‚Tell Hassuna: Excavations by the Iraq Government Directorate of Antiquities in 1943–44', *Journal of Near Eastern Studies,* 4 (1945)
Mackay, E.: *A Sumerian Palace and the ‚A' Cemetery at Kish, Mesopotamia,* Chicago 1929
–: ‚Excavations at Jemdet Nasr', in *Field Museum: Anthropological Memoirs,* nos. 1–3 Chicago 1931
Macqueen, J.: *Babylon,* London 1964
Madhloum, T.: ‚Excavation of Nineveh', *Sumer,* 23 (1967)
–: ‚Nineveh', *Sumer,* 24 (1968)
–: *The Chronology of Neo-Assyrian Art,* London 1970
Mallowan, M. E. L.: ‚Excavations at Brak and Chagar Bazar', *Iraq,* 9 (1947)
–: ‚White Painted Subartu Pottery', in *Mélanges Offerts à M. René Dussaud,* vol 2, 1939
–: ‚Noah's Flood Reconsidered', *Iraq,* 26, 2 (1964 a)

–: ‚Ninevite 5', in *Vorderasiatische Archäologie – Studien und Aufsätze,* Festschrift Moortgat, Berlin 1964(b)
–: ‚Tell Chuera: Fourth Campaign', *Iraq,* 28, 1 (1966a)
–: *Nimrud and its Remains* (2 vols. and plans), London 1966(b)
–: Review of *Mission Archéologique de Mari,* vol. 4, in *Bibliotheca Orientalis,* 26, no. 1/2 (1969)
–: *Cambridge Ancient History,* vol. 1, pt 1, Cambridge 1970, ch. 8, ‚The Development of Cities from Al'Ubaid to the end of Uruk V': section 1, ‚Babylonia and Mesopotamia', section 2, ‚Assyria', section 3, ‚Syria', section 4, ‚Iran'; vol. 1, pt 2, 1971, ch. 16, ‚The Early Dynastic Period in Mesopotamia'
Mallowan, M. E. L. and Rose, J. C.: ‚The Excavations of Tell Arpachiyah', *Iraq,* 2, (1935)
McEwan, C. *et al.: Soundings at Tell Fachariya,* Oriental Institute Publications, no. 79, Chicago 1958
Mellaart, J.: *Çatal Hüyük,* London 1967
–: *The Neolithic of the Near East,* London 1975
Moorey, P. R. S.: ‚A Reconstruction of East Kish', *Iraq,* 26, 1 (1966)
Moortgat, A.: *Vorderasiatische Rollsiegel,* Berlin 1940
–: ‚Assyrische Glyptik des 12 Jahrhunderts', *Zeitschrift für Assyriologie,* 48 (n. f. 14) (1944)
–: ‚Tell Chuera in Nord-Ost Syrien', Preliminary Reports in *Wissenschaftliche Abhandlungen für Arbeitsgemeinschaft,* Köln 1959–67
Mortensen, P.: ‚Additional Remarks on the Chronology of Early Farming Communities in the Zagros Area', *Sumer,* 20 (1964)
Munchajef, R. and Merpert, N.: in *Sumer,* 25 (1969) ff.
–: ‚Early Agricultural Settlements in the Sinjar Plain, Northern Iraq', *Iraq,* 35, 2 (1973)
Oates, David: ‚Tell Rimah, 1966', *Iraq,* 29, 2 (1967)
–: *Studies in the Ancient History of Northern Iraq,* British Academy, London 1968
–: ‚Early Vaulting in Mesopotamia', in *Archaeological Theory and Practice: Essays Presented to W. F. Grimes,* London 1973
Oates, Joan: ‚Ur and Eridu: the Prehistory', *Iraq,* 22 (1960)
–: ‚Tell-es-Sawwan Figurines', *Iraq,* 28, 2 (1966)
–: ‚Goddess of Choga Mami', *Illustrated London News,* 28 September 1969(a)
–: ‚Choga Mami, 1967–8': A Preliminary Report, *Iraq,* 31, 2 (1969b)
–: ‚Prehistory in North-eastern Arabia', *Antiquity,* 50, no. 179 (1976)
Oates, D. and J.: *The Rise of Civilization,* Oxford 1976
Parrot, André: ‚Mari et Chagar Bazar', *Iraq,* 19 (1938)
–: *Tello: Vingt Campagnes de Fouilles, 1871–1933,* Paris 1948
–: *Mission Archéologique de Mari:* vol. 1, *Le Temple d'Ishtar,* Paris 1956; vol. 2, pt. 1, *Le Palais: Architecture* Paris 1958(a); vol. 2, pt 2, *Le Palais: Peintures Murales,* Paris 1958(b); vol. 2, pt 3, *Le Palais: Documents et Monuments,* Paris 1958(c); vol. 3, *Les Temples de Ishtarat et de Nini-Zaza,* Paris 1967(a); vol. 4, *Le Trésor d'Ur,* Paris 1967(b)
–: *Nineveh and Babylon,* London 1961
–: ‚Les Fouilles de Mari: Vingtième Campagne', *Syria,* 39 (1962)
Place, V.: *Ninive et l'Assyrie, avec des Essaies de Restauration par Félix Thomas,* (3 Bde.), Paris 1867–70

Porada, E.: *Corpus of Ancient Near Eastern Seals in North American Collections, vol. 1,* Washington 1948

Postgate, N.: *The First Empires,* Oxford 1977

Rassam, H.: *Asshur and the Land of Nimrod.* New York 1897 (neu veröff. 1971)

Ravn, O. E.: *Herodotus' Description of Babylon,* Arnold Busck, Copenhagen 1942

Rimmer, J.: *Ancient Musical Instruments of Western Asia,* London 1960

Roux, George: ‚Recently Discovered Sites in the Hammar Lake District', *Sumer,* 16 (1960)

Safar, F.: ‚Eridu: A Preliminary Report on the Third Season's Excavations', *Sumer,* 6 (1950)

Sandars, N. K. (transl.): *The Epic of Gilgamesh,* Harmondsworth 1960

De Sarzec, E. and Heuzey, L.: *Découvertes en Chaldée,* Paris 1884–1912

Scheil, V.: ‚Une Saison de Fouilles à Sippar', in *Memoires Publiées par les Membres de l'Academie Française d'Archéologie Orientale du Caire,* vol. 1, 1902

Singh, P.: *Neolithic Cultures of Western Asia,* London 1974

Smith, Sidney: ‚Diniktim', *Sumer,* 2, no. 2 (1946)

Solecki, Ralph S.: *Shanidar: The Humanity of Neanderthal Man,* London 1971

Sollberger, E.: ‚Sur la Chronique des Rois d'Ur et Quelque Problèmes Annexés', in *Archives für Orientforschung,* no. 17, 1954

–: ‚Notes on the Early Inscriptions from Ur and Al'Ubaid, *Iraq,* 22 (1960)

Speiser, E. A.: *Excavations at Tepe Gawra,* vol. 1, Philadelphia 1935

Starr, R. F. S.: *Nuzi* (2 vols.), London 1938

Strommenger, E.: ‚Akkadian Sculpture', in *Baghdader Mitteilungen,* no. 2, pt 1, 1936

Thompson, R. Cambell, and Mallowan, M. E. L.: ‚The British Museum Excavations at Nineveh, 1931–32', in *Liverpool Annals of Archaeology and Anthropology,* vol. 20, 1932

Thureau-Dangin, F. and Dunand, N.: *Til Barsip,* Paris 1936

Tobler, A. J.: *Excavations at Tepe Gawra,* vol. 2, Philadelphia 1950

Turner, G.: ‚Tell Nebi Yunus: The Ekal Masharti of Nineveh', *Iraq,* vol 32, pt 1 (1970)

–: ‚The State Apartments of Late Assyrian Palaces', *Iraq,* 32, pt 2 (1970)

–: ‚Late Assyrian Palaces and their Mesopotamian Antecedents', Ph. D. thesis, London Institute of Archaeology, 1967

Ucko, P. J.: ‚Anthropomorphie Figurines', *Royal Anthropological Society, Occasional Papers,* no. 24, London 1968

Van Buren, E. D.: ‚Places of Sacrifice (Opferstätten)', *Iraq,* 14 (1952)

–: ‚Fish Offerings', *Iraq,* 10, pt 2 (1948)

Waterlin, L. C. and Langdon, S.: *Excavations at Kish,* London 1930–4

Weber, O.: ‚Altorientalische Siegelbilder', in *Der Alte Orient,* vols. 17–18, Leipzig 1920

Wetzel, F.: *Die Stadtmauern von Babylon,* Wiss. Veröff. d. DOG 48, Leipzig 1930

Wiseman, D. J.: *Cylinder Seals of Western Asia,* London (n. d.)

Woolley, C. L.: ‚Excavations at Ur', *Antiquaries Journal,* 3 (1923), bis 13 (1934a)

–: *Ur Excavations,* vol. 2: *The Royal Cemetery,* London and Philadelphia 1934(b)

–: *Ur of the Chaldees,* London 1935

–: *Ur Excavations,* vol. 4: *The Early Periods,* London and Philadelphia 1956

–: *Ur Excavations,* vol. 5: *The Ziggurat and its Surroundings,* London and Philadelphia 1939

–: *Ur Excavations,* vol. 6: *The Buildings of the Third Dynasty,* London and Philadelphia 1974

–: *Ur Excavations, vol. 6: The Buildings of the Third Dynasty,* London and Philadelphia 1965
–: *Excavations at Ur* (preliminary reports collected in a single volume), London 1954
Woolley, C. L. and Mallowan, M. E. L.: *Ur Excavations,* vol. 9, *The Neo-Babylonian and Persian Periods,* London and Philadelphia 1962
Ziegler, C.: *Die Keramik von der Gal'a des Haǧǧi Moḥammed,* Berlin 1953.

Auswahl einschlägiger neuerer Deutscher Literatur

Allgemeine Empfehlungen

Hrouda, B.: Vorderasien I, Mesopotamien, Babylonien, Iran und Anatolien, Handbuch der Archäologie, München 1971
Moortgat, A.: Die Kunst des Alten Mesopotamiens. Die klassische Kunst Vorderasiens. Köln 1967
Strommenger, E.: Fünf Jahrtausende Mesopotamien. Die Kunst von den Anfängen um 5000 v. Chr. bis zu Alexander dem Großen. München 1962
Fischer Weltgeschichte, Bd 2/3: Das Altorientalische Reich 1 und 2. Frankfurt 1965
Orthmann, Winfried: Der Alte Orient. Propyläen Kunstgeschichte Bd 18. Berlin 1975

Weitere Hinweise

Andrae, W.: Das wiedererstandene Assur. 2., durchgesehene und erweiterte Auflage. Herausgegeben von B. Hrouda. München 1977
Heinrich, E./Strommenger, E.: Berichte über die Ausgrabungen in Tall Habuba Kabira, Nordsyrien. Vorläufige Berichte erschienen in: Mitteilungen der deutschen Orient-Gesellschaft (MDOG), 101–108. Berlin 1969–76
Hrouda, B.: Isin-Išān Baḥrīyāt I. Die Ergebnisse der Ausgrabungen 1973–74. München 1977
Strommenger, E.: Die Neuassyrische Rundskulptur. Berlin 1970
Boehmer, R. M.: Die Entwicklung der Glyptik während der Akkad-Zeit. (Untersuchungen zur Assyriologie und Vorderasiatischen Archäologie, Bd 4.) Berlin 1965

Abbildungsnachweis

Die Fotovorlagen der nachstehend genannten Abbildungen wurden freundlicherweise zur Verfügung gestellt von:

Aleppo Museum, Photo Director-General of Antiquities, Syria, 116; Aleppo Museum, Photo Hirmer Verlag, München 152; Alinari-Giraudon, 153; Director, Archaeological Museum, Istanbul, 117; Archaeological Museum, Teheran, Photo Délégation Française en Perse, 48; Ashmolean Museum, Oxford, 24; Berlin Museum, 120, 129, 170, 171; R. J. Braidwood and the Oriental Institute, University of Chicago, 7; Trustees of the British Museum, 27, 44, 61, 71, 78, 87, 88, 91, 100, 101, 122, 130, 132, 133, 146–51, 155, 159, 163; British School of Archaeology in Iraq, 46, 156, 162, 165, 166; British School of Archaeology, Jerusalem, 4; Brockhampton Press, 9, 18, 106, 134; Damascus Museum, Photo Hirmer Verlag, München, 66; Directorate-General of Antiquities, Baghdad, Iraq, 11, 121, 158; Henri Frankfort (1939b), 28, 29; Hirmer Verlag, München, 41, 79, 80, 83, 98, 99, 105, 174; Iraq Museum, Directorate-General of Antiquities, Baghdad, Iraq, 67, 81, 84, 85, 90, 123, 124; Iraq Museum, Baghdad, Photo Hirmer Verlag, München, 15, 16, 25, 26, 86, 93, 97; Iraq Museum, Baghdad, Photo Director, Oriental Institute, University of Chicago, 64, 70; Diana Kirkbride (Mrs Hans Helbaek), 5; Professor Seton Lloyd, 14, 21–3, 72, 119, 145; Louvre, Photo Archives Photographiques, 96; Louvre, Conservateur-en-Chef des Antiquités Orientales, 138; Louvre, Photo Editions Ides et Calendes, Neuchâtel, 65; Louvre, Photo Giraudon, 68; Louvre, Photo Hirmer Verlag, München, 69, 89, 102, 108; Metropolitan Museum of Art, Rogers Fund (1960), 164; Dr. Moortgat-Correns, 62; Dr Joan Oates, 45; Director, Oriental Institute, University of Chicago, 49, 53, 55, 63; Professor André Parrot, 112; Trustees of the Pierpont Morgan Library, 131; Sotheby's, 118; University Museum, University of Pennsylvania, Philadelphia, 107; Visual Publications Ltd, 109, 144.

Register

Buchanzeige